# myBook+

## Ein neues Leseerlebnis

Lesen Sie Ihr Buch online im Browser – geräteunabhängig und ohne Download!

---

## Und so einfach geht's:

- Gehen Sie auf **https://mybookplus.de**, registrieren Sie sich und geben Ihren Buchcode ein, um zu Ihrem Buch zu gelangen
- **Ihren individuellen Buchcode finden Sie am Buchende**

## Wir wünschen Ihnen viel Spaß mit myBook+ !

**https://mybookplus.de**

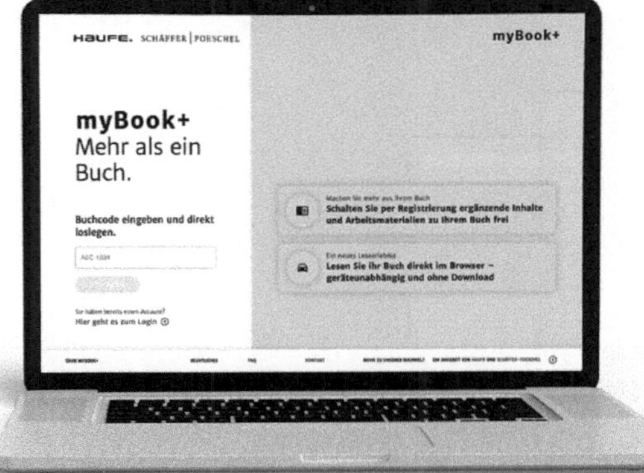

Verpackung ist Verführung

Dr. Helene Karmasin

# Verpackung ist Verführung

Die Entschlüsselung des Packungscodes

2. Auflage

Haufe Group
Freiburg · München · Stuttgart

**Bibliografische Information der Deutschen Nationalbibliothek**

Die Deutsche Nationalbibliothek verzeichnet diese Publikation in der Deutschen Nationalbibliografie; detaillierte bibliografische Daten sind im Internet über http://dnb.dnb.de/ abrufbar.

| | | |
|---|---|---|
| **Print:** | ISBN 978-3-648-16954-4 | Bestell-Nr. 10409-0002 |
| **ePub:** | ISBN 978-3-648-16955-1 | Bestell-Nr. 10409-0101 |
| **ePDF:** | ISBN 978-3-648-16956-8 | Bestell-Nr. 10409-0151 |

Dr. Helene Karmasin
**Verpackung ist Verführung**
2. Auflage, Mai 2023


www.haufe.de
info@haufe.de

Bildnachweis (Cover): © iStock.com/Elena_Rudyk

Produktmanagement: Kerstin Erlich
Lektorat: Peter Böke

# Inhaltsverzeichnis

# Einleitung

Gestern haben sich die Kinder in unserer Familie wieder einmal mit einem Joghurt namens Lyttos vergnügt. Das ist derzeit eine ihrer beliebtesten Zwischenmahlzeiten. Lyttos ist in einem Plastikbecher abgefüllt, der 160 Gramm enthält: 120 g bestehen aus griechischem Joghurt, 32 g aus ungefähr einem Löffel Honig und 8 g aus einem Teelöffel klein geriebener Pekannüsse. Jeder dieser Bestandteile befindet sich in einer separaten Kammer, im Deckel sind die Knusperbestandteile.

Jeder isst aus seinem kleinen Töpfchen und mischt sich die Bestandteile zusammen, wobei es immer aufgeregte Diskussionen gibt, ob es besser sei, sofort alles zu mischen, was praktisch ist, aber die Knusperbestandteile durchweichen lässt, oder ob man, was die kleinen Genießer tun, sich jeden Löffel frisch mischt und das Knuspererlebnis genießt.

**Abb. 1:** Joghurt der Marke Lyttos

Die Packung ist blau-weiß, Lyttos ist in griechisch anmutenden Buchstaben geschrieben, sie zeigt die Bestandteile, die Lyttos enthält und zwar keine Milchbestandteile, sondern dominant den Honig, der unmittelbar aus einer Wabe geschöpft wird und die ganzen Pekannüsse, über die er geträufelt wird.

Auf der Packung befinden sich verschiedene Aufschriften, vor allem die Beschreibung des Produktes: Griechischer Joghurt mit Honig und Pekannüssen, 10 % Fett im Milchanteil, Qualität aus Griechenland, dann auf der Rückseite noch einmal die Bestandteile, wobei über den Honig gesagt wird, dass er eine Mischung aus Honig aus EU- und Nicht-EU-Ländern darstellt, das Ablaufdatum und den Hersteller.

- Was verkauft diese Packung eigentlich?
- Worin besteht ihre Attraktivität?
- Warum werden genau diese Textaussagen und diese Bilder gewählt?
- Warum werden die Bestandteile in dieser Form verpackt?

Geht man diesen Fragen im Einzelnen nach, so zeigt sich, dass dieses kleine Alltagsprodukt an eine Vielzahl von Diskussionen bzw. Diskursen in unserer Gesellschaft anschließt, dass es sich auf weit verbreitete Überzeugungen stützt, dass es kollektives Wissen ausnutzt, Denkkategorien abbildet, wichtige Konzeptionen des Wünschenswerten zugrunde legt – es bildet einen Zeichenmikrokosmos, der eine Fülle von Botschaften sendet: durch seine Größe, sein Material, die Anordnung der Kammern im Inneren, die eine bestimmte Art des Verzehrs nahelegt, die Namensgebung, den Farbcode, die Abbildungen, die nicht die Bestandteile abbilden, sondern eine Hierarchisierung des Honigs vornehmen, die Beschreibung der Herkunft.

Die Hersteller hätten auch ganz anders verfahren können, andere Größen, Namen, Abbildungen usw. wählen können. Indem sie diese und nicht andere nehmen, senden sie ihre Botschaft, und sie tun es natürlich, weil sie überzeugt sind, dass sich so ein Maximum an Attraktivität ergibt – der Markt für Joghurts mit Zusätzen ist ein hart umkämpfter Markt.

Die folgende Abbildung gibt einen Überblick über die Konzepte und die kollektiven Überzeugungen, an die hier angeschlossen wird. Diese werden später erläutert.

Lyttos präsentiert sich als Hinweis auf eine archaisch ursprüngliche Natur, mit wertvollen Bestandteilen, Milch, Honig, Nüssen, gesund und natürlich, das einen hedonistisch aufgeladenen Verzehrvorgang für ein einzelnes Individuum verspricht: Knusperbestandteile in einem Meer von Honig und Milch, verbunden mit dem Mythos der Frische.

Es ist sicher und staatlich kontrolliert, bezieht sich also auch auf einen institutionellen Rahmen. Die Tatsache, dass es aus ökologisch anfechtbaren Bestandteilen besteht und zum Wegwerfen bestimmt ist, auch dass es natürlich nicht ohne Kalorien ist, wird nicht kommuniziert.

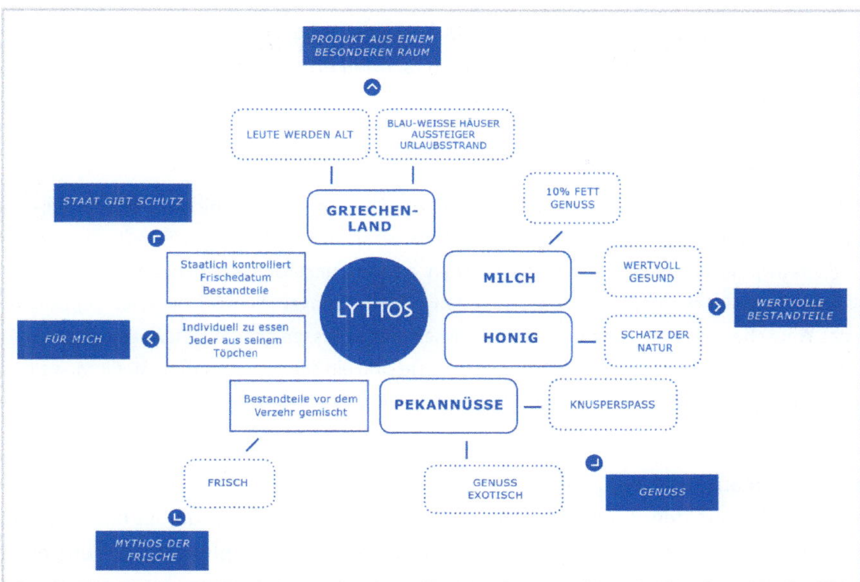


**Abb. 2:** Konzepte und kollektive Überzeugungen, an die die Marke Lyttos anknüpft

## Nähe und Ferne

Gespielt wird auch mit verschiedenen Konzepten von Nähe und Ferne: Lyttos ist kein Produkt der Nähe, wie es etwa die Gattung der heimischen Fruchtjoghurts darstellt, aber auch keines der exotischen Ferne. Es ist in dem touristisch und durch die Populärkultur aufgeladenen Sehnsuchtsraum Griechenland angesiedelt, der der Industriekultur entgegengesetzt wird. Nur sein Material verweist auf diesen Raum und im Übrigen auch die sehr klein geschriebene und staatlich vorgeschriebene Deklaration, dass ein Teil des Honigs nicht aus dem EU-Raum stammt.

Wir lassen hier einmal den Aspekt beiseite, ob dies eine unter ästhetischen Gesichtspunkten gut gestaltete Packung ist.

Ganz offensichtlich lassen sich hier sehr deutliche Steigerungsformen denken. Dieses interessante Konzept hätte auch in einer wirklich atemberaubenden Ästhetik realisiert werden können. Dies werden wir im Übrigen bei vielen Beispielen des Buches feststellen: die Möglichkeiten, Packungen formal gut und ästhetisch eindrucksvoll zu gestalten, werden sehr oft nicht ausgeschöpft.

## Packungen als Medium der verdichteten Kommunikation

Packungen als Medium der Kommunikation leisten Beträchtliches: Ihre raffinierte Verdichtung von Botschaften durch die Wahl von Materialien, Namen, Bildern, Farbcodes macht Packungen zu bemerkenswerten Objekten. Sie sind gezwungen, auf kleinem Raum eine Fülle von kommunikativen Leistungen zu erbringen: Aufmerksamkeit anzuziehen, Produkte zu differenzieren, Marken zu etablieren, Begehrlichkeiten zu wecken, und sie müssen diese Leistungen blitzschnell erbringen: Ein durchschnittlicher Betrachter verwendet Sekunden, um eine Packung zu fixieren.

**Beachten Sie**

Packungen stellen exemplarische Beispiele für das Phänomen der verdichteten Kommunikation dar: verdichtet in Raum und Zeit. Dies können sie nur, weil sie in großem Umfang von unserem kulturellen Wissen Gebrauch machen: also von unserer Art zu denken, zu klassifizieren, zu bewerten, von unseren Überzeugungen, Erfahrungen, Sehnsüchten, Konzeptionen des Wünschenswerten, von dem, was wir wissen und zu wissen glauben. Sie sagen also viel über die Gesellschaft aus, in der wir leben, und sie sind ein sehr interessantes Medium, weil sich hinter ihrer einfachen Oberfläche eine hoch komplexe Tiefenstruktur verbirgt.

Dies ist ein aus der Linguistik gut bekanntes Phänomen. Dass wir die einfache Lautfolge »Halt!« als den Befehl, eine Handlung zu stoppen, verstehen, ist nur möglich, weil wir eine sehr komplexe grammatikalische Struktur im Kopf haben, die uns nicht bewusst ist.

Dieser Typ der verdichteten Kommunikation ist eine zunehmend wichtige Kommunikationsstrategie: In der Überfülle an Botschaften, die wir in unserer Gesellschaft zu bewältigen haben, haben diese Typen der hoch verdichteten Kommunikation einen großen Wettbewerbsvorteil: einfach an der Oberfläche, aber raffiniert macht die Botschaft Gebrauch von vielfältigen Rahmungen (*frames*), die im Hintergrund bestehen.

Verpackungen sind also hoch komplexe semiotische Objekte, gewissermaßen »Texte«, die sich verschiedener Codes bedienen, um ihre Botschaften zu vermitteln, und sie machen umfangreich Gebrauch von unseren Überzeugungen, Sehnsüchten und Ängsten, Klassifikationen, Bewertungen, Denkkategorien. Sie geben also auch Auskunft über die Art, wie wir denken und die Welt wahrnehmen. Letztlich sind sie eine Antwort auf die Frage: In welcher Gesellschaft wollen wir leben?

Packungen lassen sich auch als ein Medium betrachten. Diesem Medium wird in Zukunft eine große Bedeutung zukommen. Es wird erwartet, dass sich Marktkommunikation in Zukunft verstärkt von den klassischen Medien Zeitung, Fernsehen fort in Richtung Internet verlagern wird.

Packungen müssen ihre kommunikative Kraft also immer stärker aus sich selbst entwickeln und sie stellen in der zunehmend medialisierten Welt ein konkretes und physisch erlebbares Medium dar, solange wir in Supermärkten einkaufen auf jeden Fall. Der Supermarkt ist im Kern ein Raum der Packungen, also ganz realer Objekte, die dann als Abbildungen natürlich auch im Internet und beim Internethandel eine Rolle spielen.

Dennoch: Betrachtet man die Debatten in der Marktkommunikation, so sollte man denken, dass es in erster Linie darauf ankommt, Social Media gut zu bedienen, Datamining zu betreiben, sich vorteilhaft in seinem Internetshop zu präsentieren. Das ist zweifellos wichtig, aber man sollte eben nicht vergessen, dass es einen Bereich gibt, in dem ganz reale, physisch präsente Objekte eine hochrelevante Rolle spielen: Kurz bevor man eine Kaufentscheidung trifft, sieht man eine Packung, man nimmt sie mit nach Hause, man öffnet sie, stellt sie auf seinen Tisch oder ins Badezimmer, man lebt ein bisschen mit ihr und man wird sie wieder kaufen oder auch nicht.

**Beachten Sie**

Das Buch wendet sich dem Bereich der Packungen zu. Es beschreibt die Verfahren, die gewählt werden, um Waren zu verpacken und sie mit Bedeutungen aufzuladen. Ein Hersteller ist ja prinzipiell frei, wie er das bewerkstelligt: Er kann die Ware sichtbar machen oder sie hermetisch vom Blick des Betrachters abschließen, er kann verschiedene Formen, Größen, Materialien, Farben, Bildprogramme, Aufschriften und Typografien wählen.

Wenn er sich aber für eine Möglichkeit entscheidet, so übernimmt er zwingend eine bestimmte Bedeutung, ob ihm das bewusst ist oder nicht. Denn alle diese Elemente sind Bestandteile von Codes, von Sprachen, die wir alle kennen und die tief, wenn auch nicht voll bewusst, in unserer Gesellschaft verankert sind. Diese Codes wollen wir im Folgenden beschreiben und mit vielen Beispielen belegen.

# 1 Verpackungsgestaltung im kulturellen Rahmen

## 1.1 Packungen und Marketing

### Kunden kaufen Packungen, nicht Produkte

Packungen sind auf unseren Märkten allgegenwärtig: Sie finden sich in allen Bereichen, am deutlichsten aber auf dem Markt der sich schnell drehenden Konsumgüter, die in Super- und Drogeriemärkten verkauft werden. Aus diesem Gebiet stammen auch die meisten unserer Beispiele.

Ein durchschnittlicher Supermarkt führt Tausende Artikel und mit Ausnahme der Frischeabteilungen sind diese Artikel in Verpackungen abgefüllt. Jede Produktgattung erstreckt sich in meterlangen Reihen und präsentiert Inhalte, die sich meist nur geringfügig unterscheiden in Verpackungen, die die eigentlichen Unterschiede demonstrieren – zwischen diesen Packungen wählt der Konsument. Er tut dies natürlich nicht aufgrund der Packung allein, sondern mit den Bildern der Werbung im Kopf, mit seinem Wissen um die Marke und aufgrund seiner Erfahrungen mit dem Produkt, geleitet durch Preise usw. Dennoch spielen Packungen in diesen Entscheidungsprozessen am Regal, die der Kaufentscheidung vorangehen, eine wichtige Rolle. Packungen lassen sich daher zunächst vor allem unter dem Marketing-Gesichtspunkt beschreiben.

### Die Funktion der Verpackung im Marketingprozess

Packungen sind Teil von Marketingprozessen. Sie haben die Aufgabe, Produkte in ihrer Attraktivität zu steigern, rationalen und emotionalen Nutzen zu signalisieren, zum Kauf zu veranlassen und die Positionierung der Marke zu dokumentieren.

Packungen spielen eine hochrelevante Rolle in den Prozessen der Markenbildung. In dem kurzen Augenblick, in dem der Konsument vor dem Zugreifen im Regal Packungen fixiert, müssen diese die Essenz der Marke kommunizieren: wofür sie steht, wodurch sie sich von anderen unterscheidet und was sie emotional anziehend macht. Packungen müssen ihre Gestalt auch für eine längere Zeit beibehalten – Kampagnen lassen sich schnell wechseln, Packungen nicht: Wenn der Konsument seine Marke nicht schnell wiedererkennt, wird er eine andere nehmen. Packungen werden daher von Unternehmen sorgfältig geplant und in empirischen Tests auf ihre Wirksamkeit geprüft.

### Untersuchungen zur Wirksamkeit von Packungen

Als Bedingungen für die Wirksamkeit von Packungen werden dabei im Allgemeinen angenommen:

- Fallen sie auf?
- Differenzieren sie?
- Sind sie in der Lage zu emotionalisieren, zu faszinieren?
- Vermitteln sie die richtigen Informationen?
- Kommunizieren sie die Positionierung der Marke?
- Überzeugen sie?
- Signalisieren sie einen rationalen und emotionalen Nutzen?
- Bereiten sie den Entschluss zum Kauf vor?

Es bestehen unterschiedliche Theorien zu der Frage, wie man diese Effekte bei Packungen erzielen und messen kann. Wir wollen auf diese Literatur hier nicht eingehen und nur einige empirische Untersuchungen zu der Wirkung von Packungen schildern, obwohl dies natürlich einen großen Teil unserer empirischen Arbeit darstellt.

Mein Unternehmen wird beauftragt, Entscheidungshilfen zu liefern, wenn es darum geht, ein neues Produkt zu verpacken, zwischen mehreren Packungsalternativen zu entscheiden, eine Packung zu optimieren, einer vorgegebenen Markenpositionierung besser zu entsprechen. Wir führen dazu empirische Tests mit qualitativen und quantitativen Verfahren durch, aber wir ergänzen diese Verfahren durch andere Methoden, vor allem durch semiotische Analysen.

### Semiotische Analyse der Packungsgestaltung

Wir untersuchen eine Packung immer auch daraufhin, welche Bedeutung sie eigentlich mitteilt, welchen Code sie verwendet, auch wenn dies weder dem Unternehmen noch dem Konsumenten voll bewusst ist. Wir betrachten sie dazu wie einen »Text« und analysieren sie auch wie einen Text, der nicht nur an der Oberfläche einen Inhalt kommuniziert, sondern auch »zwischen den Zeilen« vieles mitteilt.

Die Methode der semiotischen Analysen, die wir hier verwenden, sind in Kapitel 6, dem Semiotik-Kapitel, beschrieben, beziehen aber immer auch die Analysen von Codes mit ein, so wie in Kapitel 2 dargestellt. Weitere Beispiele und detaillierte Analysen finden sich in Karmasin 2007.[1]

Da Packungen eine so hoch verdichtete Form von Kommunikation darstellen, ist es notwendig, zunächst einmal die verschiedenen Rahmen anzugeben, die Packungen

1 KARMASIN, Helene: Produkte als Botschaften. mi-Fachverlag. Landsberg am Lech: 2007[4].

benutzen und die bei der Planung, Optimierung und Wirkung von Packungen eine Rolle spielen. Dies sind im Wesentlichen:

- Packungen sind Teil der *cultural economy*, der symbolischen Ökonomie. Sie übersetzen die eigentlichen Bedeutungen von Produkten und Produktfeldern vor allem in den Prozessen der Markenbildung.
- Packungen drücken gesellschaftlich wichtige Sachverhalte aus: *thinking through things*.
- Packungen sind Teil der ästhetischen Ökonomie: In ihnen spiegeln sich Vorstellungen vom »Schönen«, sie folgen Stilen und Ästhetiken.
- Packungen fallen unter die Gesetzmäßigkeiten der Wahrnehmungs- und Informationsverarbeitungspsychologie.

Diese Gesichtspunkte werden uns durch das ganze Buch beschäftigen. Zunächst sollen die wichtigsten Bezugsrahmen dargestellt werden.

## 1.2 Packungen als Teil der symbolischen Ökonomie

> »Culture is the sea in which business swims.«
>
> Grant Mc Cracken

Packungen sind ein wesentlicher Teil unserer *cultural economy*, unserer symbolischen Ökonomie. Dies meint im Wesentlichen die Tatsache, dass wir in unserer zeitgenössischen Gesellschaft Produkten eine besondere Rolle zuweisen, die dann die Prozesse der Markenbildung lenken.

Wir brauchen Produkte nicht nur in einem rein funktionalen Sinn, sondern wir gebrauchen sie auch zu ganz anderen Zwecken. Diese Funktionen werden am deutlichsten in den Marken, die wir zur Vermarktung dieser Produkte geschaffen haben.

- Produkte können affektive Befindlichkeiten erzeugen: Sie machen uns stolz, sie verschaffen uns Lust, sie trösten uns, sie geben uns schöne Erlebnisse usw.
- Produkte zeigen die soziale und ideologische Position einer Person an: Sie führen zu Ansehen und Distinktion.
- Produkte tragen zur Identitätsbildung bei: Wer ich bin und nicht bin.
- Produkte stabilisieren die Beziehungen zwischen Menschen.
- Produkte schließen Menschen zu Gruppen zusammen: Sie grenzen ein und sie grenzen aus.
- Produkte stehen für Konzeptionen des Wünschenswerten, also das, was wir in dieser Gesellschaft als wichtig und erstrebenswert ansehen: Heimat, Mutterliebe, Abenteuer, perfektes Aussehen, Fortschritt, moralisches Empfinden usw. »Culture is licked into shape«, wie die Anthropologin Mary Douglas sagt.
- Produkte machen unsere Denkkategorien klar: Was wir als das Männliche und das Weibliche betrachten, das Profane und das Elitäre, das Heimische und das Fremde usw.

Produkte machen also Gebrauch von unseren kollektiven Denkmustern, Wunschvorstellungen, Bewertungen, unseren kulturellen Rahmungen und Klassifikationen. Sie schwimmen gewissermaßen im Meer unserer Kultur, wie es der Kultursoziologe Grant Mc Cracken mit dem oben zitierten Satz formuliert hat.[2] Diesen Sachverhalt habe ich ausführlich in meinem Buch »Produkte als Botschaften« beschrieben.[3]

Unter diesem Aspekt geht es um zweierlei:

- Welche Bedeutungen und kulturelle Rahmungen nutzen Packungen aus?
- Wie gelingt es ihnen, diese Bedeutungen in so kurzer Zeit und auf so kleinem Raum abzurufen?

Dies gelingt durch **semiotische Strategien**: Sie verwenden Zeichen, die zu Codes geordnet sind: verbale Codes, visuelle Codes, Farbcodes, Materialcodes usw. Sie wählen aus vorgegebenen Repertoires/Codes Positionen aus und kombinieren sie: aus möglichen Materialien, Größen, Formen, Farben, Bildern, Schriften usw. Sie tun dies jedoch nicht regellos, sondern sie entscheiden sich für solche Kombinationen, Zeichenkomplexe, die wir in unserem gewohnten Verständnis mit bestimmten Bedeutungen verknüpfen.

Sie beziehen sich also auf das kulturelle Wissen der Wählenden, sie nutzen unsere Art zu denken und zu bezeichnen aus: Wie wir das Weibliche und das Männliche denken, das Profane und das Elitäre, das Künstliche und das Authentische, was für uns Schönheit bedeutet, Wissenschaft, die »Segnungen der Natur«, die Idee eines Heimes, das Festliche, das Geschenk, wahre Mutterliebe, Heimat und die lockende Ferne – kurz: aus ihnen lässt sich erschließen, wie wir denken, wie wir die Welt strukturieren, was wir für wünschenswert halten und was nicht und durch welche Zeichenkomplexe und Codes wir das jeweils repräsentiert sehen.

**Beachten Sie**

Packungen sind ein zentraler Bestandteil der *cultural economy* und belegen exemplarisch die These, dass Marken für Konsumenten nur dann bedeutungsvoll sind, wenn sie an ihre subjektiven Motive appellieren, aber auch, wenn sie etwas repräsentieren, das in unserer Kultur sehr wünschenswert ist, und wenn sie unsere Denkkategorien bestätigen.

## Abschied vom methodischen Individualismus

Neben dem praktischen Nutzen dieser Analysen, die empirische Untersuchungen ergänzen, gibt es auch einen wissenschaftstheoretischen Grund, der diese Art der Analyse von Packungen interessant macht: Mit ihr wird das Konzept des methodischen Individualismus verlassen. Was ist damit gemeint? In vielen geisteswissenschaftlichen

2 Mc CRACKEN, Grant: Culture and Consumption. Indiana University Press. Bloomington: 1990.
3 KARMASIN, Helene: Produkte als Botschaften. a. a. O.

Disziplinen sucht man Erklärungen nicht mehr nur auf der Ebene des einzelnen Individuums, seiner individuellen Bedürfnisse und Wünsche. Man betrachtet vielmehr die Bedingungen, die diese Bedürfnisse und Wünsche formen, also die sozialen, institutionellen und eben auch die kulturellen Systeme, die an diesen Prozessen beteiligt sind. Auch Konsumtheorien gehen von dieser Sicht aus. So führt Lucy Holt aus: »Consumers draw on cultural frameworks in order to make sense of their experiences.«[4]

Marketingstrategien haben also viel mehr mit dem Verständnis unserer Kultur zu tun, als man dies im Allgemeinen glaubt. Es lohnt sich daher, die kulturellen Rahmungen zu rekonstruieren, auf die sich Packungen beziehen – viel von den Spielregeln unserer Kultur wird in ihnen sichtbar. Der Empfänger dieser in Packungen realisierten Botschaften ist daher das *cultural self*, der Repräsentant kulturellen Wissens.[5]

### Der Begriff des kulturellen Wissens

Genauso wie wir im Bewusstsein eine Landkarte unserer realen Umwelt, unseres Körpers haben, verfügen wir auch über eine mentale Repräsentation unserer Kultur, über Denkkategorien, Klassifikationssysteme, bewertende Gliederungen usw. Dies zählt zu dem Bereich des *tacit knowledge*: Dinge, die wir wissen, aber nicht explizit benennen können.[6] Noch genauer mit diesem Phänomen beschäftigt sich Michael Titzmann über das von ihm entwickelte **Konzept des kulturellen Wissens**. Der Begriff des kulturellen Wissens bezeichnet nach Titzmann alle Aussagen, welche die Mitglieder einer Kultur in einem bestimmten Zeitraum für wahr halten:[7]

> »Der Begriff kW [gemeint ist »kulturelles Wissen«] bezeichnet nach Titzmann alle Aussagen, welche die Mitglieder einer Kultur in einem bestimmten Zeitraum als wahr glauben und mit ›ich denke, meine, glaube, weiß‹ einleiten können. Das kW einer Epoche ist als Ganzes eine Abstraktion aus den Texten einer Kultur, in denen es sich manifestiert, und umfasst unterschiedliche Wissensmengen, die als Alltagswissen (beispielsweise das Realitätskonzept) von der Mehrheit, als Fachwissen nur von ausgewählten Gruppen geteilt werden und die auch als konkurrenzierende Wissensmengen in Konflikt geraten können. Das kulturelle Wissen wird durch Diskurse organisiert und bildet zusammen mit der Denkstruktur einer Epoche das Wissenssystem, die systematisch geordnete Menge der Wissenselemente einer Kultur.«
>
> Michael Titzmann

4 HOLT, Lucy: Consumption, Markets, Culture. Vol. 16. Routledge. New York: 2013. MILLER, Daniel: Material Culture and Mass Consumption. Wiley-Blackwell. Oxford: 1987. MILLER, Daniel: Consumption and its Consequences. John Wiley & Sons. Oxford: 2012. Mc CRACKEN, Grant: Culture and Consumption. a. a. O.

5 WILLIS, Paul: The Ethnographic Imagination. Polity. Cambridge: 2007.

6 POLANYI, Michael: Tacit knowing. Review of modern physics: 1962.

7 TITZMANN: Propositionale Analyse – kulturelles Wissen – Interpretation, Strutz. Passau 2006 sowie Mediensemiotik Arbeitskreis Forschungsfelder Beiträge, Universität Passau.

Auch der **Begriff des kulturellen Gedächtnisses**, der von Jan und Aleida Assmann stammt, geht in eine ähnliche Richtung.[8]

Packungen nutzen dieses Repräsentationssystem raffiniert aus, und zwar das zugrunde liegende Denksystem wie auch die zeichenhaft ausgeformten Codes, die es anzitiert. **Wir wissen, dass die »Flüssigkeit« der Informationsverarbeitung unter anderem davon abhängt, ob die Erwartungssysteme, die wir im Kopf haben, bestätigt werden. Ist dies der Fall, finden wir einen instinktiven und intuitiven Zugang zu einem Meinungsobjekt.** Diese intuitiven Zugänge sind aber nichts anderes als unsere kollektiv geteilten Annahmen und Einsichten. Diese gilt es in Bezug auf Produktfelder und Markengestaltungen zu rekonstruieren.

Ein Beispiel dafür soll im Folgenden anhand der Felder »the idea of a home« und »building the perfect body« erläutert werden. Wir wissen, dass Menschen, wenn sie sich einem sehr komplexen Datenfeld gegenübersehen, Ausschau nach *cues*, nach Schlüsselreizen suchen, die dieser Überfülle eine Bedeutung geben.[9]

Wir werden zeigen, dass die *cues*, die die Felder Reinigungsprodukte und Körperpflegeprodukte bestimmen, nicht beliebig auftauchen, sondern dass sie Ausdruck der Denkweisen und Ideologien sind, die diese Felder steuern, dass sie also in diesem Fall damit zusammenhängen, was wir als einen Haushalt oder einen perfekten Körper ansehen.

Der zweite interessante Gesichtspunkt ist die Tatsache, dass Packungen Artefakte sind, die zentrale soziale Konzepte ausdrücken. Damit beschäftigen wir uns in den folgenden Abschnitten.

## 1.3 Packungen inszenieren zentrale soziale Konzepte

Jede Gesellschaft schafft Objekte, also Artefakte, die sie zu funktionalen Zwecken, aber darüber hinaus auch zu kommunikativen Zwecken nutzt: Geschirr, Kleider, Waffen, rituelle Gegenstände usw. Dies trifft auf hochentwickelte Gesellschaften ebenso wie auf Stammesgesellschaften zu. Gerade für Stammesgesellschaften wurde dieser Bereich umfangreich von der Ethnologie untersucht, da diese materielle Kultur in schriftlosen Kulturen einen wichtigen Bereich darstellt, um die Mechanismen einer Kultur zu analysieren. Dabei wurde sichtbar, zu welchen hochkomplexen kommunika-

8 ASSMANN, Jan: Das kulturelle Gedächtnis. Schrift, Erinnerung und politische Identität in frühen Hochkulturen. C.H. Beck. München: 2007.

9 CHABRIS, C./SIMON D.: The Invisible Gorilla. Harmony. Crown Publishing Group. New York: 2010.

tiven Leistungen diese Artefakte imstande sind und welche Rolle sie für den sozialen und kulturellen Zusammenhalt einer Gruppe oder Gesellschaft spielen.

Ein besonders interessanter Aspekt besteht darin, dass sie zentrale gesellschaftliche Sachverhalte über einen materiellen Gegenstand sichtbar machen: Man kann mit ihnen und durch sie soziale Ideen denken.

Ein Buch der amerikanischen Ethnologen Amiria Henare, Martin Holbraad und Sari Wastell trägt daher den Titel »Thinking through things«.[10] Dieses Buch stellt eine Fülle von Beispielen über Artefakte dieser Art in unterschiedlichen Gesellschaften zusammen. Am bekanntesten ist wohl das Konzept der Gabe, das Marcel Mauss für die Gesellschaft der Trobriander beschrieb.[11]

### Das Konzept der Gabe

Diese Gesellschaft, die auf weit voneinander entfernten Inseln im indonesischen Archipel lebte, basierte nicht auf Märkten und nicht auf Hierarchien, sondern auf einem weit verzweigten Netz von Handelsbeziehungen. Gehandelt wurde mit Muscheln, die Angehörige einer Insel zu einer anderen Insel brachten, worauf sie von diesen Einwohnern andere Muscheln erhielten, die so in einem Kreis durch alle Inseln reisten. Diese Muscheln wurden jedoch nicht bezahlt, sondern sie wurden geschenkt. Diese Geschenke waren gratis, aber nicht umsonst – der Beschenkte hatte die Verpflichtung, die Gabe nach einer angemessenen Zeit in einer angemessen Form zu erwidern.

Auf diese Weise entwickelten sich stabile soziale Beziehungen über einen langen Zeit- und Raumkontext. Es war dies eine Gesellschaft, die nach den Prinzipien von Ehre und Scham funktionierte: das Nichterwidern eines Geschenkes hätte den sozialen Tod nach sich gezogen.

Dies ist eine der schwierigen Leistungen, die jede Kultur ihren Mitgliedern abverlangen muss: Sie muss durch viele Mechanismen Sorge tragen, dass ihre zentralen Forderungen und Regelungen erfüllt werden. In diesem Fall wird das durch das Konzept der Gabe bewerkstelligt.

Es wird angenommen, dass diese hoch geschätzten Muscheln »taonga« sind, das bedeutet, sie sind wertvoll nicht als materielle Objekte, sondern weil in ihnen »hau«, der Geist der Gabe lebt, der eine Gegengabe erzwingt. Diese Beseelung des Gegenstandes erfolgt auch dadurch, dass angenommen wird, ein Teil ihres Besitzers sei in ihr ent-

10 HENARE, A./HOLBRAAD, M./WASTELL, S.: Thinking through Things. Theorising artefacts ethnografically. Routledge. New York: 2007.

11 MAUSS, Marcel: Die Gabe. Suhrkamp. Frankfurt: 1968.

halten. Geschenkt werden also nicht nur materielle Objekte sondern auch Personen (übrigens in einem intensiven Kommunikationsprozess).

## Die Bedeutung von Artefakten

Ein weiteres Beispiel aus dem oben genannten Buch beschreibt das Konzept des »xishing«, das für nomadische Stämme der Mongolei eine große Rolle spielt. Es bezeichnet Glück, das man für alle Verhältnisse anstrebt und das für personelle und materielle Beziehungen unerlässlich ist. Dieses Glück, so glaubt man, ist in Teilen von materiellen Objekten vorhanden: Diese Teile muss man bewahren, auch wenn man das ganze Teil veräußert. So behält man ein kleines Stück Fell von einer Kuh zurück, wenn sie verkauft wird. Genau in diesem Teil könnte das Glück vorhanden sein, das für die ganze Herde wichtig ist.

Ein zentrales Artefakt in diesem Umkreis des Glücks ist die Truhe, die in jedem Haushalt vorhanden ist. Sie ist mit Gegenständen, Bildern, Fotografien dekoriert, die wichtigen männlichen Angehörigen gehören oder gehört haben, und sie enthält im Inneren Andenken an Kinder, die jetzt groß sind und den Haushalt verlassen haben: die Nabelschnur, erste Haarlocken. Wenn jemand den Haushalt verlässt, so muss man einen Teil von ihm zurückbehalten, damit es der ganzen Familie gut geht.

Diese mongolischen Stämme sind Nomaden, die kein Land besitzen und die weite Wanderungen unternehmen. Für sie ergibt sich das Problem, wie sie den Zusammenhalt der Gruppen und Familien über diese langen Raum- und Zeitstrecken bewältigen. Die Truhe, die immer mitgeführt wird, stellt diesen Zusammenhalt sinnfällig aus: Durch die Teile, die in ihr zurückgelassen werden, bleibt immer ein Teil mit dem Ganzen verbunden.

Die Konstruktion dieser Truhe basiert auch auf wesentlichen Denkkategorien dieser Kultur:

- Man erklärt sich die Entstehung eines menschlichen Embryos so, dass Frauen das Blut beisteuern und Männer die Knochen. Ein Mensch entsteht aus dem väterlichen Knochen und dem mütterlichen Blut.
- Die Knochen sind mit den Merkmalen fest, lange dauernd und stabil verbunden (Bereich der Männer), Blut mit den Merkmalen flüssig, nicht stabil.
- Der Bereich der Männer ist der Bereich, der sichtbar ist: Er wird auf der Truhe dargestellt, der Bereich des Weiblichen ist der unsichtbare Teil, der im Inneren der Truhe ist – sehr deutlich ist dies eine männerdominierte Gesellschaft.

Die Konstruktion dieses Artefaktes ermöglicht es, subtile kulturelle Überzeugungen zu »denken«.

Ein ähnliches Beispiel sind die Schamanenkostüme, die es ihren Trägern erlauben, Ebenen zu betreten, die normalerweise Menschen verschlossen sind. Sie sind nach dem Modell einer »world conquering time machine« konstruiert und machen durch ihre Konstruktion sichtbar, dass dies in dem Augenblick des Tragens möglich ist.

Es mag weit hergeholt sein: Aber in gewissem Sinn lässt sich das Gebiet der Verpackungen, die wir im Übermaß in unserer Gesellschaft produzieren, als eine Art von kognitiver Schaubühne (*cognitive scaffolding*) begreifen: Sie stellen gesellschaftlich hoch relevante Sachverhalte aus.

Packungen nehmen in unserer Gesellschaft einen beträchtlichen Raum ein, wir produzieren mit ihnen so viele Artefakte wie dies niemals zuvor eine Gesellschaft getan hat. Mit den Worten von Gert Selle: »Unsere Produktwelt ist ein riesiger semiotischer Raum, in dem die Dinge einen großen Lärm machen.«[12] Diese Tatsache ist zu interpretieren:

Die ungeheure Vermehrung dieser Artefakte steht in Verbindung mit der Entwicklung von Industrie- und Marktgesellschaften, die davon leben, Produkte in noch nie gekannter Zahl zu produzieren, die sie voneinander unterscheiden und als jeweils hoch attraktive Einzelprodukte ausgestalten müssen.

Die riesigen Ansammlungen und Präsentationen unserer Supermärkte stellen aber auch eine unserer zentralen ideologischen Denkfiguren visuell aus: Sie inszenieren die Freiheit der Wahl, die wir als Personen dieser Gesellschaft beanspruchen und im Bereich des Konsums jeden Tag aufs Neue einlösen können, und zwar als Individuen, die nur dem persönlichen Hedonismus, unserem Vergnügen, unserem Eigenwohl verpflichtet sind, nicht dem Gemeinwohl. Dies jedenfalls dann, wenn wir das Geld für den Konsum haben. Marktgesellschaften richten sich naturgemäß nur an Personen, die das Geld haben, an Märkten teilzuhaben. Die Rolle des Konsumenten ist daher eine Masterkategorie industrialisierter Gesellschaften, die sich im Verlauf des 19. und 20. Jahrhunderts herausbildete.[13]

Auf diesen Märkten geht es nicht darum, sich das zu besorgen, was wir brauchen, sondern auch das, was wir uns *wünschen*, auch wenn wir es in einem existenziellen Sinn nicht brauchen. Einer dieser Wünsche besteht darin, autonom zwischen vielen attraktiven Möglichkeiten wählen zu können – und genau dazu benötigen wir Packungen.

Wir gehen eben im Allgemeinen nicht mit Milchkannen einkaufen oder trinken Wasser aus dem Leitungshahn oder mischen zu Hause selbst gemachten Joghurt und Erdbeeren, sondern wir kaufen Milchpackungen, Mineralwasser in Kunststoffflaschen

12 SELLE in PRINZ, S./MOEBIUS, St.: Das Design der Gesellschaft. Transcript. Bielefeld: 2012.

13 LURY Celia: Consumer Culture, Polity Press. Cambridge: 2011.

und Fruchtjoghurt in Plastikbechern und dies aus einer Anzahl von Optionen, die sich meterlang im Raum der Supermärkte erstrecken.

### Kulturkritische Überlegungen

Diese Zivilisationstatsache hat natürlich eine kulturkritische Komponente, die auch immer wieder angesprochen wird: Ist es unter Umwelt- und Verantwortungsgesichtspunkten nicht höchst verwerflich, eine solche Menge an Ressourcen zu verbrauchen und solche Mengen von Müll zu produzieren? Packungen bleiben ja im Allgemeinen übrig, wenn das Produkt, das sie enthalten, verbraucht ist, sie müssen dann entsorgt werden. Dies wird kaum jemand wirklich verneinen und doch geschieht es in großem Umfang.

Dies ist eines jener zahlreichen Beispiele für unseren kulturell blinden Fleck: Genau dieser **Prozess der Verschwendung** ermöglicht unsere Art zu leben. Unsere Gesellschaft basiert eben auf Märkten und auf der Kultur des Individualismus. Wir müssen produzieren, konsumieren, Gewinne erwirtschaften, wenn möglich stetig wachsen. Und wir können das nur, indem wir Begehrlichkeiten nach Produkten schaffen und Produkten eine ganz besondere Rolle zuschreiben.

Wie in Kapitel 1 beschrieben: Wir brauchen Produkte nicht nur, weil sie bestimmte nützliche Funktionen haben, sondern wir brauchen sie auch, weil wir glauben, dass dadurch unser Leben reicher und befriedigender wird, weil sie uns stolz machen, weil sie uns Lust verschaffen, Anerkennung, Trost, weil sie Lebensgefühle geben, weil sie uns Beziehungen mit anderen Menschen ermöglichen, Identität, Gruppenzugehörigkeit, weil sie für die großen Geschichten und Mythen unserer Kultur stehen, weil sie immer wieder unserer Denkkategorien bestätigen.

Bekanntlich entwickelt sich derzeit eine Gegenströmung zu dieser Idee der auf individuellem Konsum beruhenden Marktwirtschaft. Autoren, die dieses Konzept verfolgen, gehen davon aus, dass wir uns auf eine Gesellschaft zubewegen, in der Werte wie Teilen und Kooperieren außerordentlich wichtig sind, was auch die Art der von uns entwickelten Produkte verändern würde. Ausgespart wird dabei allerdings die Frage, dass die Fülle von institutionellen und kulturellen Rahmenbedingungen, die für diese neue Wirtschaft notwendig ist, noch bei Weitem nicht entwickelt ist.[14] Unser noch bestehendes System, wie immer man es bewerten mag, präsentiert sich jedenfalls höchst eindrucksvoll.

Wir befinden uns in einer intensiven Debatte zum Thema der Nachhaltigkeit. Dabei müssen wir zur Kenntnis nehmen, dass wir mit einer Klimaveränderung zu rechnen haben und unsere Art zu leben und zu wirtschaften einen erheblichen Einfluss auf

14 RIFKIN, Jeremy: Die dritte industrielle Revolution. Campus Verlag. Frankfurt: 2011.

diesen Klimawandel hat. Packungen spielen dabei eine wesentliche Rolle: Soll man darauf verzichten? Oder soll man sie so gestalten, dass sie möglichst wenig Schaden anrichten? Die erste Option verlangt eine ideologische Neuorientierung, die zweite versucht das Problem mit den Mitteln des Marktes zu lösen. Wir werden diesen Aspekt in Kapitel 5.6 beleuchten.

Wenn wir die semiotischen Raffinessen betrachten, mit denen sich unsere Warenwelt darstellt, die Mythenbildungen und Erzählungen, die Verdichtung in materielle Objekte, in Ikonen und Zeichenfelder, so wird umgekehrt deutlich, dass unsere politische und institutionelle Welt bei Weitem nicht über diesen Reichtum an zeichenhafter Vermittlung verfügt, sondern sich weitgehend auf verbale diskursive Systeme beschränkt. Es gibt eher einen Mangel an *noncommodity symbols*, institutionellen und politischen Symbolen.

Dies war nicht immer so: Historisch zurückliegende Epochen unserer Gesellschaft, die nicht auf Märkten basierten, brachten eindrucksvolle bildliche Repräsentationen politischer Sachverhalte hervor. Man denke an die ausgeformten rituellen Inszenierungen von politischer Macht, die Barbara Stollberg Rilinger für das ausgehende Mittelalter beschreibt, oder an das Bild des Leviathan.[15] Zwar existieren diese Darstellungen politischer Machtfülle noch, aber gute Beispiele sind eher selten.

Sobald wir uns in eine ökonomische und marktbasierte Gesellschaft transformieren, verlagert sich auf jeden Fall ein Teil der Mythenbildung und der rituellen und ästhetischen Produktion von Sinn auf die Ebene des Marktes und damit in die Zeichensprache der Populärkultur.[16] Zu dieser gehören auch Packungen:

Packungen sind also auch ein Teil des sozialen Klebstoffes, der unsere Gesellschaft zusammenhält, gewissermaßen eine ästhetische Signatur von gesellschaftlichem Rückhalt.[17]

Packungen umkleiden das nackte Produkt mit einer Hülle, die das gesamte Wertefeld des Marktes bezeichnet, Markt in einem umfassenden Sinn einer ideologischen Orientierung verstanden: Die Packung ist quasi das Markthafte an ihnen, sie transportiert den Mythos der freien und autonomen Wahl, die Bedeutung von Produkten, die Denkfiguren, die sie zitieren, aber auch die Verschwendung.

Gruppen, die gegen diese Markt- und Konsumorientierung durch ihren Lebensstil protestieren, entwickeln daher auch einen besonderen Umgang mit Packungen. Dies hat eine längere Vorgeschichte, die bis in die Anfänge der Hippiebewegung zurückreicht.

15 RILINGER, Barbara: Des Kaisers alte Kleider. C.H. Beck. München: 2013.
16 POLANYI, Michael: Tacit knowing. a. a. O.
17 BOSCH in PRINZ, S./MOEBIUS, St.: Das Design der Gesellschaft. a. a. O.

Cronin, Mc Carthy und Collins beschreiben in diesem Zusammenhang eine Untersuchung, in der sie das kulinarische Verhalten einer Gruppe von Hipstern durch teilnehmende Beobachtung begleiteten, unter anderem auch den Umgang dieser Gruppe mit Packungen. Es galt in dieser Gruppe, die sich als Nonkonformisten verstanden, als Tabu, Produkte in ihren Packungen zu belassen: Sie füllten sie sofort in Behälter um, sie »decommodifizierten« sie, befreiten sie von ihren »entfremdeten Qualitäten«, restaurierten sie wieder in ihren originalen Zustand.[18]

Dies wird auch als *sacred consumption* bezeichnet: Um etwas als wertvoll oder heilig zu deklarieren, muss es wie in einem Ritual von allem Profanen gereinigt werden, aus dem Griff der »gierigen Konzerne« befreit werden, wie die Teilnehmer erklärten.[19]

Diese Tendenz, Packungen zu vermeiden, findet sich heute in teilweise sehr ausgeprägter Form: Es gibt Geschäfte, die nahezu alles unverpackt anbieten. Auch große Super- oder Drogeriemärkte errichten Abfüllstationen für Waschmittel, Kosmetikprodukte, Lebensmittel.

Der dritte Gesichtspunkt begreift Packungen als Teil der ästhetischen Ökonomie.

## 1.4 Packungen als Teil der ästhetischen Ökonomie

Auf den Kulturwissenschaftler Andreas Reckwitz geht der Begriff der ästhetischen Ökonomie zurück. In seinem Buch »Die Erfindung der Kreativität« beschreibt er, dass Prozesse der Ästhetisierung immer stärker unsere gesellschaftliche Realität prägen: Dies zeigt sich in Managementlehren, die Kreativität von jedermann fordern, in dem Aufstieg der sogenannten *Creative Industries*, in der Forderung nach kreativer Selbstverwirklichung und ganz deutlich auf dem Feld der Produktion und Konsumption von Waren und der Warenwelt selbst.[20]

Dieser Prozess wurde von einer Reihe von Kulturwissenschaftlern beschrieben, so auch von Mike Featherstone, der von einer *Aestheticization of everyday life* spricht.[21] Auch er führt das auf eine Forderung unserer Gesellschaft zurück, die von jedermann verlangt, sich kontinuierlich weiterzuentwickeln, neue und bereichernde Erfahrungen zu machen, kreativ und erfinderisch zu sein. Damit werden Ideen der Avantgarde am Beginn des 20. Jahrhunderts aufgenommen und zu einem Merkmal moderner Eliten

18 CRONIN, J./Mc CARTHY, M./COLLINS, A.: Consumption, Markets, Culture. Vol. 17. Nr. 1. Routledge. New York: 2014.

19 BELK, R. W./WALLENDORF, M./SHERRY, J.F.: Journal of Consumer Research. The scared and the profane in consumer behaviour. Vol. 16. Nr. 1. 1989.

20 RECKWITZ, Andreas: Die Erfindung der Kreativität. Suhrkamp. Berlin: 2012.

21 FEATHERSTONE, Mike: Consumer Culture and Postmodernism. Sage Publications. California: 2007.

gemacht. Die Figur des »Bobo«, des *bohemian artist*, der ein hoch ästhetisiertes Leben führt, einen Lebensstil kultiviert, der ihn weit von der dumpf konsumierenden Masse abhebt, der aber auch moralisches Bewusstsein zeigt, ist ein Beleg für diese These.[22]

**Beachten Sie**

Es geht nicht mehr nur um den funktionalen Nutzen von Waren, es geht vielmehr um die Produktion von Bedeutungen und von affektiv sinnlichen Wirkungen durch die Verwendung von semiotischen Strategien. Damit müssen Produzenten und Gestalter über ein beträchtliches kulturelles Kapital verfügen. Diese ästhetische Differenzierung wird in großem Umfang auch von Packungen getragen.

Sehr deutlich zeigt sich dies an dem Problem des Neuen, dem Andreas Reckwitz ein eigenes Kapitel widmet: Unsere gesamte Ökonomie steht unter der Forderung, permanente Neuerungen hervorzubringen: Nur das Neue verspricht Fortschritt und garantiert Aufmerksamkeit. Innovation und Fortschritt sind auch die Begriffe eines unserer zentralen Narrative.

Im Mittelalter war dies genau umgekehrt, das Neue war minderwertig, da es die irdische Unvollkommenheit verkörperte, wertvoll war allein Unveränderlichkeit und Kontinuität, da dies auf göttliche Attribute verwies.

Innovationen wurden lange ausschließlich als technisch funktionaler Fortschritt betrachtet. Dies kann, muss aber nicht der Fall sein. Innovationen können ferner im Sinne einer Revolution, der Ablösung eines Systems und Ersatz durch eine neues, erfolgen oder im Sinne einer Perfektionierung: Etwas wird schneller, besser, perfekter.

Beide Prozesse scheinen in unserer Gegenwart an Grenzen zu stoßen: Viele Dinge sind nicht mehr zu perfektionieren. Naturgemäß stimmt das nur bedingt. Gerade im Bereich technischer Produkte sind immer noch Innovationen möglich und notwendig.[23] Die rasante Entwicklung von Geräten zur mobilen Kommunikation zeigt dies deutlich. Jedes Unternehmen, das diese Produkte anbietet, steht vor der Notwendigkeit, immer wieder eine neue Generation von Geräten herauszubringen, die von ihren Fans auch sehnlich erwartet werden. Besonders gut inszeniert das Apple. Jede Generation von Geräten ist von einem neuen Designschub begleitet: Jedes neue Gerät ist ein bisschen flacher, smarter, »cooler«.

Innovationen verlagern sich insgesamt in hohem Ausmaß auf die Ebene der Ästhetik: Es werden zunehmend ästhetische Differenzierungen produziert, damit aber auch Ge-

22 LASH, S./LURY C.: Global Culture Industry. The Mediation of things. Polity. Cambridge: 2004.

23 SCHULZE, Gerhard: Die beste aller Welten. Carl Hanser Verlag. München: 2003.

fühle und nichtverbale Appelle. Dadurch wird der von Natur aus »gefühlskalte« Kapitalismus eine sinnlich motivierende Veranstaltung. Im Meer der erkaltenden Systeme der Moderne ist die Kunst ein heißer Archipel.

**Beachten Sie**

Das Kreativitätsdispositiv hat endgültig gesiegt. »Man will kreativ sein und man soll es.«[24] Genau dies führen Packungen vor. Sie setzen das Ästhetische ein, um Waren mit Bedeutungen aufzuladen, attraktiv zu machen, mit Affektwerten zu versehen. Sie streben im Wesentlichen nach »poetischer Verdichtung«.[25]

Diese »Verdichtung« erfolgt im Fall des Marktes aber nicht regellos und nur durch Gefallen gesteuert, sondern sie stellt, wenn sie gut gemacht ist, eine wohlbegründete Wahl aus den Codes dar, die man in einem einzelnen Fall zur Verfügung hat.

Mit dieser ästhetischen Bedeutung von Packungen hat sich auch der amerikanische Marketingspezialist Richard Shear beschäftigt, der Packungen in seinem Blog bespricht: *the unseen package*. Er beschreibt Packungen wie folgt:

> »The package is an unique object in our contemporary culture. Created as a vessel, designed as an icon, sold as a brand and consumed with both passion and derision. In short it is an unique intersection of design and life.«
>
> Richard Shear

Für Shear sind Packungen der Teil von Marketingstrategien, der sich am wenigsten schnell ändert, weit weniger schnell als zum Beispiel die Werbung. Und Packungen spielen naturgemäß eine eminente Rolle als reale Objekte in einer Zeit, in der sich immer mehr auf die mediale Ebene verlagert: Sie sind real beobachtbar und sie sind auch Teil der personalen und häuslichen Ensembles, in denen sie verweilen, solange das Produkt benutzt wird: Sie haben also eine feste Raum-Zeitbindung. Sie gehören damit in den weiten Bereich der *thingification of culture*.[26]

Ebenso sind Packungen das, womit der Konsument unmittelbar in Berührung kommt, sie können ihren Benutzern beim Gebrauch besondere Erlebnisse vermitteln: Über die Art, wie sie sich anfühlen, öffnen lassen, ihren Inhalt in bestimmter Weise abgeben.[27]

24 RECKWITZ, Andreas: Die Erfindung der Kreativität. a. a. O.

25 MEDIEN UND WANDEL, hrsg. vom Institut für interdisziplinäre Medienforschung. Passauer Schriften zur interdisziplinären Medienforschung. Band 1. Logos Verlag Berlin: 2011.

26 LASH, S./LURY C.: Global Culture Industry. a. a. O.

27 HARTMANN, O./HAUPT, S.: Touch! Der Haptik-Effekt im multisensorischen Marketing. Haufe Lexware. Freiburg: 2014.

### Unboxing – das Auspacken von Produkten

Selbst das Auspacken eines Produktes kann ein besonderes Erlebnis darstellen. Man kennt das vom Auspacken von Geschenken oder auch von edlen Gegenständen, so zum Beispiel über das Knistern von feinem Seidenpapier, in das kostbare Schals, Hemden oder Blusen gewickelt sind. In letzter Zeit ist das sogenannte *unboxing* ein wahrer Trend geworden. Auf YouTube schauen Tausende zu, wie Protagonisten Packungen öffnen. *Unboxing* wird auch in deutlicher Parallele zu erotischen Aktivitäten der Vorlust, dem Entkleiden, gesetzt und gute Packungen können tatsächlich Gefühle dieser Art liefern.

### Schön gestaltete Packungen – das *Beauty Premium*

Den Begriff »Ästhetik« haben wir bisher abstrakt gebraucht, im Sinne einer kreativen Gestaltung von Produkten, die die Ebene des Funktionalen übersteigt. Es gibt jedoch inzwischen Untersuchungen im Bereich der Konsumentenforschung, die das Ästhetische mit dem Schönen im engeren Sinn gleichsetzen und die in empirischen Untersuchungen bestätigen, dass Produkte, die als schön gestaltet beurteilt werden, erhebliche Wettbewerbsvorteile haben, sie werden verstärkt gewählt und es wird ein wenig mehr für sie bezahlt, gewissermaßen ein *survival of the beautiful*. Eine entsprechende Untersuchung wird im *Journal of Consumer Research* vorgestellt. Die Autoren dieser Studie gehen davon aus, dass das *Beauty Premium*, das sich bei der Bewertung von Personen findet, auch bei Produkten vorkommt. Zahlreiche Untersuchungen bestätigen, dass Personen, die als schön beurteilt werden, bessere Chancen bei der Partnerwahl, bei Einstellungsgesprächen, selbst vor Gericht haben. Dabei wird häufig von äußerer Schönheit auf innere Werte wie soziale Geschicklichkeit, Intelligenz, Güte usw. geschlossen. Die Autoren dieser Studie, Claudia Townsend und Sanjay Sood, gehen davon aus, dass das Bedürfnis nach dem Schönen ein universelles Bedürfnis ist, es wird daher in der Literatur auch zu den sechs basalen Werten gezählt, die Menschen motivieren.[28]

Dieses *Beauty Premium* findet sich auch im Bereich von verpackten Gütern. Differenziert angelegte und gut abgesicherte experimentelle Untersuchungen, die den Einfluss von ästhetischen Faktoren bei der Entscheidung zwischen Produkten nachgingen, haben gezeigt, dass dieser Einfluss beträchtlich ist, er übersteigt den Faktor Funktionalität bei Weitem. Die Autoren dieser Studie führen dies im Übrigen darauf zurück, dass die Käufer eines als schön empfundenen Produktes dadurch ihren Selbstwert steigern. Zu diesem Phänomen haben sich auch E. Raghubir und E. Greenleaf im *Journal of Marketing* geäußert.[29]

---

28 TOWNSEND, C./SOOD, S.: Journal of Consumer Research. Volume 40. Supplement June 2013. S. 257.

29 RAGHUBIR, P./GREENLEAF, E.: Ratios in Proportions: What should the shape of the package be? In: Journal of Marketing. 2006. S. 70.

Unsere Analysen werden sich aber auch mit der Tatsache beschäftigen, dass es mehrere Definitionen vom Schönen gibt. Einzelne soziale Gruppen unterscheiden sich beträchtlich in dem, was sie als schön bewerten. Ebenso gibt es verschiedene Ästhetiken, die unterschiedliche Konzepte von Schönheit postulieren: das Erhabene und das Liebliche, das Minimalistische und das Opulente, das Tradierte und das Avantgardistische usw.

Das Bemühen, die Ästhetik einer Packung zu verbessern, ist also in jedem Fall ein Wettbewerbsvorteil – umso erstaunlicher, wie viele Packungen in unseren Supermärkten diesen Gesichtspunkt nicht ernst nehmen.

Das Konzept der Verpackung ist, abgesehen von seiner Bedeutung für die Produktkultur, auch sonst ein wichtiges Konzept, das in vielen Bereichen verwendet wird: Politiker müssen die richtige Verpackung für sich und ihre Programme wählen, Erlebnisse und Serviceleistungen werden zunehmend verpackt, Unternehmen verpacken ihre Leitbilder in architektonische Entwürfe. Zu dieser Form der Inszenierung gehören Namen, Logos, Ikonen, Farben, Formen, Größen.

Ein gelungenes Beispiel für die Verpackung einer besonderen Serviceleistung stellt die Umgestaltung der Frankfurter Börse dar.[30] Aus den bürokratisch geordneten und abgezirkelten Abschnitten der alten Börse, die aber eine hektische Atmosphäre vermittelten, wurde durch die Verwendung von Formen und räumlichen Anordnungen eine zugleich ruhige und dynamische Atmosphäre erzeugt, die den Raum wie eine riesige Maschine wirken lässt, in der Massen von Kapital bewegt werden. Gleichzeitig wurde in diesem Raum eine Lichtinstallation angebracht, die die natürlichen Lichtverhältnisse während eines Tages simuliert. Der Betrachter hat also den Eindruck, dass das finanzielle Geschehen Teil eines natürlichen Prozesses ist.

### Verpackungen sind allgegenwärtig

Die Verpackung findet sich zum Beispiel auch im Bereich touristischer Angebote. So stellen die Südtiroler Betriebe, die Ferien am Bauernhof anbieten, ihre Angebote unter die gemeinsame Marke Roter Hahn, verpacken sie also in ein Zeichenfeld, das das Echte, Authentische signalisiert, aber auch einen Komplex von roter mystischer Kraft kommuniziert, der sehr einprägsam ist.

### Die Kommunikationsleistung von Packungen

Ohne der Frage ihrer moralischen Rechtfertigung weiter nachzugehen, wollen wir uns im Folgenden nur mit der Kommunikationsleistung von Packungen beschäftigen und zwar tatsächlich nur mit der Leistung von Packungen. Es geht also nicht um die Aus-

30 Consumption, markets, culture: Vol. 16. Nr. 4. Dezember 2013. S. 363.

formung der Produkte selbst und auch nicht um begleitende Werbung und sonstige Kommunikation, sondern nur um das, was Packungen selbst leisten.

Viele Beispiele werden klarmachen, dass diese Leistungen beträchtlich sind: Sie sind in der Lage, Differenzen herbeizuführen, die nicht in der Sache selbst begründet sind, sie fügen den nackten Produkten große Mehrwerte hinzu, machen sie über die Prozesse der Markenbildung wiedererkennbar und begehrenswert.

Sie spielen in den Funktionskreisen, die wir Produkten zuschreiben, eine wichtige Rolle: Sie verstärken unsere Art zu denken, bestimmte Vorstellungen zu schätzen, sie sind also *good to think with*, aber sie basieren auch auf unseren Sehnsüchten, denen Waren antworten: Unserem Wunsch, dass alles immer besser werden möge, unserer Sehnsucht, dass es etwas mehr geben muss als die triviale Realität, nämlich Verzauberung, Verwöhnung, Erhöhung, ultimative Erlebnisse, wie es im Englischen heißt: *Our emotions are woven into them.*

Packungen kommunizieren also nicht nur den *use value* der Produkte sondern auch den *dream value*.[31] Wir wollen also folgende Fragen betrachten:

Welche Strategien verwenden Packungen, ...
- um Produkte über die Markenbildung attraktiv zu machen, um etwas Alltägliches in etwas Außer-Alltägliches zu verwandeln, um es zu verzaubern, magisch aufzuladen, mit wichtigen Konzeptionen des Wünschenswerten zu verbinden?
- um sie zum Anker zu machen, eine Geschichte zu erzählen?
- um Produkte voneinander zu differenzieren, die der Sache nach relativ gleich sind, um also die Illusion der freien Wahl herzustellen?
- um Produkten funktionalen und emotionalen Nutzen zuzuschreiben?
- um Aufmerksamkeit auf sich zu ziehen?
- um die Flüssigkeit der Informationsverarbeitung sicherzustellen?

Von welchen kulturellen Rahmungen machen Verpackungen dabei Gebrauch? Auf welches kulturelle Wissen beziehen sie sich? Welche Codes verwenden sie?

31 WILLIAMSON, Judith: Consuming Passions. Marion Boyars. London: 1995.

# 2 Die Sprache der Packungen

## 2.1 Langue und Parole – die Basiscodes

Die zugrunde liegende Sprache, die das Universum der Packungen hervorbringt, stützt sich auf eine Reihe von Elementen, die in sich geordnete Systeme sind, also Codes, aus denen durch entsprechende Wahlen eine Packung erzeugt wird. Dies ist mit einem Ansatz der Linguistik vergleichbar, in der zwischen *Langue* und *Parole* unterschieden wird. Dieses Konzept geht auf den Linguisten Ferdinand de Saussure zurück.[32]

*Langue* enthält die möglichen Bedeutungen von Einzelzeichen einer Sprache sowie ihrer Verknüpfungsregeln – aus ihnen kann ein Sprecher wählen, um eine bestimmte Äußerung zu treffen. Deutsch als Sprache enthält die Bedeutungen und Verknüpfungsregeln, die im Deutschen möglich und zulässig sind. Dies ist die *Langue* – daraus können Millionen von Sätzen gebildet werden. Diese realen Sätze bilden die *Parole*.

Ebenso basiert das Universum der konkreten Packungen auf bestimmten Bausteinen, die in geordneten Klassen vorliegen, und ihren möglichen Verknüpfungsregeln. Im Unterschied zu natürlichen Sprachen sind jedoch in diesem Bereich die Bedeutungen fließend, sie ändern sich schneller im Zeitverlauf als bei der Sprache und die Verknüpfungsregeln sind sehr locker. Dennoch lassen sich die Klassen der Möglichkeiten rekonstruieren, also die Codes, aus denen gewählt werden kann. Diese Klassen sind summarisch:

- Die wichtigste Wahl: Wie viel Verpackung zeige ich, wie viel Produkt zeige ich? Das ist der Gesichtspunkt: das Nackte und das Bekleidete (vgl. Kapitel 2.3).

Dann die materiellen Basiscodes:

- Material
- Größe
- Form
- Farbe

Schließlich die sozialen Basiscodes:

- männlich und weiblich
- kindlich/jung/alt
- Positionierung in Raum und Zeit

Diese Basiscodes, die in Packungen aller Produktgattungen eine Rolle spielen, sollen im Folgenden näher erläutert werden.

32 SAUSSURE Ferdinand de: Grundfragen der allgemeinen Sprachwissenschaft, Berlin: 1967.

## 2.2 Die Kommunikationsflächen des Mediums Packung

Die einzelnen Zonen von Packungen haben verschiedene Aufgaben und sie leiten zu je verschiedenen Systemen ihrer Umwelt: Die Gesamtgestalt, also die 3D-Form, die Größe, die verbalen und visuellen Codes des Etiketts, die Farbgebung haben die Aufgabe, den Konsumenten anzuziehen, ihm die notwendigen Informationen für seine Wahl zu geben.

### Die Rückseite der Verpackung

Die Rückseite oder manchmal auch die Seitenwände sind der reinen Information gewidmet: Sie dienen dazu, Informationen aufzunehmen, die vom Gesetzgeber vorgeschrieben sind oder an denen ein Konsument, der sich näher mit dem Produkt beschäftigt, interessiert sein könnte, also zum Beispiel die Firmengeschichte oder Einzelheiten über die Gewinnung von Inhaltsstoffen oder Nachhaltigkeitskriterien. Man kann bei dieser Zone nicht sicher sein, ob sie der Konsument beachtet. In jedem Fall muss sie aktiv gelesen werden.

Jede Packung enthält an verschiedenen Punkten Informationen, die zeigen, dass sie institutionell gerahmt sind, dass also offizielle Instanzen, der Staat oder die Behörden über sie wachen: Diese benutzen immer den bürokratischen Code. Hier geht es also um Inhaltsstoffe und ihre Herkunft, die Einhaltung von EU-Vorschriften, Preise, die gescannt werden, Mengenangaben usw. Sehr oft erscheinen hier auch Siegel, Güte- oder Kontrollsiegel, die angeben, dass der Inhalt der Packung verschiedenen Kontrollen unterworfen wurde.

### Der QR-Code

Schließlich enthalten Packungen einen QR-Code, der es Konsumenten erlaubt, viele Informationen aus unterschiedlichen Quellen über den Inhalt der Packung oder das Unternehmen über das Internet abzurufen: Er hält zum Beispiel sein Mobiltelefon an den Strichcode und bekommt alle Informationen auf das Handy geliefert.

## 2.3 Das Nackte und das Bekleidete

Welche Rolle soll das Produkt an sich in der Wahrnehmung der Packung spielen: Soll es sichtbar sein? Oder soll es gänzlich unter Packungsschichten verschwinden? Das ist die zentrale Leitdifferenz, die bestimmend für die Gestaltung von Packungen ist.

Der Ausdruck »das Bekleidete« ist nicht von ungefähr so gewählt, er zeigt, dass zwischen Packungen und dem *vestimentären Code*, also dem Code der Kleider, enge Verbindungen bestehen. Packungen können auch als der Versuch betrachtet werden, das nackte Produkt, das gleichsam die Natur darstellt, mit einem zivilisierten Gewand zu bekleiden. Oder anders ausgedrückt: Das nackte Produkt wäre das Notwendige, aber gleichsam Anonyme, nicht mehr Unterscheidbare, gleichzeitig aber das moralisch Richtige.

Die Bekleidung hebt es aus dem Zustand der Notwendigkeit und Natur in den der Kultur: personalisiert es, unterscheidet es, lädt es mit Bedeutung auf, macht es von etwas Alltäglichem zu etwas Außer-Alltäglichem, nimmt es zum Anlass, um eine Geschichte zu erzählen – sie ist es, die die natürlichen Objekte zu Objekten des Marktes macht, zu Artefakten, sie stellt also eine zentrale Strategie von Märkten dar und ist konstitutiv für unsere Gesellschaft. Um all den Müll zu vermeiden, der dadurch entsteht, könnten wir uns natürlich entschließen, nackte Produkte zu kaufen: Milch in Kannen, Waschpulver in Säcken, kosmetische Cremes in Plastiksäckchen – eine Strategie, die derzeit durchaus verfolgt wird. Zu Ende gedacht würde das aber bedeuten, dass wir eine andere Gesellschaft hätten, die, wie sich leicht zeigen lässt, ebenfalls ihre Nachteile hätte.

### Der vestimentäre Code

Packungen lassen sich als Kleidung des Produktes betrachten und sie partizipieren demnach auch an dem vestimentären Code, also an der *Sprache der Kleider*. Diese stellt ein hoch differenziertes System der Bedeutungsvermittlung dar. Die Sprache der Kleider wird in jeder Gesellschaft gesprochen. Alle Kleidungsstücke sind zu Klassen geordnet, aus denen ich wähle, und indem ich das tue, vermittle ich damit automatisch eine Bedeutung. Ich kann nicht »den Mantel« tragen, sondern ich muss wählen zwischen einem roten Swinger, einem Fellmantel, einem Lodenmantel, einem langen oder kurzen Daunenmantel. Indem ich den einen wähle, mache ich klar, dass ich alle anderen nicht gewählt habe.

In geschlossenen traditionellen Gesellschaften ist diese Wahlfreiheit nicht so deutlich gegeben: Hier ist vorgeschrieben, welches Kleidungsstück eine Frau oder ein Mann zu welchem Anlass trägt. Auch bei uns legt der vestimentäre Code fest, was für Männer und Frauen angemessen ist, für alte und junge Leute, für bestimmte Gelegenheiten, auch ritueller Natur: Es gibt Hochzeitskleider und Trauerkleider, Kleidung für formelle und informelle Anlässe. Dies hat, wie im Folgenden beschrieben wird, auch Konsequenzen für die Packungsgestaltung.

Kleidung wird in den Kulturwissenschaften auch oft mit bestimmten Themen verknüpft, sehr oft mit dem Thema der inneren und äußeren Werte, Täuschung und Wahrheit, Oberfläche und Tiefe. Sehr schöne Beispiele liefert hier die Literatur:

**Beispiele**

Im Trojanischen Pferd war ein mörderischer Inhalt in eine attraktive, sakral anmutende Hülle verpackt. In dem Märchen »Des Kaisers neue Kleider« gelingt es dem Kaiser zunächst Kraft seiner Autorität, Kleider einfach zu suggerieren. In der Novelle Gottfried Kellers »Kleider machen Leute« wird ein zentrales Thema angesprochen: Mit der Übernahme von herrschaftlichen Kleidern, die der Handwerksgeselle zufällig findet, wird ihm von seiner Umgebung automatisch der Habitus einer vornehmen Person zugeordnet, also genau das, was jede Packung erzielen möchte.

Welche differenzierten Bedeutungen durch den Gebrauch von Kleidern vermittelt werden können und wie eng sie mit den sozialen und ideologischen Voraussetzungen einer Gesellschaft verknüpft sind, schildert das exzellente Buch von Ulinka Rublack über den Einsatz von Kleidern in der Renaissance (Rublack 2022).[33]

Von Russell W. Belk stammt das Konzept des *extended self*. Er versteht darunter Besitztümer, Gegenstände, die dem Selbst in sehr spezifischer Weise nahestehen und es auch nach außen sichtbar machen – dies umfasst auch Kleider.[34]

Mit Kleidung ist auch das Phänomen der Mode verbunden. Auch dies ist bei Packungen von Bedeutung. Es gibt immer wieder Moden bei der Packungsgestaltung. Und Mode übersetzt gut den Reiz des immer Neuen. Mode ist jedoch fortschrittslos, nur dem Reiz des Neuen unterworfen. Es gibt Packungen, die explizit diesen vestimentären Code aufnehmen.

So entwickelte eine Designagentur eine Packung, die die Form einer Korsage über einen sanft geschwungenen weiblichen Körper hat. Die Produzenten versprechen sich dabei besondere Erlebnisse beim Auspacken, das hier mit Entkleiden gleichgesetzt wird.[35]

Die Achse mit den Polen »nackt« und »bekleidet«, die extremen Positionen auf dieser Achse oder die gewählte Mischung aus »nackt« und »bekleidet« stellt eine zentrale Dimension der Bedeutungszuordnung dar: Ich muss mich als Produzent entscheiden, wo ich mich ansiedeln will.

Auf dem einen Ende des Kontinuums steht das nackte Produkt: Zeige ich viel von dem Inhalt der Packung, dem Produkt an sich, so signalisiere ich etwas Bestimmtes. Lasse ich das Produkt unter einer umfangreichen Lage von Schichten verschwinden, so signalisiere ich etwas anderes. Summarisch lassen sich die Positionen wie folgt festlegen:

33 RUBLAK, Ulinka: Die Geburt der Mode, Stuttgart 2022.
34 BELK, R. W.: Journal of Consumer Research. Possesions and the extended self. Vol. 15. 1988.
35 Verpackungsrundschau. Nr. 4. 2013.

**Position und Botschaft des Produkts**

**Position 1:** Das nackte Produkt spielt eine dominante Rolle, die Packung eine untergeordnete. Es wird viel von dem Produkt gezeigt.

**Botschaft 1:** Der Stil der Notwendigkeit gegen den Stil der Raffinesse.

Wenn ich viel von dem Produkt zeige, so übernehme ich damit seine Grundbedeutung, gleichzeitig besteht die Gefahr, dass die Packung relativ einfach und undifferenziert wirkt – je mehr Schichten ich zwischen Produkt und Packungsoberfläche lege, desto kostbarer wird das Produkt: Ein Geschenk muss eingewickelt sein, eine kostbare Kosmetikcreme hat viele Schichten, bevor man zu der Creme selbst kommt.

Die kostbaren Cremes von Premiummarken wie zum Beispiel La prairie haben eine Cellophanhülle, einen Überkarton, einen Karton, in dem Karton eine Styroporschicht, die in einer Papierhülle den eigentlichen Tiegel umschließt.

Der Abendtee, der uns als Beispiel für den Stil der Gegenwelt begleiten wird, zeigt das Produkt von einem durchsichtigen Säckchen umschlossen. Einfach, naiv, anspruchslos, durch die Nichtpackung signalisierend, dass hier kein Produkt der Industriewelt vorliegt.

**Abb. 1:** Tee aus dem Bauernladen: Abendtee

Nun lässt sich argumentieren, dass hier zwei unterschiedliche Produktgattungen verglichen werden: Kosmetik und Nahrungsmittel. Tatsächlich gibt es aber bei Kosmetik kaum Beispiele, die das eigentliche Produkt, also die Creme, in relativ unverpackter Form zeigen, auch nicht bei Marken, die behaupten, Marken der Gegenwelt zu sein, die also wie Naturkosmetik gegen die industriell hergestellten, »chemischen« Marken stehen. Diese Haltung drücken sie jedoch nur in speziellen Fällen, die wir in Kapitel 5.6 über den Code der Nachhaltigkeit kennenlernen werden, durch die Absenz von Verpackungen aus, sondern durch andere Zeichensysteme und Codes. Kosmetik braucht also in jedem Fall eine Bekleidung oder, wenn man so will, einen schönen Schein. Wenn in diesem Feld das Produkt gezeigt wird, so muss es als ein ganz besonders kostbares Element ausgeformt werden.

Bestimmte Felder sind dagegen dadurch charakterisiert, dass sie fast zur Gänze kaum gestaltete Packungen zeigen, dass die Produkte meistens relativ nackt präsentiert werden – dies ist zum Beispiel bei Produkten aus Baumärkten der Fall, die auf den männlich konnotierten Bereich der Werkzeuge festgelegt sind.

Von den Unternehmen wird dennoch große Sorgfalt darauf gelegt, die Produkte zwar sichtbar, aber dennoch geschützt und attraktiv zu präsentieren. So entwickelte die Marke *Dieda* für Kleinteile im Baumarkt sogenannte Skinverpackungen. Diese sind durchsichtig. Der Kunde erkennt das Produkt also sofort. Sie fassen sich aber auch angenehm an: Der Kunde kann die Wertigkeit des Produktes haptisch erfahren, wie die Firma ausführt.[36]

| **Position und Botschaft des Produkts** |
| --- |
| **Botschaft 2:** Das unverpackte Produkt signalisiert Natürlichkeit, Frische, Natur, die durch keine Spur von Kultur/Zivilisation, Gesellschaft, also Markt und Industrie kontaminiert ist. |

Da dieser Werteumkreis bei Nahrungsmitteln besonders wichtig ist, finden sich hier auch die umfangreichsten Beispiele für Produkte, die ganz nackt, ganz ohne sichtbare Verpackung angeboten werden. Dies erfolgt im Supermarkt oft bei Käse oder Wurst, die man als »frisch aufgeschnitten« dem Regal entnimmt. Sie sind in ganz durchsichtige Folien verpackt, besitzen also quasi eine schützende Haut. Ein Folienhersteller spricht daher davon, dass seine Folien einen Skineffekt bieten.[37]

Sehr deutlich ist dies bei Obst und Gemüse der Fall, wo allenfalls eine dünne Cellophanhülle das Produkt umschließt. Hier übernehmen Elemente der Rahmung teilweise die Funktion von Packungen. So wird Obst und Gemüse in Körben angeboten oder in Netzen oder Holzkisten, um den Eindruck von regionaler Herkunft und Natürlichkeit zu verstärken.

36 Verpackungsrundschau. Nr. 2. 2013.
37 Verpackungsrundschau. Nr. 1. 2014.

Auch die Anordnung der Produkte spielt eine Rolle: Es gibt die ästhetischen Ordnungen, wo die einzelnen Stücke poliert, in Reihen geordnet, durch Licht und Wasser in Szene gesetzt präsentiert werden, also den Elitestil und die ungeordneten, opulent anmutenden Haufen, die eigentlich für Bioprodukte adäquat wären.

Diese Abweichung einer Produktgattung vom Universum des Supermarktes, der mehrheitlich durch Packungen dominiert wird, ist daher per se bedeutungstragend: Vermittelt wird hier die Botschaft von reiner Natur und Frische, die durch kein Zeichen von Kultur/Gesellschaft kontaminiert ist. Dies ist also die zentrale Botschaft dieser Produktgattung.

Es folgen die frischen Produkte der Feinkostabteilung, Aufstriche, Wurst, Käse. Hier finden sich aber bereits zahlreiche verpackte Produkte. Auch Fleisch wird als nacktes Produkt angeboten, immer mehr aber auch in verpackter und gestalteter Form.

Generell besteht ein Trend im Bereich von Nahrungsmitteln, wenn immer es möglich ist, einen Teil des Produktes zu zeigen. Dies folgt einmal der Wichtigkeit der oben beschriebenen Werte Natürlichkeit und Frische, aber auch der Forderung nach Transparenz, die eine generell wichtige Forderung ist. So gestaltete ein Wursthersteller seine Packungen zwar mit einem Etikett, ließ aber den größten Teil der Wurst sichtbar, um, wie er sich ausdrückte, »die Wurst offen und ehrlich sichtbar« zu präsentieren. Dem Kunden wird so das Gefühl vermittelt, dass er unmittelbar über die Qualität des Inhalts urteilen kann.

In bestimmten Bereichen ist dieser Gegensatz zwischen einem sichtbaren Produkt und einem hinter der Packung verschwundenen Produkt geradezu ein Qualitätsmerkmal. So bei Konfitüren: Hochwertige Konfitüren sind in Gläsern und zeigen den Inhalt, zusätzlich stellen sie die Früchte auf dem Etikett noch einmal ästhetisch hochrangig dar, billigere sind in Kartonbechern: Der Inhalt ist hier nicht sichtbar, sondern wird nur medial und nicht besonders verführerisch auf der Außenseite dargestellt.

| **Position und Botschaft des Produkts** |
| --- |
| **Die Zwischenposition:** Die Packung besitzt ein Sichtfenster, das das nackte Produkt zeigt. |

Dies ist eine sehr häufig verwendete Strategie. Das Ausmaß, in dem das Produkt gezeigt wird, variiert stark. Voraussetzung ist in jedem Fall, dass es sich um ein ansehnliches Produkt handelt, dem wir eine bestimmte Wertigkeit zuordnen. Medikamente etwa werden so gut wie nie im Sichtfenster gezeigt. Auch bei Kosmetik erfordert diese Strategie eine besondere Inszenierung, der Anblick einer einfachen weißen Creme, die ja letztlich bei allen Kosmetikprodukten anzutreffen ist, würde einen desillusionierenden Effekt haben.

Wird die Strategie in einer Produktgattung angewandt, die viele gänzlich verpackte Produkte aufweist, so lässt sich damit aber auch der Eindruck von Hochwertigkeit erzielen. Dies ist etwa bei den neuen Nudelmarken der Fall, die behaupten, sie kämen aus einer Nudelmanufaktur: Der Code der Authentizität, den sie realisieren, lässt sich sehr gut dadurch belegen, dass das Produkt sichtbar ist. Nudeln, wie auch Nüsse und Obst, bringen als Produkte ja auch durchaus positive Bedeutungen mit. Dies hat zur Folge, dass in manchen Produktgattungen hochwertige Marken fast immer das Produkt sehen lassen, während es die einfacheren nur bildlich auf einer geschlossenen Packung darstellen. Manche Hersteller versuchen, diese Strategie inzwischen auch bei tiefgekühlten Produkten anzuwenden, die ja im Prinzip kein besonders ansehnliches Produkt zeigen. So bohrte der Hersteller einer besonders hochwertigen Pizza vier Löcher, also eine Art Sichtfenster, in die Packung, um sein Produkt sehen zu lassen, während alle übrigen Pizzen durch stark überhöhte mediale Abbildungen das Produkt nur medial vermitteln.

**Abb. 2:** Serum Aktivperlen von NIVEA

Nahrungsmittel, die wir als kostbar bewerten, werden sehr oft nackt gezeigt. Dies gilt zum Beispiel für Kaviar, der meist in durchsichtigen Glasverpackungen angeboten wird, seltener in geschlossenen Aluminiumschachteln, im Tetra Pak etwa wäre er undenkbar. Die glänzenden schwarzen Kaviarkügelchen sind so eng mit der Bedeutung des Besonderen und Kostbaren verbunden, dass dieses Zeichen auch in anderen Kontexten aufgenommen wird. So gibt es bei der hochpreisigen Kosmetikmarke La prairie eine Serie, die Kaviar heißt, und ein neues Produkt aus dieser Serie zeigt durch ein Glasfenster die Kaviarkügelchen, die sich beim Gebrauch dann zu einer geheimnisvoll kostbaren Flüssigkeit vermischen. Nur sind diese gemäß dem Farbcode der Produktgattung nicht schwarz, sondern golden.

Interessant sind auch die Fälle, in denen das Produkt in der Packung in Aktion gezeigt wird bzw. der Benutzer das Produkt selbst herstellt und damit einen spektakulären Grad an Frische erzielt. In entwickelter Form zeigt dies ein Serum von La prairie oder von NIVEA (Abb. 2). Hier verwandeln sich auf Knopfdruck die goldenen Kügelchen in einer geheimnisvoll aufsteigenden Flüssigkeit.

**Im Bereich von Körperpflegeprodukten wird die Strategie, das Produkt so attraktiv auszugestalten, dass es wesentlich den Eindruck der Packung bestimmt, öfter ein-**

**gesetzt.** So zeigen Duschgels oft schimmernde farbige Flüssigkeiten, die ein lustvolles Duscherlebnis andeuten.

In einer etwas anderen Terminologie könnte man auch die Reihe bilden:

**Abb. 3:** Unverpackte – unmerklich verpackte – merkbar verpackte Produkte

Unmerkliche Verpackungen wären die Netze, die einfachen Klarsichthüllen, inzwischen aber auch die bei Nahrungsmitteln oft verwendeten Standbeutel, die sich leicht und weich anfühlen und quasi schon einen Zugriff auf das Produkt erlauben. Deutlich wahrnehmbare, schwere Packungen, die in mehreren Schichten das Produkt umschließen, signalisieren Premiummarken bei Kosmetik, bei Süßigkeiten sowie generell Geschenkpackungen. Dies folgt auch der Bedeutungsreihe notwendig/Luxus, funktional/unfunktional.

### Semiotische Analyse eines Fleischauftritts – ein Beispiel

Im Folgenden geben wir ein Beispiel aus einer Packungsgestaltung für eine Fleischmarke, die diesen Fragenumkreis des Nackten und Bekleideten vorführt.

Händler gehen immer stärker dazu über, Fleisch nicht nur in Bedienung, sondern verpackt anzubieten, da immer mehr Kunden ihr Fleisch nicht bei dem Metzger oder auf dem Markt kaufen, sondern zu verpacktem Fleisch in den Regalen greifen. Das bedeutete für Händler die Notwendigkeit, Fleisch so zu verpacken, dass es in Frische und Qualität dem Fleisch an der Theke äquivalent erscheint und in Größe und Auswahl den gängigen Bedürfnissen entspricht. Es beinhaltet aber auch die Chance, eine eigene Marke für Fleisch zu entwickeln, die, wenn sie gut gemacht ist, auf das Image des Händlers einzahlt.

Eine solche Marke entwickelt der Rewe-Konzern unter dem Namen Hofstädter. Diese propagierte einen volkstümlichen Metzger, der auch im Fernsehen beworben wurde und gewissermaßen medial den »Marktfleischer« repräsentierte. Er stand auch für handwerkliche Tradition und führte in die volkstümliche österreichische Fleischküche.

Bei dieser Packungsentwicklung tritt das Problem des Nackten und Bekleideten besonders deutlich in Erscheinung.

Packung bedeutete in diesem Fall nicht eine völlige Verpackung des Fleisches, das Fleisch musste vielmehr sichtbar sein, da die Kunden sich selber ein Bild von der

Fleischqualität machen wollen (obwohl sie selten über wirkliche Beurteilungskriterien verfügen), aber auch deshalb, weil Fleisch auch einen starken Stimulus für Begehrlichkeit darstellt. Die ganze Botschaft musste über die Etiketten vermittelt werden. Diese differenzierten das »nackte« Fleisch und luden es im Sinn einer Marke auf.

Wir führten in dieser Entwicklung eine Reihe von semiotischen Analysen durch. Am Anfang jeder semiotischen Analyse eines Werbemittels steht eine Motivanalyse und eine *cultural analysis*, die die sogenannten *consumer insights* ergibt: Was soll eigentlich kommuniziert werden? Worum geht es in diesem Bereich? Welche Wünsche und Bedürfnisse können angesprochen werden?

Verkauft wird in diesem Fall Fleisch, und Fleisch ist ein höchst sensibles Nahrungsmittel, an dem sich viele ideologische Diskurse festmachen. Im gegenwärtigen Zeitpunkt ist Fleisch mit vier Bedeutungsdimensionen verbunden:

- Fleisch ist verbunden mit Lust, Gier, Geschmack.
- Fleisch ist gefährlich: Es muss frisch sein, es ist leicht verderblich.
- Fleisch wird durch einen Akt des Tötens gewonnen, der ausgeblendet werden muss.
- Fleisch ist moralisch anfechtbar: Man sollte mindestens darauf achten, woher es kommt.

Die folgenden vier Abbildungen zeigen Packungen aus der Fleischrange.

**Abb. 4:** Österreichisches Rind von Hofstädter

Abb. 5: Steak von Hofstädter

Abb. 6: Pulled Pork von Hofstädter

Abb. 7: Fleischpackung von Ja! Natürlich

Die Normalstufe wird durch die Packung Österreichisches Rind (Abb. 4) repräsentiert. Von der Fleischsorte her ist dies etwas, das in alltäglichen Speisen verwendet wird, es stellt eine gute Mittellage dar – nicht ganz volkstümlich wie Gulaschfleisch, aber auch nicht verschwenderisch hoch wie Steak. Es ist gewissermaßen die vernünftige Position des Bürgers.

Dem entspricht die Ästhetik des Etiketts: Es enthält rationale, quasi notwendige Informationen, Gewicht, Verfallsdatum etc. und als einzige zusätzliche Information, dass es aus Österreich stammt, was inzwischen fast eine Basisanforderung an Fleisch für die österreichischen Konsumenten ist. Die Etikette lässt Raum für das »nackte« Produkt, sie nimmt ungefähr die Hälfte der Fläche ein.

Ganz anders die Gestaltung der Packung für ein Steak (Abb. 5). Steaks markieren die oberste Position bei Fleisch. Hier wird dem Anblick des Fleisches breiter Raum gegeben und es erhält auch eine besondere Inszenierung durch die Farbe der Schale, auf die es gelegt wird. Diese ist schwarz. Es entsteht so der intensive Farbklang rot-schwarz – ein traditioneller Code für das Männliche. Genau dadurch wird ein zentraler Wert für Fleisch aufgenommen, das, wie wir in Kapitel 2.5.1 ausführen, mit dem Männlichen verbunden wird.

Dieses Fleischstück ist in eine Subrange eingebunden, die Grillerei, die wiederum durch gekreuzte Messer gekennzeichnet ist – ein weiteres Männlichkeitszeichen, das sich gut mit dem Bereich des Grillens verbindet, das ja ebenfalls eine Verbindung zu männlichen Kochinstanzen hat. Aber Steak ist auch etwas, das in der Hochküche Verwendung findet – dieser Aspekt wird dezent durch die kleinen dekorativen Elemente Rosmarinzweiglein, kleine Paprikastreifen signalisiert. Die Raumeinteilung dieser Packung nähert sich dem elitären Stil.

In einem völlig anderen Bereich führt die Packung Pulled Pork (Abb. 6): Das Fleisch ist in einem Karton verpackt, der das Produkt nur medial zeigt, nicht mehr als nacktes Produkt. Dies hat verschiedene reale Ursachen, es ist aber durchaus stimmig, denn diese Packung überschreitet eine Grenze, die bei Nahrungsmitteln wichtig ist, nämlich die zwischen dem Rohen und dem Gekochten.[38]

Hier hat sich zwischen das rohe Produkt und den Inhalt der Packung eine Kochinstanz geschoben, die das Fleischstück mariniert und vorgegart hat. Das Ergebnis ist gewissermaßen ein kulturell überformtes Produkt. Und genau dies wird dadurch angedeutet, dass nicht das Produkt selbst, sondern seine visuelle Repräsentation gezeigt wird.

---

38 KARMASIN, Helene: Die geheime Botschaft unserer Speisen. Bastei Lübbe. München: 2001.

Dargestellt wird zudem eine Esssituation: Das Fleisch ist in eine Speise transformiert, die gerade mit zwei Gabeln zerpflückt wird.

Die vierte Packung stammt nicht von Hofstädter, sondern von der Marke Ja! Natürlich, einer weiteren Eigenmarke von Rewe. Eine Konzentration auf Bio, die im Geschäft auf jeden Fall angeboten werden muss, wäre unter der Marke Hofstädter nicht wirklich überzeugend, ein biologisch orientiertes Produkt ist unter der Marke Ja! Natürlich, die als Biomarke bekannt ist, wesentlich besser aufgehoben.

Hier verändert sich der Fleischcode deutlich: In der Anmutung wird ein Milchcode aufgegriffen: die Farbgebung, die Darstellung der Tiere in der idyllischen Berglandschaft. Der aggressiv männliche Fleischcode wird hier in das Weibliche gewendet (Milch wird traditionellerweise mit dem Weiblichen assoziiert). Genau dies entspricht ja der Position von Bio. Diese Packung löst noch ein anderes Problem von Fleischpackungen. Wir wissen, dass Fleisch von Tieren stammt, aber eigentlich wollen wir sie nicht sehen, da sonst der Tötungsgedanke offensichtlich wird. Das stimmt jedoch nicht mehr für alle Kundengruppen. Es gibt zunehmend Personen, die diesen Gedanken nicht ausblenden, sondern die nur die Versicherung wollen, dass das Tier vor seinem Tod ein gutes Leben hatte. Genau das versichert ihnen die Packung: visuell, indem die Tiere in idyllischer Landschaft gezeigt werden, und verbal, indem Aspekte des Tierwohls beschrieben werden.

## 2.4 Die Funktion von materiellen Basiscodes

In Kapitel 2.4 sollen diejenigen Bausteine beschrieben werden, die in einem elementaren Sinn Unterschiedlichkeit zwischen Packungen herbeiführen: Material, Größe, Form und Farbe. Dies sind auch die primären Kategorien, die Konsumenten benutzen, um sich am Regal zu orientieren.[39] Diese Kategorien enthalten vielfältige Positionen und die Wahl einer spezifischen Position ist daher bedeutungstragend.

Dabei ist zweierlei zu beachten: Jede Produktgattung entwickelt einen eigenen Code, der durch die Wahl spezifischer Positionen bei diesen Kategorien bestimmt ist: Gewürze etwa kommen nicht in 2-Liter-Flaschen daher und Gesichtspflege nicht in kleinen Säckchen. In jeder Produktgattung gibt es daher Packungen, die durch ihre Wahl das prototypische Produkt dieser Kategorie verkörpern, und es gibt davon abweichende Packungen, die eine andere Wahl treffen.

39 Journal of Consumer Research, 2013: 633.

Für neu zu entwickelnde Packungen stellt sich daher immer die Frage, ob und wie ausführlich man den spezifischen Code einer Produktkategorie benutzen soll oder wie weit man im Interesse des Neuen und ästhetisch Reizvollen davon abweichen soll. Dies sind diffizile Wahlen: Manche Positionen lösen Befremden aus, manche erzeugen eine sehr reizvolle Abweichung.

Wir wollen im Folgenden die Bedeutungen, die kulturellen Rahmungen, die Materialien, Größen, Formen und Farben mit sich bringen, darlegen.

### 2.4.1 Materialien

Wenn Produzenten und Agenturen das Material für eine Packung wählen, so spielen viele Gesichtspunkte eine Rolle: die Kosten für das Rohmaterial, für die Bearbeitung, für den Transport, der erforderliche Schutz des Inhalts, die vermutete Akzeptanz durch Konsumenten, Convenience beim Gebrauch, Umweltüberlegungen, Marketinggesichtspunkte wie Differenzierung vom Wettbewerb, Transport von Markenmerkmalen, Nachhaltigkeitskriterien usw.

#### Materialien besitzen eine kulturelle Rahmung

Materialien stellen ein reichhaltiges Repertoire für die Bedeutungsübermittlung dar: Jedes Material transportiert spezifische Bedeutungen, es hat eine Grundsemantik, die sich subtil ausnutzen lässt. Alle Materialien besitzen eine kulturelle Rahmung. Diese Bedeutungen sind einerseits empirisch fassbar, so in den Images, die verschiedene Materialien haben, andererseits ergeben sie sich aus den Ordnungen, die der Sprache der Materialien zugrunde liegt.

Bemerkenswert an diesen Bedeutungen ist ihre historische Abhängigkeit: Gerade bei Materialien lässt sich zeigen, dass sie im Lauf der Zeit auf- und abgewertet werden und für je verschiedene Werte stehen können. Dies soll weiter unten am Beispiel von Plastik geschildert werden.

Die wichtigste Leitdifferenz in diesem System der Materialien ist die **Opposition zwischen natürlichen und nicht natürlichen Materialien**, die sich auch oft mit der Differenz zwischen archaischen und modernen Materialien verbindet: Holz, Glas, Papier, Edelmetalle auf der einen Seite, Kunststoff und Aluminium auf der anderen Seite.

Diese Klassifikation ist im Grunde nicht ganz stimmig, denn es gibt eigentlich kein natürliches Material, wenn man einmal von unbehandeltem Holz absieht: Jedes Material wird durch einen sozialen Prozess gewonnen und jedes Material trägt kulturelle Zuschreibungen von Werten an sich: »materials are imbued with social and symbolic meaning.«[40] Jede Gesellschaft kennt und versteht daher auch die Zuschreibung von Bedeutungen zu Materialien.

Die Erfindung und Verbreitung bestimmter Materialien ist im Übrigen eng mit sozialen Prozessen einer Gesellschaft verbunden, sie treibt Gesellschaften voran und ermöglicht es ihnen, bestimmte Dinge zu tun, die vorher unmöglich waren. Nicht umsonst sprechen wir von der Eisenzeit, der Steinzeit, der Bronzezeit und setzen damit die Erfindung und den Einsatz von Materialien mit gesellschaftlichen Entwicklungen gleich.

Dies gilt auch für unsere Gesellschaft: Stahl und Stahlbeton sind eng mit der Durchsetzung der Industrialisierung verbunden, an sie knüpfen sich auch die großen Narrative der Industrialisierung, so der Fortschrittsglaube und das Vertrauen in eine immer glänzendere Zukunft, was sich am deutlichsten an den architektonischen Zeugnissen ablesen lässt, zum Beispiel an dem Eiffelturm und den Wolkenkratzern New Yorks.

Die Entwicklung und die eminente Verbreitung von Kunststoffen im Bereich der Konsumkultur und hier wieder der Verpackungen ermöglicht es uns, unser ganz spezifisches Leben zu führen: bequem, hedonistisch, individualistisch, auf den Augenblick konzentriert.

Wir wissen wohl um den Preis, den wir dafür bezahlen, die Müllberge, den Verbrauch kostbarer Ressourcen, aber im Allgemeinen blenden wir diese Tatsache aus, wenn wir im Supermarkt schnell unseren Einkaufswagen füllen. Wie immer: Wir nehmen wie jede Gesellschaft negative Konsequenzen in Kauf, um das Leben zu führen, das wir führen wollen, und wir entwickeln wenige Alternativen, die uns zwingen würden, anders zu handeln und anders zu leben. Allerdings verläuft dieser Prozess inzwischen nicht mehr so unhinterfragt wie noch vor einigen Jahren, der Nachhaltigkeitsdiskurs beschäftigt sich intensiv mit Materialien und speziell mit Kunststoff.

Materialien gewinnen ihre Bedeutung dadurch, dass sie sich voneinander abheben, aber auch dadurch, dass sie bevorzugt zu bestimmten Objekten verarbeitet wurden, deren Bedeutung sie dann übernehmen und mittransportieren. Sie entfalten so bestimmte **Materialerzählungen** und sie werden an spezielle *frames* angeknüpft. Dies soll weiter unten am Beispiel von Aluminium gezeigt werden.

### Kunststoff

Der Großteil der Packungen des Supermarktes stützt sich als Verpackungsmaterial auf Kunststoff, der in einer Vielzahl von Varianten angeboten wird. Kunststoff stellt gewissermaßen die Nullposition dar: Er wird nicht spezifisch als Material wahrgenommen,

40 SHOVE, E./WATSON, M./HAND, M./INGRAM, J.: The Design of Everyday Life. Berg. Oxford: 2007.

sein Charakter als Kunststoff wird nicht akzentuiert – dies würde auch eher Missfallen erzeugen. Kunststoff ist unbetont. Es erregt kein Aufsehen. wenn etwas in Kunststoff verpackt wird. Er wird im Allgemeinen auch nicht positiv oder negativ bewertet, außer man lenkt gezielt auf Umweltfragen.

Kunststoff wird auch eingesetzt, um andere Materialien zu imitieren, so ist es bei Getränken weit verbreitet, Kunststoffflaschen anzubieten, die wie Glasflaschen aussehen. Den umgekehrten Fall gibt es nicht. Es gibt keine spezifische Formensprache oder Produktkategorie, die wir mit Kunststoff verbinden.

Packungen, die aus Glas oder Metall oder Holz hergestellt werden, partizipieren dagegen an den Bedeutungen von Objekten, die wir in diesem Material gewohnt sind, so erinnern Flaschen aus Aluminium auch an die technischen Objekte, die wir mit Aluminium verbinden. Die Verpackung eines Produktes in ein spezifisch erkennbares positiv bewertetes Material stellt daher eine wichtige Möglichkeit der Differenzierung dar.

Flaschen aus Kunststoff haben in den letzten zehn Jahren im Bereich der Getränke weitgehend Glasflaschen abgelöst: Sie haben vollständig die Formensprache von Glasflaschen übernommen, sind aber ungleich leichter zu transportieren.

Als Nestlé vor zehn Jahren das Mineralwasser Aquarel als erstes Unternehmen in Kunststoffflaschen einführte, stellte diese Umstellung noch ein ziemliches Problem dar: Konsumenten waren Mineralwasser in Glasflaschen gewohnt und sie erklärten in quantitativen Befragungen, dass sie keinesfalls Kunststoffflaschen akzeptieren würden, da dies den natürlichen Charakter von Mineralwasser völlig zerstören würde. Mineralwasser, dessen Kernwert die Natürlichkeit war, sei nur in einem »natürlichen« Material annehmbar.

Wir zeigten damals in qualitativen Untersuchungen, dass diese Haltung nur die rationale Ebene betraf: Der Vorteil der *Convenience*, das geringere Gewicht beim Transport und die Bruchsicherheit wogen diesen Eindruck mangelnder Kohärenz bei Weitem auf – in der Folge stellten immer mehr Mineralwassermarken auf Kunststoffflaschen um. Heute hingegen, in Zeiten der Nachhaltigkeitsdiskussion, erfolgt wieder eine Rückentwicklung: Marken, die sich als umweltbewusst präsentieren und die in ihren Packungen Nachhaltigkeitskriterien verfolgen, kehren wieder zu Glasflaschen zurück (vgl. dazu Kapitel 5.6).

Genau überlegt kann man zu dem Schluss kommen, dass die gesamte Produktkategorie der Mineralwasser im Kern etwas zutiefst Irrationales anbietet, eigentlich davon lebt, Natürlichkeit zu simulieren. Sie ist als Produktgattung eine sehr charakteristische Übersetzung unserer Industrie- und Produktkultur.

Die Süddeutsche Zeitung veröffentlichte einmal eine Grafik, die Folgendes zeigt: Für 20 Cent bekommt man: 100 Liter Leitungswasser und 1,5 Liter in PET-Flaschen abgefülltes Mineralwasser. Der tägliche Konsum von 1,5 Liter Leitungswasser hat in einem Jahr die gleiche Umweltwirkung wie eine Autofahrt von maximal 2 km. Konsumiert man stattdessen 1,5 Liter abgefülltes Mineralwasser, entspricht dies der Belastung einer Fahrt von mindestens 1.000 Kilometern.[41]

Ein wirklich rationaler und umweltbewusster Konsument würde, wenn er Durst hätte, in den meisten europäischen Städten, die über eine sehr gute Wasserqualität verfügen, einfach ein Glas Wasser aus der Wasserleitung trinken und nicht stilles Mineralwasser aus einer Kunststoffflasche – dies käme billiger, wäre praktischer, hätte keinerlei gesundheitliche Nachteile und würde die Umwelt schonen. Trotzdem nimmt der Verbrauch von Mineralwasser stetig zu.

Mineralwasser mit ihren Namen, Bildausstattungen, den Markenkommunikationen, die auf vielfältige Weise an den Mythos der Natur erinnern, und die reine, durch die Industrie unkontaminierte Substanzen, die aus unberührten Höhen oder Tiefen kommen, zeigen oder die einen modernen Lifestyle signalisieren, verkaufen jedoch hochrangige Konzeptionen des Wünschenswerten. Sie stellen also eine zentrale Strategie unserer Marktgesellschaft dar, und dass sie Glas imitieren, aber nicht sind, ist hier nur konsequent.

Auf dem Gebiet der Getränke gibt es im Wesentlichen nur zwei Kategorien, die nach wie vor an Glasflaschen festhalten: Bier und Wein. Bier stellt damit seinen Rang als archaisches Produkt, das eine Gegenwelt zu den modernen Erfrischungsgetränken darstellt, sicher und Wein muss jedes Element benutzen, um sich als etwas Besonderes, das von dem Profanen durch Könnerschaft abweicht, zu inszenieren.

Allerdings erfolgt im Gefolge von Nachhaltigkeitsüberlegungen derzeit eine Aufwertung von Glas. Glas ist immer noch ein unter Convenience-Gesichtspunkten problematisches Material, aber sein Signalwert für Nachhaltigkeit ist beträchtlich: Milch in schönen Glasflaschen garantiert quasi durch seine Anmutung den Nachhaltigkeitsfokus der Marke. Wir werden in Kapitel 5.6 weitere Beispiele dazu kennenlernen.

### Materialien signalisieren gesellschaftliche Werte

Kunststoff macht im Übrigen auch das Phänomen deutlich, dass Materialien gesellschaftliche Werte signalisieren, und auch, dass sie je nach historischem Zeitpunkt auf- und abgewertet werden können. In ihrem Buch »Design« (Oxford 2007) beschreiben Elizabeth Shove, Matthew Watson, Martin Hand und Jack Ingram die Aufwertung und

41 Süddeutsche Zeitung vom 28. Februar 2015.

die anschließende Abwertung von Plastik. Plastik, und zwar deutlich als solches in seiner Künstlichkeit erkennbares und stark gefärbtes Plastik, zählte in der Nachkriegszeit bis etwa in die 60er Jahre zu den enthusiastisch bewerteten Materialien, speziell im Bereich von Geschirr, Küchengeräten, Möbel. Plastik transportierte die Werte, die in dieser Zeit gleichsam einen Beitrag zu der Zivilisation leisteten.

> »The future will bring plastic fabrics wonderfully resistant to wear and stains and to the hazard of washing [...], there will be furniture combining strength with lightness, comfort with eye appeals, homes throughout will be bright with colour [...] this is a dream of the future yet out of such dreams has come all we call progress.«[42]

Plastik wurde geschätzt, weil es »durable« war, »waterproof and impervious to rot«, Attribute, die uns heute Schrecken einjagen, die aber damals Modernität und Fortschritt signalisierten.

Die Bezeichnung Plastik gilt heute als abwertend und Kunststoffmaterialien bemühen sich, nicht wie Kunststoff auszusehen. Die Abwertung von Plastikverpackungen und Plastikgeschirr begann im Übrigen in den 70er-Jahren, als man sie als unnatürlich und primitiv zu erleben begann und fürchtete, dass sie den Geschmack und die Natürlichkeit des Inhalts beeinträchtigen könnten.

Die meisten Diskurse rund um Packungen lagern sich heute um die Frage der Umweltverträglichkeit. Diskutiert wird dabei nicht das Problem der immer zahlreicher verwendeten Verpackungen überhaupt, sondern die Frage, welches Material die beste Umweltverträglichkeit hat bzw. ob es nicht möglich ist, neue Materialien zu erfinden, die prinzipiell umweltverträglicher sind. Umweltverträglichkeit kann naturgemäß sehr verschieden definiert werden und jeder Hersteller bemüht sich nachzuweisen, dass sein Material in bestimmten Aspekten besonders gut ist.

Schon vor fünf Jahren lancierte Tesco eine Produktlinie umweltfreundlicher Haushaltspapiere, die aus recyceltem Papier bestehen. Die Packungen selbst waren aus schnell verrottbarem Material. Der Markenname lautet *green things*, er war in einem freundlichen, naturhaften Grün gehalten, in einer handschriftlich informellen Typologie ausgeführt, in ein zartes Blatt integriert.

Zwischen der tatsächlichen Umweltfreundlichkeit und der wahrgenommenen und gefühlten Umweltfreundlichkeit von Einzelmaterialien bestehen allerdings oft große Diskrepanzen: Eine Verpackung aus rau anmutendem Papier oder Karton signalisiert

42 SHOVE, E./WATSON, M./HAND, M./INGRAM, J.: The Design of Everyday Life. a. a. O.

sehr deutlich Umweltfreundlichkeit – sie wird aus diesem Grund auch oft von Herstellern gewählt. Das Problem ist jedoch, dass diese Packungen, wenn sie für feuchten Inhalt benutzt werden, innen beschichtet werden müssen, was zu der bekannten Problematik der Mülltrennung führt und die Umweltfreundlichkeit deutlich schmälert.

Bemerkenswert ist auch, dass Biomarken, die prinzipiell für Umweltverträglichkeit und -schonung stehen, nach wie vor in Kunststoff verpackt werden, was Konsumenten oft gar nicht stört – es ist einfach eine preiswerte und praktische Lösung.

### Glas

Glas ist, wie mehrere aus der Gruppe der archaischen Materialien, ein emotional geschätztes Material, obwohl es, rein funktional betrachtet, eine Reihe von Nachteilen hat: Es ist schwer und es bricht – für den Convenience-orientierten Konsumenten sind dies problematische Eigenschaften. Die Glasindustrie bemüht sich zwar Leichtglas und bruchsicheres Glas zu entwickeln, aber die Anmutung als schwer und gefährlich bleibt dennoch oft bestehen.

Der Vorteil von Glas liegt dagegen in seiner Anmutung als kostbar, schwer und selten (eben weil es nicht voll an dem Paradigma der Moderne partizipiert). Man ist bei Glas überzeugt, dass sich keiner seiner Bestandteile mit dem Inhalt vermischt, es bildet eine hermetische Schranke zwischen Inhalt und Verpackung, etwas sehr Erwünschtes.

Glas bietet auch eine Reihe sinnlicher Reize: Es lässt sich gut anfassen und vermittelt ein spezifisches Gefühl der Kühle, vor allem erlaubt es leicht einen Blick auf den Inhalt. Es kann so wie ein Schaufenster wirken, hinter dem eine reizvolle Ware präsentiert wird, gleichzeitig geschützt und verlockend. Glas wird daher oft in einer Produktkategorie eingesetzt, um Premium zu signalisieren, und für manche Produktkategorien ist es unerlässlich.

Joghurts der Marke Landliebe, die in etwas größeren Glasgefäßen angeboten werden, erreichen dadurch eine Alleinstellung: Sie signalisieren allein durch die Materialwahl Hochwertigkeit, Natürlichkeit, Verbindung zu der Welt des Handgemachten, traditionelles Bewusstsein, allerdings auch einen etwas höheren Preis.

Ähnlich geht die Milchmarke einer Bäckerei vor, die doppelt so viel für ihre Milchflaschen verlangt als andere Anbieter. Sie wählt eine schwere Glasflasche, die die Aufschrift »Joseph's Phrische Biomilch« zeigt und den Eindruck macht, als sei die Milch gerade frisch in einem bäuerlichen Betrieb abgefüllt worden.

Diese Position ist in der Milchpackung noch prägnanter realisiert. Hier ist die Glasflasche Teil eines hochelitären Ensembles. Sie ist eine Bügelflasche, wie man sie von alten, heute fast verschwundenen Flaschenformen kennt. Sie zeigt in einem perfekt ausgeführten elitären Stil leeren Raum und eine herrliche Berglandschaft, betont also die Herkunft der Milch. Es fragt sich natürlich, ob der Charakter des Elitären und Kostbaren hier nicht zu weit ausgeformt wurde – immerhin handelt es sich bei Milch um ein Grundnahrungsmittel, das in seiner Produktrealität nicht entsprechend gesteigert werden kann.

Eine ganz zentrale Stellung erhalten Glasflaschen inzwischen auf dem Gebiet der Nachhaltigkeit (vgl. dazu Kapitel 5.6).

Hochpreisige Kosmetik muss in Glastiegeln angeboten werden.

Bier, wie oben besprochen, wird zwar inzwischen auch in anderen Materialien verpackt, so Dosen für den Einzelgebrauch mit einer »to-go«-Charakteristik, das klassische Bier aber ist nach wie vor in einer Glasflasche gut aufgehoben: Bier ist ein Produkt der Gegenwelt und daher am adäquatesten in ein archaisches Material verpackt.

Wein verliert seine Hochwertigkeit, wenn er in Plastikflaschen oder im Karton angeboten wird.

Produktgattungen, bei denen es auf reine Effizienz ankommt, wie zum Beispiel Putz- und Reinigungsprodukte sind in Glas schwer vorstellbar. Bei Honig dagegen wird echter Bienenimkerhonig im Glas angeboten, ein Honigspender ist in Plastik ausgeführt und dadurch automatisch ein einfaches Alltagsprodukt.

### Metall

Metall ist eine differenzierte Kategorie. Dabei sind drei Klassen zu unterscheiden:

- Metalle, die Edelmetall signalisieren: Gold und Silber
- Metalle, die unbetont und nicht weiter spezifiziert Metallcharakter haben
- Metalle, die in spezifischer Weise mit Modernität und Technizität in Verbindung stehen – vor allem Aluminium.

### 1. Edelmetalle

Der Edelmetalleindruck, den gold- oder silberglänzende Packungen erzeugen, ist vor allem bei Kosmetik unerlässlich. Diese Produktkategorie verkauft ja vor allem das Wertfeld Schönheit, also etwas, das über das bloß Notwendige hinausgeht, das sich dem Luxus und dem nicht Alltäglichen annähert und Schönheit ist fast immer mit Glanz verbunden. Schönheit stellen wir uns strahlend vor: Haare, Haut, Zähne haben zu strahlen, die Produkte verleihen ihrem Benutzer so gewissermaßen eine Aura.

Viele Marken der Hochpreiskosmetik, so zum Beispiel die Marke La prairie spielt mit dieser Semantik der Edelmetalle, wenn es eine seiner teuersten Linien Platinum

Collection nennt. Premiumkosmetik ohne goldene Packungen, Packungselemente, Deckel und Aufschriften sind schwer verkäuflich: Der Edelmetalleindruck übersetzt perfekt das zugrunde liegende Wertefeld.

Auch die Stanniolhülle, die silbrig das Produkt Schokolade umschließt, steigert sie in ihrem Werteindruck, ebenso wie die goldenen Einwickelpapiere von Pralinen.

Bei dem Prozess der Nobilitierung, den wir in Kapitel 5.1 näher kennenlernen werden, werden fast immer Gold- oder Silberelemente eingesetzt.

Selbst Nahrungsergänzungsmittel, die sonst eine ganz einfache Ästhetik besitzen, greifen zu dieser Edelmetallsemantik, wenn sie ein Premiumprodukt anbieten. So nannte Biogena sein sehr teures Premiumprodukt Diamonds und gestaltete den Schriftzug silbrig glänzend.

### 2. Unspezifische Metalle und Blech

Ein problematisches Material stellt Metall dagegen im Bereich der konservierten Nahrungsmittel dar. Hier wird Weißblech als Behälter eingesetzt, das Gemüse, Suppen, Fertiggerichte sicher schützt und lange verfügbar hält – ideale Eigenschaften also auf der rationalen Ebene. Dennoch wird dieses Material emotional wenig geschätzt und es trägt auch nicht dazu bei, den Inhalt aufzuwerten.

Konsumenten entwickeln eine Reihe von Ängsten: Sie glauben, dass sich winzige Partikel ablösen und in die Speise geraten. Sie erleben solche Konserven manchmal als Behälter, die eine Art von totem Inhalt enthalten (während tiefgekühltes Gemüse eher eine Art Winterschlaf hält wie Schneewittchen) – diese Art der totalen Isolation von der Umwelt erzeugt also Unbehagen. Dazu kommt, dass am Anfang der Produktkategorie eher billige und nicht sonderlich qualitativ hoch stehende Produkte, die tatsächlich durch diese Art der Konservierung an Geschmack eingebüßt hatten, angeboten wurden.

Konserven werden dennoch gekauft, sie stellen eine der praktischsten Formen der Vorratshaltung dar, und die Industrie bemüht sich, die negativen Aspekte abzumildern: Metallhüllen werden leichter und flexibler gemacht, es gibt praktische Aufrissvorrichtungen, Dosen werden an der Innenseite weiß angestrichen, Konserven werden in Dosen und Schalenform angeboten.

Hersteller von Konservendosen bemühen sich auch immer wieder, dem Eindruck von Leblosigkeit entgegenzuwirken: So hat Bonduelle kürzlich eine Dose für Gemüse entwickelt, die beim Aufreißen der Lasche einen Zischlaut von sich gibt. Dies ist ein von Getränken her vertrautes Signal, das deutlich Frische signalisiert. Dennoch ist die Wahl einer unspezifischen Metalldose oft problematisch.

Einer der Faktoren, die den Erfolg von hochwertiger Tiernahrung bestimmten, so exemplarisch bei Sheba, das als erste diese Verpackungsidee entwickelte, war es, die großen Metalldosen, die bisher das Futter enthalten hatten, durch ein kleines Schälchen zu ersetzen, das leicht und biegsam war.

Einen besonderen Reiz können auch Dosen aus ganz dünnem Blech entfalten. Diese sind sehr wohl aus Blech, sie machen aber kaum den Metallcharakter sichtbar, sondern sind meist schön gestaltet und bemalt. Sie enthalten auch im Allgemeinen trockene Produkte, oft Süßigkeiten. In diesem Fall verleihen sie dem Inhalt eine besondere Wertigkeit. Offenbar hat sich jemand die Mühe gemacht, sein Produkt in diese schwere Verpackung zu geben, wahrscheinlich weil sie einen besonderen Schutz verdient. Da sie dem Aspekt der bloßen Zweckmäßigkeit dadurch fernstehen, haben sie auch etwas Nostalgisches an sich.

Der Schokoladehersteller Favarger verpackt seine Schokoladenspezialitäten in Dosen, die als Etikett in dem Stil alter Kinderbücher drei Nachfahren der Unternehmensgründer als Kinder im Urlaub in den Schweizer Bergen zeigen. Meinl bietet in einer hellblau gefärbten Blechdose, die ein Kinderbild im Stil einer alten Kinderbuchillustration zeigt, einen sehr hochpreisigen Kakao an.

### 3. Aluminium

Aluminium hat für unsere Gesellschaft eine besondere Bedeutung. Es ist ein Basismaterial unserer Gesellschaft, da es in allen Kommunikationstechnologien eine zentrale Rolle spielt. Viele unserer Geräte und Leitungen im Bereich der Kommunikationstechnologien sind ohne Aluminium nicht denkbar. Aluminium befindet sich in diesem Fall jedoch im Inneren und ist nicht sichtbar, seine Rolle im Bereich der Kommunikationstechnologien, auch die Probleme, die es unter Umweltgesichtspunkten verursacht, sind daher im öffentlichen Bewusstsein wenig präsent. Das andere wichtige Material für Kommunikationstechnologien, Kupfer, spielt dagegen in Packungen nur eine marginale Rolle. Sobald Aluminium als Material erkennbar wird, übermittelt es eine Fülle von mehrheitlich positiven Bedeutungen:

- Modernität
- Technizität
- Leichtigkeit
- Helligkeit
- Sportlichkeit
- Jugendlichkeit

Betrachten wir zwei Beispiele:

Nahrungsergänzungsmittel sind im Allgemeinen nach den Prinzipien des medizinischen Codes gestaltet: Sie sind unspektakulär in Kunststoff verpackt, die Verpackung dient als funktionale Hülle für ein Produkt, das von seiner Produktrealität her ebenfalls nicht besonders inszeniert wird. Bei dieser Produktgattung geht es um die Darstellung von seriöser Wirkung, über Packungen wird hier selten eine wirkliche Differenzierung hergestellt.

Eine Packung aus Aluminium bietet hier einen deutlichen Vorteil: Sie weicht eben durch die Wahl des Materials von der Produktkategorie ab und sie transportiert durch die Abweichung wichtige Werte: Sportlichkeit, Modernität, partiell auch Jugendlichkeit – Werte, die mit der Motivlage der Benutzer dieser Produktkategorien eng verknüpft sind. Nahrungsergänzungsmittelprodukte werden auch deshalb genommen, weil man glaubt, dadurch allgemein die Gesundheit, aber auch Jugendlichkeit und Sportlichkeit zu stärken (vgl. dazu näher Kapitel 3.3).

**Abb. 8:** Espresso der Marke Illy

Auch im Bereich der Kaffeepackungen gibt es eine Marke, die Aluminium zur Positionierung benutzt.

Illy weicht durch diese Materialwahl am Regal deutlich von den in Karton oder beschichtetem Papier verpackten anderen Marken ab und signalisiert durch das gegenüber Papier wertvollere Verpackungsmaterial einen Premiumeindruck sowie den Eindruck, dass es sich um einen besonders wertvollen Inhalt handelt, der besonders geschützt werden muss. Die Semantik des Modernen, Leichten, Technischen kann bei Kaffee dagegen weniger ausgenutzt werden. Es ist sogar fraglich, ob dies bei Kaffee überhaupt relevante Werte sind.

Eine andere Kaffeepackung ging noch weiter. Sie wählte nicht nur Aluminium, sondern zeigt auch eine Noppenleiste aus kleinen Aluminiumknöpfen. Sie verstärkt damit weiter den Eindruck des Modernen, Technischen, dynamisch Jugendlichen, entfernte sich dadurch allerdings immer weiter von den Kernwerten von Kaffee. Hier wird eine weitere Übertragung deutlich: Bedeutungen entstehen durch die Zuschreibung von Merkmalen zu dem Material an sich, aber auch durch die Objekte, für die es eingesetzt wird, jedenfalls dann, wenn es sich um hochrangige oder bemerkenswerte Objekte handelt.

Aluminium kennt man von Flugzeugen und sportlichen Autos – der Silberpfeil von Mercedes etwa lebte noch Jahrzehnte nach seiner Konstruktion in dem Innendekor der Sportwagen von Mercedes weiter, so bei dem SLK. Zu dieser Ästhetik gehört nicht nur Aluminium, sondern gehören auch Noppenleisten.

Die Semantik dieser Objekte verbindet sich mit der Semantik des Materials und etabliert eine Gesamtbedeutung, die dann von anderen Objekten ausgenutzt wird.

Auch bei dieser Kaffeepackung wird deutlich, dass die Wahl des Materials zwar einen sehr ästhetischen Eindruck erzeugt, dass aber die Werte, die dadurch vermittelt werden, sich nur schwer auf das Produkt selbst übertragen lassen: Technizität, Schnelligkeit sind bei Kaffee wenig relevant.

**Abb. 9:** Kaffeekapseln verursachen gewaltige Müllberge (Quelle: Adrian Michaels, https://de.wikipedia.org/wiki/Nespresso#/media/Datei:Nespressokapseln_recycling.JPG)

Eine wesentliche Rolle spielt Aluminium bei der immer noch boomenden Produktgattung der Kaffeekapseln, die durch Nespresso eingeführt wurde. Dies war einerseits eine perfekte Kommunikationsleistung, die auf die Attraktivität von George Clooney baute, kam aber auch dem Bedürfnis entgegen, sich schnell, mühelos, »auf Knopfdruck« einen Kaffee zuzubereiten. Es ist nicht zu übersehen, dass dieses Produkt gewaltige Müllberge verursacht und wertvolle Ressourcen verbraucht. Die Firma Nestlé ist sich dieses Problems durchaus bewusst und gibt an, bereits seit 2003 ein Sustainable-Quality-Programm entwickelt zu haben, das die soziale Situation von Kaffeebauern verbessert. Außerdem wurden Recyclingstellen errichtet und der Konsument kann die Kapseln auch in Metallsammelstellen entsorgen.

Da Metall, speziell Edelmetall, Hochwertigkeit signalisiert, wird es oft in anderen Materialien imitiert. So setzt die Linie des Teeherstellers Sonnentor »Magie des Lebens« Papier ein, das eine metallische Anmutung vermittelt. Auch metallische Farben nutzen diese Grundsemantik von edlen Metallen aus.

### 4. Papier/Karton

Verpackungen aus Papier/Karton bieten den Vorteil, dass man sie leicht in verschiedenen Formen und Größen herstellen kann und sie sich durch Bedruckung und Einfärbung sehr differenziert gestalten lassen. Wird Papier/Karton erkennbar eingesetzt, so vermittelt es den Eindruck von Einfachheit und Natürlichkeit – Bioprodukte zu Beginn ihrer Marktpräsenz wählten oft dieses Material, das im Stil von »homemade« gestaltet wurde. Kartoffel- und Gemüsesäcke aus Packpapier signalisieren, dass hier ehrliche Angebote, quasi frisch vom Feld, vorliegen, die unaufwendig und umweltfreundlich verpackt sind.

In einem Interview erzählte eine Konsumentin, dass sie im Supermarkt Honig kaufen wollte, und zwar sicher nicht den Honig eines Konzerns oder eines großen Produzenten, sondern einen lokalen, von einem kleinen Produzenten hergestellten. Am Regal entdeckte sie ein Glas, das eine Auflage aus braunem Papier hatte, die mit einer Schnur umwickelt war – »das ist mein Honig«, dachte die Frau erfreut, »genau so stelle ich mir ihn vor«. Zuhause löste sie die Schnur und die Papierauflage, um darunter einen Metalldeckel mit der Aufschrift: Imkerhonig von Darbo zu entdecken, Darbo ist ein guter großer Hersteller, aber sicher kein kleiner Imker. Was ein kleines Stück braunes Papier ausmachen kann!

### Tetra Pak

Sobald Flüssigkeiten abgefüllt werden, entsteht das Problem, dass die Packung innen beschichtet sein muss, um den Inhalt zu schützen. Solche Packungen vermitteln dann nach außen den naiven, natürlichen Kartoneindruck, durch ihre Beschichtung sind sie jedoch eher problematisch in ihrer Umweltfreundlichkeit. Die bekannteste Kartonverpackung ist Tetra Pak – hier hat es ein Material in einer bestimmten Gestaltung, nämlich dem Ziegel, geschafft, zu einer Marke zu werden. Speziell Getränke werden oft in Tetra Pak abgefüllt und signalisieren damit automatisch, dass es sich um etwas Praktisches und Normales handelt, das zur Basisausstattung des Haushaltes gehört.

Durch Drucktechniken, die immer raffinierter werden, gelingt es auch, Karton einen ganz anderen Materialeindruck zu verleihen: Er kann metallisch schimmern oder einen Lackcharakter annehmen, er verändert damit auch seinen taktilen Eindruck.

Ebenso lässt sich der Naturcharakter von Papier steigern, indem man es in der Optik von altem Butterbrotpapier bedruckt – diesen Effekt macht sich zum Beispiel eine Biobutter zunutze. Papier kann auch interessante Effekte im Bereich der taktilen Empfindungen vermitteln.

In Kapitel 5.6 werden wir sehen, dass braunes Packpapier bzw. Papier, das in dieser Optik hergestellt ist, geradezu zum Inbegriff des Codes der Nachhaltigkeit geworden ist.

### Einbandgestaltung

Jedes Material erzeugt auf dieser Ebene einen anderen Eindruck: Glas wirkt kühl und schwer, Metall hart, Plastik unspezifisch, Papier eher warm und weich. Diese Qualität des Weichen nutzte der Bucheinband der ersten Auflage für den Bestseller *Shades of Grey* außergewöhnlich aus. *Shades of Grey* verdankt seinen Erfolg ja seinem erotischen Inhalt und genau diese Anmutung löste der Papiereinband aus. Er zeigte eine Orchidee – wenn man darüber fuhr, fühlte sich diese weich und feucht an.

Papier ist ein Material, das, wenn es ausreichend dünn ist, auch akustische Reize erzeugen kann: Es raschelt. Dies wird im Bereich des elitären Codes bei Seidenpapier eingesetzt. Teure Hemden, Schals, Kleidungsstücke und Geschenke werden in der Packung nochmals in Seidenpapier eingewickelt und liefern damit einmal die notwendigen unfunktionalen zusätzlichen Schichten, die der elitäre Stil braucht, aber sie erzeugen auch das besondere Auswickelerlebnis: Man genießt die Vorfreude, die Vorlust gleichsam, bevor man auf das eigentliche Objekt trifft. Zwischen Öffnen der Packung und Benutzung liegt damit eine weitere Schicht.

### 5. Holz

Verpackungen aus Holz sind selten.

Holz ist ein archaisch anmutendes Material und bringt die Semantik des Alten, Traditionellen, handwerklich Gefertigten mit sich: für die meisten Produkte scheint es zu aufwendig und zu kostbar, eigentlich als Verschwendung – ein Reinigungsmittel oder eine Milch in einer Holzpackung ist undenkbar.

Der Einsatz von Holz macht daher ein Produkt automatisch zu etwas Besonderem und schließt es meist auch an die Welt des authentisch Handgefertigten, das die Werte der guten alten Zeit bewahrt, an: Käse in Holz/Spanschachteln etwa oder Kisten für Zigarren. Ein deutscher Hersteller verpackte zum Beispiel Minisalami in Zigarrenkisten, die als kleine Kundengeschenke inzwischen eine steigende Beliebtheit besitzen. Der italienische Naturkosmetikhersteller Mille Ulivi bietet seine Pflegeprodukte, die auf Olivenöl basieren, in Spendern an, die aus echtem Olivenholz gefertigt sind.

Auf der Suche nach immer neuen Abweichungen, um den Luxuscharakter von Produkten zu steigern, gibt es in diesem Bereich inzwischen auch Versuche, Holzteile oder auch Schieferteile in Packungen zu integrieren, um den Eindruck des ganz Besonderen zu steigern.

### 6. Kork

Kork wird meist als Deckel oder Stöpsel eingesetzt. Es erzeugt dann einen hochwertigen und natürlichen Eindruck wie zum Beispiel bei speziellen Salzen und bei Weinflaschen, wo es den edlen Charakter des Weines akzentuiert. Allerdings gehen immer mehr Winzer dazu über, als Verschluss metallische Schraubverschlüsse zu wählen, was ein wenig die Hochwertigkeit reduziert, aber ungleich praktischer ist.

### 7. Textile Materialien

Textile Materialien werden eher selten eingesetzt oder imitiert. Es gibt Beispiele, wo Reis oder Getreide in eine Art von Jutesack verpackt wird, der die bäuerliche Herkunft des Produktes kommuniziert und es zu etwas Besonderem macht. Interessant ist jedoch der Einsatz von textilen Materialien bei Teebeuteln: Premiumsorten, manchmal auch Biotees, die Hochwertigkeit anstreben, wählen als Beutel für den Tee ein seidenartig anmutendes Säckchen.

Eine Whiskeymanufaktur, die sich zum Ziel gesetzt hatte, einen preußischen Whiskey zu lancieren, füllte ihn in eine flachmannähnliche Flasche und umhüllte diese mit einem Lodenmantel, der an die Uniform preußischer Soldaten erinnern sollte. Man versprach sich davon, dass sich das Merkmal des Rauen und Erdigen auf die Marke übertrug.

Der Trüffelhersteller Booja Booja entwickelte für seine Produkte Schachteln, die wie Handschmeichler wirken, sie bieten eine samtartig-katzenhafte Oberfläche und signalisieren das Öffnen eines Schatzkästchens, »ganz großes Kino und ein haptischer Hochgenuss«, so stellt sie der Produzent vor.

Vereinzelt wird Samt eingesetzt. Ein Agenturentwurf für Lidl Ungarn sah ein Etikett für eine Weinflasche vor, das wie Samt aussah und sich wie Samt anfühlte, um Signale zu setzen, dass hier eine neue Variante der Veredelung vorlag.[43]

Parfümmarken, die es sich zum Ziel gesetzt haben, sehr avantgardistisch und individuell zu wirken, wie zum Beispiel Xerjoff, bieten ihre Parfüms inzwischen in einer Samtverpackung an, die sehr spezifische taktile Reize setzt (vgl. Kapitel 2.5.1 über geschlechtsspezifische Codes).

Die Wahl eines Materials bringt also eine Fülle von Bedeutungen mit sich, die sich aus seinen kulturellen Rahmungen ergibt. Man kann zunächst wählen, ob man diese Ebene der Bedeutungsvermittlung benutzt, also Aufmerksamkeit auf das Material lenkt, weil es ungewöhnlich oder auffallend ist oder nicht. Man kann ferner die Wahl des Materials spezifisch zur Differenzierung innerhalb einer Produktgattung einsetzen, wenn man die dort gängige Materialwahl verlässt, so wenn Nahrungsergänzungsmittel in Aluminium verpackt werden oder Milch in schweren Glasflaschen.

43 HAUSER, Dieter: Verpackungsrundschau. Nr. 3. 2013.

### 2.4.2 Farbcodes

Neben Materialcodes spielen Farbcodes bei Packungen eine große Rolle. Sie werden zur Differenzierung oder zur Wiedererkennbarkeit eingesetzt, ebenso wie zur Kommunikation spezifischer Marken- und Produkteigenschaften.

Farbcodes nutzen wie alle anderen Variablen die kulturell vorgeprägten Grundbedeutungen von Farben aus: Dunkle, schwere, satte Farben lassen an etwas Intensives, Starkes denken, helle an etwas Leichtes, das Rot/Orange-Spektrum hat etwas aktiv nach außen Gehendes an sich, das Blau/Grün-Spektrum eher etwas Zurückhaltendes.

Unser kulturell verankertes Kategoriensystem kennt eine Vielzahl von Differenzierungen: Wir unterscheiden zwischen Naturfarben und künstlichen Farben, zwischen zurückhaltenden und grell auffälligen, zwischen unvermischten einfachen Grundfarben und raffiniert gemischten. Wir kennen die edlen Nichtfarben und die Babyfarben, die festlichen Farben und die Erdfarben, die wir mit Umweltfreundlichkeit verbinden.

Farbe ist ein Phänomen, das gut die Gesetze der menschlichen Wahrnehmung und die kulturell geprägte Bedeutungszuschreibungen zu dieser Wahrnehmung zeigt.

Bei Farben handelt es sich um durch physikalische Messverfahren nachweisbare Positionen auf einem Licht- und Wellenspektrum. Die menschliche Wahrnehmung unterscheidet zwischen Farben durch die Variation von Helligkeit, Intensität, Position auf dem Wellenspektrum. Durch diese Aspekte lassen sich Tausende von Farbnuancen herstellen, wenn diese auch nicht sprachlich benannt werden.

Die meisten Lebewesen können zwischen verschiedenen Farben unterscheiden, wobei manche Tiere auch Teile des Farbspektrums erkennen, die Menschen nicht mehr wahrnehmen, so registrieren Bienen Teile des ultravioletten Lichtes.

Alle Sprachen sehen auch Bezeichnungen für Farben vor, gliedern allerdings auf sehr verschiedene Weise. Es gibt Sprachen, die nur Ausdrücke für drei Farben kennen, Nuancen müssen gesondert ausgedrückt werden, indogermanische Sprachen klassifizieren das Farbspektrum weit differenzierter.

Die Bedeutungen, die Farben zugeschrieben werden, sind immer kulturell bestimmt, sie ändern sich zwischen den Gesellschaften und sie ändern sich auch historisch – in diesem Sinn gibt es also keine feststehenden Bedeutungen von Farben. Sehr schön führt das die Farbe rosa vor. Rosa gilt heute als weibliche Farbe, speziell im Bereich der Kindheit – ein kleiner Junge, der zum ersten Schultag mit einem rosa Outfit auftritt, kann fast sicher sein, gemobbt zu werden, die Abteilungen in Spielzeuggeschäften, die Mädchenprodukte anbieten, zeigen eine Orgie in Rosa. Diese Bedeutung entwickelte sich aber erst ab dem 20. Jahrhundert. Vorher war Rosa eine Farbe für Jungen, da man es als abgeschwächtes Rot, das als männliche Farbe galt, klassifizierte und Blau als die Farbe der Mädchen, da es als zarter und eleganter interpretiert wurde.

Alle Gesellschaften ordnen Farben spezifische Bedeutungen zu, sie verwenden sie, um die Klassifikationen von Gruppen, Rängen oder Gelegenheiten zu unterstützen. Viele Gesellschaften kennen elaborierte Zuordnungssysteme: So sind bestimmte Farben Frauen und andere Farben Kriegern vorbehalten, auf Waffen werden andere Farben verwendet als auf häuslichen Geräten.

Auch in unserer eigenen Kultur finden wir viele dieser Klassifikationssysteme. Das Messjahr etwa gliedert sich in Abschnitte, die durch Farben gekennzeichnet sind. Wir bezeichnen manche Farben als Frühlingsfarben und manche als Herbstfarben usw.

Nahezu universal ist das Phänomen, besondere Menschen und besondere Gelegenheiten durch Farbe zu kennzeichnen. Ludwig XIV. beispielsweise war ein spezifischer Rotton vorbehalten, den nur er tragen durfte. Welche Farben dazu benutzt werden, variiert: in der alten mexikanischen Kultur wurde Grün als heilige Farbe gesehen, ebenso im Islam, Orange ist für Buddhisten eine besondere Farbe.

Überall gibt es einen Farbcode, der das Elitäre charakterisiert und nahezu überall werden spezifische Farben eingesetzt, um Übergänge im Leben zu kennzeichnen. Farben sind Bestandteile der sogenannten *rites de passage*: Begräbnis, Hochzeit, Taufe, also immer dann, wenn ein Zustand in einen anderen übergeht. Dabei kommen vor allem zwei Strategien zum Einsatz. Diese Gelegenheiten werden durch Nichtfarben charakterisiert: Weiß oder Schwarz, die damit einen besonderen Rang anzeigen. Schwarz ist bei uns der Trauer vorbehalten, weiß der Hochzeit – dies ist jedoch willkürlich, manche Gesellschaften ordnen weiß der Trauer zu.

Ebenso gibt es die weit verbreitete Strategie, spezielle Farben dem weiblichen oder männlichen Geschlecht zuzuordnen. Auch dies findet sich in unsere Gesellschaft. Sehr deutlich immer noch beim vestimentären Code, jedenfalls bei offiziellen Gelegenheiten: der Vorsitzende des Aufsichtsrates kann nicht zur entscheidenden Sitzung in einem roten Anzug erscheinen, sein weibliches Pendant könnte es, wenn es auch keine sonderlich glückliche Wahl wäre.

Männer folgen bei ihrer Farbwahl in offiziellen Kontexten immer noch dem Code der Dignität: dunkle, zurückhaltende Farben: Grau, Dunkelblau. Frauen können darüber hinaus zwischen dem ganzen Spektrum der lockend leuchtenden, auch babyhaft pastelligen Farben wählen.

Dies setzt sich bei Objekten fort: Für kleine triviale Gegenstände ist der weibliche Farbcode möglich, für große bedeutende der männliche: ein Feuerzeug kann pink sein, ein teures Auto kaum.

Geschickte Hersteller nutzten seit jeher die Attraktivität von spezifischen Farben aus. Bemerkenswert ist das Beispiel der Firma Wedgewood, die im 18. Jahrhundert zum ersten Mal schwarze Teekannen auf den Markt brachte. Sie war überzeugt, dass Damen diese Teekannen lieben würden, weil sich davon ihre weißen Hände beim Teeeinschenken prägnant abhoben. Die Hersteller haben sich nicht geirrt: Die Kannen wurden ein großer Erfolg. Die Farbgebung spielt bei Packungen daher eine hoch relevante Rolle.

Zum einen ist Farbe ein Merkmal, das schon in den ersten Stufen der Wahrnehmung bemerkt wird, und zum andern transportieren Farben blitzschnell spezifische Bedeutungen. Packungen können das gesamte Spektrum von Farben benutzen, aber sie müssen sehr wohl die kulturell verankerten Bedeutungen beachten (oder bewusst dagegen verstoßen).

Obwohl es immer wieder Modifikationen gibt, lassen sich folgende Rahmungen feststellen: Intensive, leuchtende Farbtöne signalisieren Stärke, Anlockung, Reichhaltigkeit; weniger intensive, pastellfarbene Farbtöne signalisieren dagegen Sanftheit, Pflege, Milde.

- Die pflegenden Varianten einer Produktlinie sind fast immer auf Pastellfarben, helle Farben festgelegt.
- Einfache, unvermischte Grundfarben vermitteln einfache Effizienz, gemischte Farbtöne eine differenzierte Wirkung. Einfache Waschmittel belegen das Spektrum von Weiß, Blau, Rot, Spezialwaschmittel das der differenzierten Farbtöne.
- Glänzende, schimmernde Farbtöne sind mit Kostbarkeit bzw. Verführung korreliert. Kosmetik und Körperpflege, besonders dann, wenn sie pflegend und verwöhnend ist, stützt sich auf diese Bedeutung.
- Metallische Farben intensivieren diesen Eindruck, sie haben speziell verlockende Effekte.

Je mehr Farbe weggenommen wird, desto mehr entsteht der Eindruck von Natürlichkeit: wenig Farbe, wenig Industrielles. Dies nutzen fast alle Naturprodukte aus.

- Natürliche, zarte Farben (im Wesentlichen das Spektrum gelblich, erdig, grünlich) stehen für natürlich, zeitlos oder nostalgisch.
- Knallige künstliche Farben: Pink, Neongrün, Orange für jung, modisch, weit entfernt von einfacher Natur.

### Absenz von Farbe

Schwarz/Weiß kommuniziert die Attribute edel, zeitlos, formell, bedeutend, aber ernst, nicht verlockend, während bunt die Attribute lebhaft, fröhlich, aber normal, manchmal aber auch gewöhnlich vermittelt. Rot hat eine Sonderstellung. Es ist prinzipiell anlockend, intensivierend, aktivierend, aber je nach Mischung festlich, gehoben oder gewöhnlich, einfach.

Das Spektrum des Codes der Dignität: Dunkel, zurückhaltend, grau, beige, dunkelblau steht für männlich, gehoben, bedeutend, formell gegenüber dem Spektrum der lockenden, hellen und intensiven Farben, die dann weiblich, informell andeuten.

Verschiedene Produktfelder benutzen diese Gegenüberstellungen bzw. Oppositionen von Farbklassen zur Differenzierung und Positionierung.

**Beachten Sie**

Der Einsatz von Farbe ist wie immer nicht regellos und beliebig, sondern folgt im Wesentlichen der Grundbedeutung einer Produktgattung. Bioprodukte sind nicht glaubwürdig in metallisch glänzenden, grell farbigen Packungen, Fleisch nicht in zartem Violett, Kosmetik nicht in einfachem Waschblau.

Bei der Farbwahl ist also zu bedenken, dass bestimmte Produktgattungen auf bestimmte Farbcodes festgelegt sind, gegen die man nur schwer verstoßen kann, da man dann den Eindruck erzeugt, es handle sich nicht um ein richtiges Mitglied dieser Produktgattung. So folgt Milch dem Farbcode Blau/Weiß, allenfalls mit einer Grünkombination. Es wäre sehr leicht, eine Milchmarke anzubieten, die maximal abweicht und die damit maximale Aufmerksamkeit erzielen würde: man könnte sie zum Beispiel in Gold/Violett halten – dann allerdings wäre sie keine »richtige Milch« mehr und würde drastisch an Attraktivität verlieren.

Dieser Umstand führt am Regal zu einem sehr einförmigen Farbeindruck innerhalb einer Produktgattung. Auch hier geht es darum, den Code der Gattung zu sprechen, aber dennoch darin abzuweichen. Eine Abweichung vom Farbcode der Produktgattung erfordert einigen Mut, ist allerdings eine hervorragende Strategie, um Aufmerksamkeit zu erzielen. So wählt die Marke Vanish, die Reinigungsprodukte für den Haushalt anbietet, ein grelles Pink als Markenfarbe, das sich dramatisch von allen anderen Marken, die auf den Code der Produktgattung rot/weiß/blau festgelegt sind, abhebt.

Pink würde man nicht unbedingt mit Reinigungsleistung verbinden, dieser spezifische Farbton ist jedoch ein aggressiver, greller, auch künstlicher. Im Zusammenhang mit dem Markennamen sowie der Flaschenform, die mit ihrem Abzugshebel und dem Zielrohr die Metapher der Pistole benutzt, wird sehr gut die aggressive Vernichtung von Bakterien signalisiert, um die es bei dieser Produktgattung geht.

Die Verwendung einer Farbe, die sich im Gegensatz zu der prototypischen Farbwelt der Produktgattung befindet, stellt also oft eine hervorragende Differenzierungsmöglichkeit dar, ist aber nie ganz unproblematisch.

Ein kleiner deutscher Hersteller von Milch entschloss sich, seine Produkte in Folienbeutel abzufüllen und eine dominant schwarze Packung zu gestalten, ohne den Einsatz von Farbe, mit reduzierter weißer Schrift. Er rechtfertigt das mit dem Argument, dass Schwarz und Weiß die Kennzeichen guter Rohstoffe sind – keine Farbe heißt: natürliche Produkte.

Buttermilch von Hemme.[44] Diese Packung gewann mehrere Designpreise. Die Mitarbeiter des Unternehmens hatten einige Schwierigkeiten, sich mit diesem Auftritt zu identifizieren, auch sonst herrschte Skepsis, bei jungen Kunden gewann diese Packung allerdings einige Fans, die sie als cool erlebten. Inzwischen gibt es auch Versuche, Milchpackungen in leuchtendem Pink herzustellen.

Farbcodes stehen im Allgemeinen im Dienst von drei Funktionen:
- Sie gliedern eine Produktlinie und heben die einzelnen Varianten hervor.
- Sie schreiben dem Produkt bzw. der Marke spezielle Eigenschaften zu.
- Sie dienen der Wiedererkennbarkeit und damit der Unterscheidbarkeit der Marke.

### Funktion 1: Farbcodes dienen der Differenzierung der Produktgattung

Nahezu jede Produktgattung zeigt heute eine immer weiter zunehmende Differenzierung: Es gibt Varianten für jeden Geschmack und jedes Anliegen. Dies hängt einerseits mit Gegebenheiten des Marketings zusammen, das gezwungen ist, immer neue Strategien der Aufmerksamkeitsgewinnung zu entwickeln, was am besten über Innovationen möglich ist. Wirkliche Innovationen sind allerdings selten und so versucht man durch die Entwicklung neuer Varianten, die oft auch besondere Inhaltsstoffe propagieren, einen Neuigkeitswert zu erzielen.

Man stützt sich dabei auf einen gesellschaftlichen Zentralwert: den **Wert der Individualität**. Bekanntlich sind wir eine Gesellschaft, die den (egoistischen) Bedürfnissen des einzelnen Individuums großen Raum gibt und von jedem fordert, sich als unverwechselbare Person auszuformen.

Ebenso deutlich ist der **Wert der Wahlfreiheit**: Wir wollen immer und überall die freie und autonome Wahl haben. Beide Werte zusammen treiben den Variantenreichtum voran: Jede Marke bietet einen verlässlichen Rahmen, dessen zentrale Merkmale man wählt, aber innerhalb dieses Rahmens eine große Auswahl an Optionen.

Dieser Variantenreichtum kann durch verschiedene Aspekte hergestellt werden: Funktionen und Anwendungsbereiche bei Waschmitteln, Geschmacksvarianten bei Lebensmitteln, Inhaltsstoffe, unterschiedliche Herkunft, unterschiedliche Konsisten-

44 Verpackungsrundschau. Special: Verpackung und Marketing 2014-10-30. S. 37.

zen. Varianten können auch durch die Größe der Packungen und ihr Verpackungsmaterial erzeugt werden, so deutlich bei Wasch- und Reinigungsprodukten.

### Einsatz von Farbe

Eine wichtige Gliederungsstrategie ist der Einsatz von Farbe.

Betrachten wir die Produktlinie eines Grundnahrungsmittels wie Salz, das früher bestenfalls in der Variante Salz in Papierverpackung oder Salz im Streuer angeboten wurde. Jetzt gibt es die Normalstufe Salz für den Hausgebrauch, aber zahlreiche sehr spezielle Varianten: Salz aus dem toten Meer, Salz vom Himalaja, Salz aus vielen spezifischen Gegenden. Hier dient die Farbe des natürlichen Produktes als attraktives Differenzierungsmerkmal. Es gibt rosa Salz, schwarzes, graues, gelbes Salz – es genügt, das nackte Produkt zu zeigen, das oft auch einen spezifischen ästhetischen Reiz entfaltet. Ähnlich gehen Konfitüren oder Säfte vor, wenn sie das Produkt in einer durchsichtigen Packung zeigen.

Andere Produktgattungen können sich nicht auf die Produkte selbst stützen, sondern müssen die Farbvariation über die Packungen herbeiführen. Umfangreich geschieht das bei Shampoo, Duschgels oder Getränken, die gleichzeitig die Farbwelten von Inhaltsstoffen oder die Wirkungen der Produkte signalisieren.

In manchen Bereichen ermöglicht erst der Einsatz von Farbe die Kompetenz für die Erweiterung des Sortiments. Dies ist zum Beispiel in Apotheken der Fall. Apotheken bieten inzwischen bekanntlich wesentlich mehr als Medikamente und gesundheitsbezogene Produkte an, sie verkaufen auch Kosmetikprodukte und Körperpflegeprodukte in großem Umfang. Der zentrale Code der Apotheke ist der medizinisch/wissenschaftliche Code, der auch für die meisten Apotheken-Kosmetiklinien verwendet wird. Dieser Code hat bewusst wenig mit Anlockung, Verführung, impulsivem Zugreifen zu tun, er ist farblos, rational, effizienzorientiert. Dies verleiht den Regalen, in denen diese Produkte ausgestellt werden, eine große Einförmigkeit.

Für Kosmetikprodukte ist dies nicht unbedingt ein Nachteil, da sie damit an der medizinischen Kompetenz der Apotheke teilhaben, für Körperpflegeprodukte wie zum Beispiel Duschgels und Körperlotionen allerdings schon: Hier geht es primär um Erlebnisse, um Duft und Wohlgefühl. Dies kann ohne den Einsatz von Farbe nicht geleistet werden.

Hersteller, die dieses Segment bedienen, zeigen daher Produkte in prachtvollen Farben, teilweise in durchsichtigen Tuben, die das farbige Produkt durchscheinen lassen. Roger Gaillet zum Beispiel bietet ein ganzes Sortiment von zarten oder lebhaft schimmernden Produkten, die poetische Namen tragen und die die Apotheke in diesem Abschnitt in eine lockende Zone verwandeln.

Ein anderer Hersteller dieses Bereiches Medipharm kompensiert seinen medizinischen Namen ebenfalls mit einem großen, farblich durchdeklinierten Sortiment von Körperpflegeprodukten. Diese Produktlinie basiert auf Olivenöl, das mit Grün verbunden wird. Dies ist die Standardvariante. Sie bietet dann aber weitere Varianten: die zarten, pflegenden Varianten mit pastellfarbenem Mandelöl und die intensiven roten mit einer Dusche, die Vitaldusche genannt wird. Diese beiden Positionen leicht und schwer/intensiv finden sich im Übrigen als Gliederungsmerkmal vieler Produktlinien von Körperpflegeprodukten.

Von dieser Strategie, den unterschiedlichen Charakter der einzelnen Varianten durch Farbgebung zu akzentuieren, ist die Strategie zu unterscheiden, eine Produktlinie möglichst bunt zu gestalten, also jeder Variante eine eigene Farbe in derselben Intensität zu geben. Auf diese Weise entsteht ein lebhaft farbiger Eindruck für die ganze Marke, der signalisiert, dass man hier immer eine lustvolle Wahl treffen kann. So stellt zum Beispiel Dreh und Trink sechs Varianten nebeneinander, die ein verlockend buntes Spektrum erzeugen. Ladurée, ein Hersteller von Makronen, gestaltet seine Produktrange in wunderschönen pastelligen Farben.

**Abb. 10:** Makronen der Marke Ladurée

### Funktion 2: Farbcodes schreiben dem Produkt bestimmte Eigenschaften zu

Dies führt zu der zweiten Funktion: Durch die Farbwahl werden bestimmte Eigenschaften und Wirkungen signalisiert. Dies erfolgt bei einem einzelnen Produkt, kann aber am besten in einer Reihe, wie sie bei einer Produktlinie vorliegt, kommuniziert werden. In solchen Reihen gibt es meist ein »Standardprodukt«, das den Ankerpunkt der Produktlinie bildet: Grün bei unserem Beispiel Medipharm, das als Basisprodukt Produkte aus Olivenöl anbietet, oder bei NIVEA Duschgels, die auf den Markenfarbwert Blau/Weiß festgelegten Varianten.

Gegen diese Standardposition kann dann im Sinne eines weniger oder mehr abgewichen werden. Pastellfarbene, ganz leichte Varianten oder die völlige Absenz von Farbe, wie sie bei NIVEA sensitive vorliegt: keine Farbe, keine Reizstoffe und auf der anderen Seite intensive reichhaltige Varianten: zum Beispiel Lemongrass von NIVEA, das ein metallisch schimmerndes Grün in einer durchsichtigen Flasche zeigt, oder die rote Vitaldusche bei Medipharm.

»Leichtere« Varianten, die als Produkt wichtige Bedürfnisse treffen, haben dabei im Bereich der Packung häufig Probleme: Sie können diese Leichtigkeit am besten durch die Absenz von Farbe kommunizieren, haben dadurch aber den Nachteil von Unauffälligkeit, und sie können eben auch keine Zusatzbedeutungen von Farbe ausnutzen, was ihnen oft etwas Steriles gibt. Dies trifft auch auf Produkte zu, die den sogenannten leichten und gesunden Genuss kommunizieren wollen: kalorienreduziert, fettreduziert, aus natürlichen Bestandteilen. Bei einigen Nahrungsmitteln ist dies durchaus attraktiv, bei anderen ist es hoch problematisch, so bei allen, die auf Impulskäufe abzielen oder die auf reichhaltigen Genuss angelegt sind. Hier signalisiert die Absenz von Farbe auch die Absenz von hedonistischem Genuss und das Produkt erscheint geboten, aber nicht begehrenswert.

Das führt deutlich das Feld der Leichtbiere vor. Wenn man von den Bedürfnissen der Konsumenten ausgeht, müsste Leichtbier eigentlich ein sehr attraktives Produkt sein: das Motiv, Stoffe zu vermeiden, die der Gesundheit oder der Figur schaden, also in diesem Fall Alkohol und Kalorien, ist ein durchaus relevantes Motiv. Dennoch standen und stehen Leichtbiere immer noch vor einer Reihe von Problemen. Dies hängt mit einer Reihe von Gegebenheiten zusammen. Wenn man sich für Bier entschließt, so tut man das im Allgemeinen, weil man sich mit Bier ein Produkt der Gegenwelt kauft: Etwas, das archaische, auch männliche Werte bewahrt, das etwas mit Gemeinschaft, Herkunft, Gemütlichkeit, Einfachheit zu tun hat, etwas, das den Forderungen der modernen Zeit mit ihrem Zwang zur rationalen Leistung entgegengesetzt ist: Hier will man eigentlich nicht denken, sondern voll in diese Welt eintauchen.

Die meisten Bierpackungen signalisieren auch deutlich diese Wertewelten: warm und kräftig im Farbcode, der oft auf den Farben dunkelgrün, dunkelgelb basiert, mit Zeichen, die Vergangenheit und Herkunft kommunizieren. Wenn Leichtbiere ihre Leichtigkeit durch einen leichteren Farbcode vermitteln wollten, nach dem Modell von

NIVEA sensitive, so würden sie nicht nur den typischen Biercharakter verlieren, sondern eine völlig unattraktive Position signalisieren: dünn, schwach, mit verminderter Potenz, entfernt von dem Gebiet des vital Männlichen. Genau diese Variation des Farbcodes schließt sich hier also aus.

Ein sehr erfolgreiches Leichtbier Bud Light wählt daher auch eine ganz andere Strategie: Es ist intensiv, leuchtend blau. Ein leuchtendes Blau fällt deutlich aus dem Farbcode von Bier heraus, auch in den USA, Bud light ist also ein »anderes« Bier und die Intensität des Farbtons kompensiert den verminderten Alkoholgehalt des Produktes. Ähnlich geht die Variante »Ohne Kohlensäure« des Mineralwassers Römerquelle vor: Sie wählt ein rotes Etikett.

Wie wichtig die Wahl aus dem Farbspektrum ist, zeigt die Gestaltung einer Kosmetiklinie, die durch falsche Farben und durch falsche Intensitäten ihren Attraktivitätseindruck deutlich reduzierte. Es handelt sich um das Kosmetiksortiment eines Direktvermarkters, dessen Fokus auf der Vermarktung von Nahrungsergänzungsmitteln lag. Das Kosmetiksortiment wurde mit angeboten, führte allerdings ein Schattendasein. Dafür waren mehrere Probleme verantwortlich, unter anderem auch die Farbwahl. Ein Problem dieser Marke war es, über eine schwache kosmetische Kompetenz zu verfügen, die daher durch die Zeichenausstattung der Packungen deutlich hätten gestärkt werden müssen. Dies leistete die Farbwahl keineswegs. Die Gesichtspflege wies drei Linien auf: eine Anti-Aging-Linie und zwei Linien für die junge Haut.

Die Schachteln für die Anti-Aging-Produkte waren in Grau ohne jeden Glanz gehalten, was sowohl das Merkmal »nicht kostbar« wie eben auch »alt und grau« vermittelte, und die Tiegel selbst waren zwar aus Glas, aber sie zeigten einen großen Teil in einem stumpfen Dunkelrot, eine für Kosmetik nicht verankerte Farbe, die weder die Attribute »kostbar« noch »pflegend« kommuniziert.

Die beiden Sublinien hatten weiße, frische Packungen, die Produkte waren in zart blauen und grünen Tiegeln. Die Farben Blau und Grün nehmen die für Kosmetik wichtige Wassersemantik auf, da ein wesentlicher Nutzen von Kosmetik das Befeuchten ist. Diese beiden Sublinien waren nur minimal voneinander differenziert, aber im Ganzen vermittelten sie den Eindruck »jung und frisch«.

Die Opposition, die diese Farbgestaltung errichtete, setzte daher jung gegen alt: Eine Linie für die Jungen und eine für die (grauen, anspruchslosen) Alten, eine unglückliche Opposition. Tatsächlich sollte die teurere und kosmetisch wichtigere Linie durch die Opposition kostbar gegen einfach/normal differenziert sein, was sich bei vielen Kosmetikmarken findet.

### Funktion 3: Farbcodes dienen der Wiedererkennbarkeit und der Unterscheidbarkeit einer Marke

Gelingt es einer Marke, eine spezifische Farbe zum Bestandteil ihres Markencodes zu machen, so hat sie damit am Regal einen großen Vorteil. Sie ist eigenständig, sie wird schnell wiedererkannt und sie kann schnell ihr Wertefeld aktivieren. Dazu ist es allerdings unerlässlich, eine besondere Farbe zu wählen, einfache Farben oder der übliche Farbcode der Produktgattung sind nicht genug differenzierend. Es gibt daher auch wenig gute Beispiele.

Milka mit dem verführerischen, genussorientierten Lila gehört dazu, ebenso Vanish mit seinem aggressiven Pink oder Manner Schnitten mit dem »süßen« Rosa.

Ein sehr gutes Beispiel stellt in diesem Zusammenhang NIVEA dar. NIVEA stützt sich seit Jahrzehnten auf den Farbcode Weiß/Blau, beides keine wirklich außergewöhnlichen Farben, aber in den hier verwendeten Nuancen von großer Sanftheit und Beruhigung, Reinheit, Pflegewerte, die das Zentrum der Marke bilden und so gut wie niemals verlassen werden, die also allein dadurch Verlässlichkeit, Sicherheit und Kontinuität signalisieren und die die Marke als einen Seriositäts- und Sicherheitsanker in der Welt der bunten lockenden Packungen ausformen. Exzellent wird auch die NIVEA-Position kommuniziert: Mehr als das Notwendige, aber fern von jedem unnötigen Glamour.

Die Strategie, Gliederungen über Farbgebung zu erzielen und dabei zentrale Produktwerte zu akzentuieren, findet sich auch in größeren Produktsegmenten. Als Beispiel sollen einige Reinigungsprodukte für den Haushalt dienen:

- Reiniger für die Geschirrspülmaschine
- Waschmittel
- Handspülmittel
- Weichspüler

Diese Gruppe von Produkten ist durch zwei Achsen gegliedert:

- ohne Beteiligung des Menschen vs. mit Beteiligung des Menschen
- strikt funktional vs. unfunktional

Somat, das mit der Aussage »die rote Kraft« wirbt, ist ein Produkt für die Geschirrspülmaschine: Es stellt gewissermaßen ein Werkzeug dar, das die Hausfrau einsetzt, um bestimmte funktional erforderliche Reinigungsleistungen durchzuführen – einfach, zweckmäßig, eine effiziente Problemlösung. Der Farbcode der Produktgattung Geschirrspülmaschinenmittel besteht aus einfachen Grundfarben: weiß, blau, rot. Diese werden in verschiedener Kombination eingesetzt, wobei Somat »die rote Kraft«, die Strategie »intensiver machen durch Farbe« ausnutzt. Es befindet sich in einer leuchtend roten Verpackung.

Unterschiedlich geht Pril vor, ein Handspülmittel. Pril bildet eine Produktlinie: Das Basisprodukt, das fettlösliche Pril, mit dem die Linie eröffnet wurde, ist blau, dann folgten differenzierende Varianten, die durch Inhaltsstoffe und Anwendungsbereiche geschaffen werden. Dies wird durch eine andere Farbwahl verdeutlicht, die nun babyhafte und sinnlich ansprechende Farben zeigt – sobald also der Mensch über den Kontakt der Hände mit diesem Produkt in Berührung kommt, wird der Grundcode verlassen und es können andere Farben eingesetzt werden.

Auch Waschmittel, die zwar in der Maschine wirken, aber Objekte bearbeiten, die man sich in enger Beziehung zum Menschen denkt und die auch durch ihn verschmutzt werden, nämlich Wäsche, verlassen das einfache Kraftspektrum.

Ariel zeigt sehr differenzierte Farben, Mischfarben, die nicht mehr die einfachen Farben des Grundspektrums sind, was ihm auch eine gewisse magische Wirksamkeit verleiht. Persil bringt einen durch grün und rot bestimmten Farbklang: freundlich, menschlich, natürlich.

Am differenziertesten ist der Farbcode bei der Gattung der Weichspüler: Produkte, die man nicht braucht, die eigentlich unfunktional sind, die aber wiederum im Dienste von Genuss und Erleben stehen, sie geben der Wäsche Duft und Weichheit. Der Farbcode folgt hier dem einer anderen Produktgattung, nämlich der von Kosmetik und parfümistischer Produkte. Duft kann ja insgesamt schwer kommuniziert werden: Wie immer werden hier verbale Konzepte und schimmernde, verlockende Farben zur Beschreibung eines Duftes benutzt.

## Die Rolle der Nichtfarben

**Abb. 11:** Premium-Chips von Spar

Wir haben weiter oben ausgeführt, dass besondere Gelegenheiten, Objekte und Personen durch eine spezifische Farbwahl gekennzeichnet werden und dass dabei fast universal verbreitet Nichtfarben eine besondere Rolle spielen, so eben Schwarz und Weiß. Dies trifft auch auf den Bereich der Packungen zu. Eine Erhöhung des Schwarzanteils bewegt eine Packung immer in Richtung edel, elitär und besonders. Dies zeigen fast alle Premiumlinien, die derzeit bei Marken und Handelsmarken lanciert werden.

Das Gleiche lässt sich tendenziell für eine Erhöhung des Weißanteils behaupten. Für beides gilt, dass der Effekt umso mehr gesteigert wird, je mehr Schwarz und Weiß mit Schimmer und Leuchtkraft verbunden werden. Dies erfordert bei Weiß, wenn es in Karton realisiert wird, besondere Drucktechniken, führt dann aber auch zu exzellenten Ergebnissen.

**Abb. 12:** In edlem Weiß: Pralinen der Marke Lindt

Der Eindruck des Edlen wird nochmals gesteigert, wenn sich darauf erhabene Prägungen befinden. Dadurch wird auch die haptische Ebene angesprochen.

Dies ist auch an Visitenkarten zu sehen oder an der erhabenen Ausführung des Markennamens auf edlem Porzellan. Meissen zum Beispiel besteht noch heute darauf, den Markennamen am (für den Betrachter unsichtbaren) Boden der Tasse erhaben und von Hand aufgezeichnet zu gestalten. Qualität ist eben Perfektion im Detail.

Beide Nichtfarben sind zusätzlich im Sinne einer manichäischen Opposition geordnet: Schwarz besitzt einen Konnotationsumkreis von sündig, Weiß einen von hell und unschuldig. Schwarz wird daher oft im Bereich reichhaltiger Süßigkeiten eingesetzt, die dann schwer, verlockend und sündig erscheinen, weiß dann, wenn signalisiert werden soll, dass hier die leichtere und unschuldigere Variante vorliegt, so bei dem schweren Rocher und dem leichten Raffaello. Weiß wird insgesamt auch gewählt, um Packungen mehr Transparenz und »Unschuld« zu geben. Auch hier wird eine Opposition angesprochen.

Der Supermarkt ist insgesamt durch eine beträchtliche Farbigkeit charakterisiert, manche Produktgattungen, wie Wasch- und Reinigungsmittel entfalten sehr hohe Grade von Farbigkeit, eine weiße Packung setzt dagegen Stille, Ruhe, Zurückhaltung, Transparenz, im Kern also etwas sowohl Edles wie nicht Industrielles.

### 2.4.3 Größe

Bedeutung entsteht immer auch durch die Stellung in einem Feld: Man denkt die Möglichkeiten mit, die ebenfalls zur Wahl gestanden hätten, die aber nicht gewählt wurden. In der Terminologie der Semiotik, also der Wissenschaft von den Zeichensystemen, meint dies das Konzept des Paradigmas. Ein Paradigma bezeichnet die Klasse der Ausdrücke, die unter einem bestimmten Aspekt gleich sind, während sie sich in Einzelaspekten unterscheiden (vgl. Kapitel 6).

Dabei besteht immer eine Erwartung, was in einem Feld normal ist. In welchen Größen kommen normalerweise Milch, Waschmittel, Gewürze daher? Es muss in jedem Feld deutlich sein, was als Normalstufe anzusehen ist, erst dann kann eine bedeutungstragende Abweichung vorgenommen werden. So wird Luxus nur vermittelt, wenn klar ist, was der Stil der Notwendigkeit ist. Eine Abweichung im Farbcode ist dann bedeutungstragend, wenn definiert ist, was als die übliche Farbgebung in einer Produktgattung anzusehen ist.

Diese Erwartungshaltungen sind bei der Verarbeitung von Informationen sehr wichtig: Man nähert sich jedem Feld mit einer Erwartungshaltung, was man normalerweise vorfinden wird. Abweichungen davon sind also eine gute Möglichkeit, um die Aufmerksamkeit anzuziehen und gleichzeitig durch die inhaltliche Ausformung der Abweichung eine Botschaft zu vermitteln. Dies gilt auch für die Größe.

Größer oder kleiner ist jeweils auf die übliche Größe in einer Produktkategorie bezogen. Durch die Strategie, ein Produkt in einem größeren oder kleineren Gebinde anzubieten als in der Produktkategorie üblich, können daher wichtige Botschaften kommuniziert werden.

Summarisch signalisiert die Vergrößerung, dass hier etwas für eine Gemeinschaft oder etwas Günstiges vorliegt und Verkleinerung eine Individualisierung und Intensivierung, auch die Anmutung von etwas Kostbarem. Sehr häufig wird diese Strategie bei Getränken, also Flüssigkeiten angewendet.

Ein gutes Beispiel für diese Botschaft der Gemeinschaft war die Einführung der fässchenartigen Verpackungen bei Bier, die deutlich mehr Inhalt boten als die üblichen Bierflaschen. Diese Fässchen kommunizieren die Idee einer fröhlichen Runde, bei der man es gemeinsam leeren konnte – eine wichtige Idee, die dem Konzept folgt, dass Produkte das erfüllen, was eine Gesellschaft ihren Mitgliedern schuldig bleibt. Gemeinschaft ist in der Realität nicht so leicht zu haben, ein Bierfässchen kann man sich jedoch leicht kaufen, auch wenn man es dann allein austrinkt.

Auch bei Chips gibt es XXL-Packungen, die offensichtlich für eine fröhliche Partyrunde bestimmt sind.

Genau das Gegenteil bewirkt das Konzept der Verkleinerung: Es steht im Dienst von zwei Funktionen: Es wird eine individuelle Einzelportion angeboten, die dem Geschmack und Bedürfnis eines Einzelnen entgegenkommt. Bei dem stark wachsenden Bedürfnis nach Individualisierung ist dies inzwischen ein wichtiger Nutzen.

Solche Miniverpackungen gibt es in England schon bei Kindernahrung. Auch Katzennahrung wird inzwischen in kleinen Minibeuteln für jeweils eine individuelle Portion angeboten, so dass das Kätzchen jeden Tag eine andere Sorte verkosten kann. Ein normales Produkt wird durch diese Strategie zu einem kostbaren magischen Elixier: Ein Zaubertrank kann nicht in einer 2-Liter-Packung sein.

Viele Kosmetikserien enthalten ein Serum, das eine besondere Wirkung verspricht und das man nur zeitweilig verwendet, als Kur oder bei einem Anlass, bei dem es auf maximale Wirkung ankommt. Dieses Serum befindet sich in einem ganz kleinen Glasfläschchen oder vielmehr einer Phiole. Der Verbraucher wird informiert, dass dieses Produkt Wirkstoffe in geballter Form enthält, die in dieser Einzelanwendung auch ganz frisch bleiben. Dieser Frischeeindruck wird auch dadurch erzielt, dass das Serum oft durch den Benutzer quasi selbst hergestellt wird: es wird zum Beispiel geschüttelt, damit sich die Bestandteile sichtbar vermischen. Dieser Typ von Serum, wobei der Begriff selbst der wissenschaftlichen Terminologie entstammt, weist meist einen sehr hohen Preis auf.

Über eine ähnliche Idee funktionieren Gesundheitsprodukte innerhalb einer Produktlinie. So sind Actimel und Yakult in kleinen Einzelfläschchen abgefüllt, die ihre auf geradezu magische Weise wirksamen Bakterien enthalten – genau eine Portion verhilft zu der gewünschten Wirkung. Auch Nahrungsergänzungsmittel bieten sogenannte Powershots an, die sofort Energie bringen, so zum Beispiel Ringana.

Im Bereich von Getränken hat sich inzwischen eine ganze Range von Produkten entwickelt, die in kleinen Portionen angeboten werden. Sie bezeichnen sich selber meist als Shots und enthalten die aktuellen Stars unter den Inhaltsstoffen, die die Gesundheitskommunikation tragen, so Ingwer oder Kurkuma, oder besondere Obstmischungen. Sie versprechen sowohl über ihren Namen wie die Größe eine spezifische intensive Energiezufuhr.

Größer und kleiner können ferner mit der Semantik von »mehr oder weniger wertvoll« verbunden werden. Eine XXL-Packung signalisiert einen geradezu unmäßigen Verbrauch, wie ihn eher Unterschichtsstile anstreben, eine kleine Packungsgröße ist automatisch »feiner«, wirkt aber auch teurer.

**Abb. 13:** Ingwer-Shots – kleine Portion, große Wirkung

Waschmittelkonzerne bieten in Ländern, die nicht über breite Mittelschichten verfügen, so zum Beispiel Indien, auch Waschpulver in Einzelportionen an: Die Hausfrau kann sich dann ab und zu den Luxus leisten, ihre Wäsche mit einem Markenwaschmittel zu waschen.

Die Verkleinerung von Standardpackungen stellt natürlich auch eine Möglichkeit dar, Verpackungsmaterial zu reduzieren und damit Kosten und Umweltbelastung einzusparen. Dies funktioniert jedoch nicht ohne begleitende Kommunikation, die klar machen muss, dass – gegen allen Augenschein, auf den man sich im Regal verlässt – die neue kleinere Packung genau so ausgiebig ist und dieselbe Wirkung bietet wie die gewohnte größere. Dies ist nicht einfach: Schon Weichspüler und flüssige Reinigungsmittel, die man frühzeitig in konzentrierter Form in kleineren Flaschen anbot, kämpften mit erheblichen Schwierigkeiten, bis man den neuen Packungen vertraute.

### 2.4.4 Form

Form spielt eine wichtige Rolle in der Wahrnehmung und in der Wiedererkennung von Packungen. Auch dieses Merkmal wird sehr schnell in den ersten Stadien der Wahrnehmung identifiziert. Die spezifische Form einer Packung bildet auch einen sehr stabilen Bestandteil von Marken, ähnlich wie der Markenname.

Marken, die über eine besondere, einzigartige Formgebung verfügen, würden ihre Identität verlieren, wenn sie diese Form ändern oder aufgeben. Dies gilt zum Beispiel für Toblerone mit dem Dreieckdesign oder für das Dreieck des Rupp Käses Enzian, Kinderüberraschung oder die »Nuckelflasche« von Dreh und Trink.

Eine einzigartige Form für ihre Packung zu entwickeln, ist also immer eine Option für Marken, die damit ihre Alleinstellung demonstrieren können.

Das Repertoire an Formen, aus denen man wählen kann, ist natürlich durch eine Reihe von Gegebenheiten eingeschränkt: durch die Verhältnisse am Regal, die keinen ausufernden Formenreichtum zulassen, sowie durch die Produktgattungscodes. Wir erwarten nicht Waschmittel in fantasiereichen Flaschen abgefüllt zu sehen oder pflegende Nachtcremes im Tetra Pak, denn genau dies wäre kontraproduktiv zu den Wertefeldern, die diese Produktgattungen verkaufen.

#### Harte und weiche Formen

Dennoch gibt es einige Bedeutungen von Formen, die im Rahmen dieser Möglichkeiten ausgenutzt werden können. Die wichtigste Achse dieses Bereiches ist der Unterschied zwischen harten, geraden Formen und weichen und rundlichen Formen. Er kommt fast immer zum Tragen, wenn der weibliche oder der männliche Code benutzt wird. Am besten wird dies durch das unten dargestellte Beispiel der Duschgels belegt (vgl. Abb. 18 und 20). Die für Frauen bestimmten Varianten befinden sich in weichen, runden Flaschen, die für Männer bestimmten in Flaschen, die gerade harte Konturen haben, umgekehrt wäre das schwer denkbar.

Generell gilt: Je kantiger, desto mehr werden Werte wie hart, sportlich, eher männlich vermittelt, je runder die Konturen desto mehr Werte wie sanft, weich, weiblich. Dies erklärt zum Beispiel die besondere Stellung von Ritter Schokolade, die als Form quadratische kleinere Tafeln wählte, die damit viel mehr Ecken zeigten als die Tafeln von Milka oder Lindt. Ritter wird ja als Schokolade gewählt, weil sie eher Biss verspricht als die cremig schmelzenden Schokoladen. Sie appelliert eher an die Beißer als an die Lutscher (vgl. dazu Karmasin 2001[45]).

Auch bei runden Formen gibt es Abstufungen. So zeigt NIVEA im Bereich der für Frauen bestimmten Duschprodukte in seinen Flaschen sehr runde, breite, in sich ruhende Formen, Dove auch runde, aber schlankere und sich nach oben dynamisch verjüngende. Die Kernwerte beider Marken werden dadurch sehr konsequent übersetzt.

Bei aufrecht stehenden Flaschen von Körperpflegeprodukten kommen auch oft Analogien zu menschlichen Körperkonzepten zum Tragen. So signalisieren die kantigen Formen der Männerprodukte eben das Konzept: »Der männliche Körper als Panzer.«

Die Dimension »formell, korrekt« wird eher durch gerade, harte und kantige Formen vermittelt, die Dimension »spielerisch, expressiv« durch rundlichere.

Eine andere Gruppe von Formen lebt davon, dass sie Gegenstände oder Formen anderer Bereiche imitieren: Dreh und Trink ist eine Nuckelflasche, Kinderüberraschung ein Ei, Toblerone eine Bergkette, Guerlain ein Salbtiegel, das Serum von Kosmetikmarken ein medizinisches Element, die Dosen für Whiskas Knuspertaschen sind wie ein Katzengesicht geformt mit zwei kleinen sichtbaren Ohren. Erfolgreich sind solche Konstruktionen dann, wenn sie durch die spezifische Formwahl wichtige Werte der Marke transportieren.

Dies gilt auch für Formen, die eine besondere Handhabung nahelegen. Die Sprühflaschen, die für Haushaltsprodukte wie Haushaltsreiniger oder Glasreiniger entwickelt wurden, sind gleichsam der Colt in der Hand der Hausfrau: Sie erlauben es, den Schmutz »abzuschießen«, indem man eine Art von Abzug betätigt, ohne dass man sich die Hände schmutzig macht. Vanish nannte eines seiner Produkte am Anfang folgerichtig Cillit Bang.

Auch eine weitere Dimension ist universal verbreitet: Je näher an der generischen Formgebung der Produktgattung, je näher an einfachen geometrischen Formen, desto mehr handelt es sich um ein Basisprodukt, je ausgefallener/kreativer in der Formgebung, desto mehr handelt es sich um spezielle Produkte. Säfte im Tetra Pak signalisieren Produkte für die normale Versorgung des Haushaltes, Säfte, die in einer Art von Karaffe abgefüllt sind, eine besondere Qualität.

45 KARMASIN, Helene: Die geheime Botschaft unserer Speisen. Bastei Lübbe. München: 2001.

Die Firma Rauch gliedert ihre Produktlinie inzwischen nicht nur durch eine unterschiedliche Gestaltung der Etiketten, sondern auch über Formen, die die jeweilige Semantik der Form auf das Produkt übertragen: Säfte für die tägliche Versorgung des Haushalts im quadratisch rechteckigen Tetra Pak (vgl. Abb. 14); hochwertige, frisch gepresste Säfte in Karaffen, Biosäfte in kleinen Glasflaschen (vgl. Abb. 15 und 16).

**Abb. 14:** Orangensaft der Marke Rauch

**Abb. 15:** Juice Bar der Marke Rauch

**Abb. 16:** Johannesbeersirup der Marke Rauch

Diesen individualistisch ausgeformten Designs stehen die zeitlosen Formen gegenüber, am deutlichsten in der Form des Kreises. Kreisrunde Dosen gibt es viele, aber nur wenige haben diese Form so zur Markenbildung eingesetzt wie NIVEA: Die kreisrunde NIVEA-Dose mit ihrer völligen Reduktion auf Text, Bild und Farbe akzentuiert das Zeitlose des Kreises in spezifischer Weise als die Kontinuität, Zeitlosigkeit und Sicherheit, die NIVEA bietet.

### 2.4.5 Haptik

Packungen werden naturgemäß nicht nur visuell wahrgenommen, sondern auch haptisch. Direkt am Regal erfolgt ein ganz kurzer haptischer Kontakt, außer man lenkt durch spezifische Elemente den Kunden darauf, die Packung gezielt zu berühren. Dies kann zum Beispiel ein samtiges Etikett sein, glitzernde Steine, eine Öffnung, durch die man das Produkt berühren kann usw.

Wirklich zum Tragen kommen haptische Effekte aber während des Gebrauchs. Hier fühlt man die Kühle von Glas, den metallisch leichten Eindruck von Aluminium, die Prägungen, warme oder kalte Oberflächen, weiche oder raue, den Widerstand, den manche Materialien entgegensetzen, ihre Leichte oder Schwere.

Die Leichtigkeit, mit der man eine Packung öffnet, ausgießt, wiederverschließt, die Frage, ob man sie mit einem Powergrip oder ganz sanft umfasst, ist primär eine Konsequenz des Materials und der technischen Konstruktion. Wir wollen diesen Aspekten hier aber nicht weiter nachgehen, da dazu ein ausgezeichnetes Buch erschienen ist, das alle diese Fragen detailliert behandelt.[46]

## 2.5 Die Funktion von sozialen Basiscodes

Jede Gesellschaft strukturiert die Welt, in der sie sich befindet auf die ihr gemäße Weise – sie schafft die Kategorien, die für sie eine sinnvolle Struktur ermöglichen, und sie bestimmt, wie diese Kategorien zu benennen und inhaltlich zu definieren sind. Dabei ergeben sich eine Vielzahl von Kategorien mit zum Teil höchst unterschiedlichen Definitionen.

So denken Stammgesellschaften oft in den Kategorien: Menschen/göttliche Wesen, jetzt Lebende/Ahnen, Angehörige des Clans väterlicherseits/Angehörige des Clans mütterlicherseits, Clans, die sich auf bestimmte Totemtiere beziehen/Clans, die sich auf andere Totemtiere beziehen, Initiierte/nicht Initiierte usw., wobei allen diesen Gruppen von Gesellschaft zu Gesellschaft unterschiedliche Merkmale zugeschrieben werden.

Andere Kategorien sind fast universal verbreitet: Definitionen von Raum und Zeit, soziale Gliederungen, Differenzierung zwischen Männern und Frauen, Differenzierung zwischen Altersklassen. Die genaue Festlegung der Grenzen zwischen den Kategorien und das Verständnis dessen, was zum Beispiel einen Mann und eine Frau, einen alten oder jungen Menschen ausmacht, ist jedoch je nach Gesellschaft sehr unterschiedlich.

Das ist bei uns nicht anders. Auch wir unterscheiden Alterskategorien, Geschlechtskategorien, soziale Kategorien, wir differenzieren nach Situationen und Anlässen, nach Raum und Zeit. Wir entwickeln dafür bestimmte Definitionen, was das Charakteristische an jeder Kategorie ist und dies können wir auch über verbale und visuelle Codes vermitteln.

Betrachten wir einige dieser Basiscodes.

46 HARTMANN, O./HAUPT, S.: Touch! a. a. O.

### 2.5.1 Männlich und weiblich

Wir leben in einer Zeit, die davon ausgeht, dass der Wert und die Stellung eines Individuums nicht von den Kategorien des Geschlechts, des Alters, der Herkunft usw. abhängig ist: Jeder ist gleich viel wert. Dies ist ein Gedanke, der anderen Gesellschaften und auch historischen Stadien unserer Gesellschaft ganz fremd war: In vielen Gesellschaften etwa war es ganz klar, dass Frauen »von Natur aus« nicht zu politischen oder technischen Leistungen imstande waren und dass sie daher auf den Bereich des Hauses beschränkt werden sollten.

In unserer Gesellschaft sind sie dagegen in jeder Beziehung Männern gleichberechtigt. Dies ist jedenfalls die offizielle Ideologie. Dass in der sozialen Praxis immer noch gravierende Unterschiede zwischen Männern und Frauen gemacht werden, zeigt allerdings der Blick auf die unterschiedliche Bezahlung gleicher Leistungen oder die Besetzung von Aufsichtsräten und Universitätsgremien.

Ganz deutlich ist diese unterschiedliche Besetzung der Kategorien jedoch im Bereich der Populär- und Alltagskultur, zu der auch die Produktkultur gehört. Hier zeigen sich Konzepte von Männlichkeit und Weiblichkeit, die sehr alte Wurzeln haben, im Wesentlichen gehen sie auf Vorstellungen des 18. und 19. Jahrhunderts zurück.

Diese Konzepte werden einmal deutlich in der weiblichen oder männlichen Akzentuierung von Produktfeldern und sie werden auch deutlich in der Realisierung einer spezifischen Ästhetik, die für das Weibliche oder Männliche steht.

Kosmetik, Haushalt, Ernährung sind immer noch weitgehend von Produkten bestimmt, die sich an Frauen richten und die von ihnen verwendet werden – sie weisen daher spezifische Merkmale, Argumentationstypen und ästhetische Codes auf. Ebenso sind technische Produkte, alles womit man bauen und arbeiten, also gestalten kann, auf jeder Ebene männlich akzentuiert.

In dieser Sicht sind Frauen diejenigen, die große Sorgfalt auf den Zustand ihrer Schönheit legen müssen und deren Aufgabe es ist, für den Erhalt eines perfekten Heimes und für die Gesundheit und das Wohlgefühl der ihnen Anvertrauten zu sorgen. Männer sind die, deren Domäne Rationalität und Technizität ist – Vorstellungen, die im Verlauf des 18. und 19. Jahrhunderts geformt wurden.

Auch die visuellen Arrangements, die den Kern des weiblichen und männlichen Codes bilden, lassen sich mit einem ästhetischen Konzept des 18. Jahrhunderts erklären. Der Philosoph Edmund Burke entwickelte eine Theorie der Schönheit, in der er davon ausging, dass es mindestens zwei Spielarten der Schönheit gäbe: Das Erhabene und das Liebliche.[47] Das eine beeindruckt uns durch Würde, Ernsthaftigkeit, Reduziertheit, das Liebliche hingegen erfreut und gefällt uns durch Farbigkeit, spielerische, weiche, gefällige Elemente. Das Erhabene ist dabei der Sphäre des Männlichen zugeordnet, das Liebliche der Sphäre des Weiblichen.

Dies hat seine Konsequenz bis heute in der Ausformung des Dresscodes und ebenso in der Gestaltung verschiedener Artefakte und Gegenstandsbereiche. Männern sind – in offiziellen Kontexten jedenfalls – nur bestimmte Farben erlaubt, reduzierte, seriöse und zurückhaltende Farben wie dunkelblau, grau, beige, schwarz, braun. Für Frauen sind dagegen anlockende, starke oder babyhafte Farben möglich, ähnlich bei Stoffen, Schnitten: gerade, steife, formgebende für Männer, zarte, fließende für Frauen.

Es ist offensichtlich, dass diese tradierte Vorstellung von Weiblichkeit und Männlichkeit derzeit unter starker Kritik steht, und auch, dass der Gedanke der Diversität deutlich relevanter wird – es gibt also zunehmend Personen, die sich weigern, sich strikt einem Geschlecht zuordnen zu lassen. Im Bereich der Auftritte von Marken muss diese Gegebenheit daher beachtet werden. Marken, die ihr Image als avantgardistische Marke akzentuieren wollen, können in ihren Personendarstellungen daher leicht auf dieses Motiv zurückgreifen und Personen und ihre Outfits so darstellen, dass sie nicht erkennbar weiblich oder männlich wirken. Dafür finden sich bei einigen Mode- oder Jeansmarken gute Beispiele.[48]

Im Bereich von Packungen wird dieses Thema jedoch derzeit selten realisiert, ein Gebiet, auf dem sich Ansätze finden, ist der Auftritt von Parfümmarken.

Im Allgemeinen aber macht die tradierte Basisunterscheidung noch immer den Kern des Geschlechtercodes bei Packungen aus. Wenn ein Produkt als ein für Männer geeignetes oder männlich anmutendes Produkt inszeniert werden soll, so wird stereotyp auf Elemente des männlichen Codes zurückgegriffen. Dies zeigt sich selbst bei Alltagsprodukten, bei denen man sich überdies fragt, ob und inwieweit hier eine männliche Variante überhaupt sinnvoll ist.

47 BURKE, Edmund: Vom Erhabenen und Schönen. Meiner. Hamburg: 1980.

48 Für nähere Ausführung: KARMASIN, Helene: Bildmagie Die Codes der visuellen Kommunikation: Bilderwelten und ihre Sprache entschlüsseln. Haufe-Lexware. 2022.

**Abb. 17:** Danone-Joghurt speziell für Männer

So brachte Danone einen Joghurt speziell für Männer auf den Markt. Er hieß Danone for Men, war von relativ fester Konsistenz und befand sich in einem rechteckigen schwarzen Becher.

Bei fast allen Produkten, die Kontakt mit dem Körper haben, lässt sich beobachten, dass der männliche und der weibliche Code strikt beachtet werden. Sehr deutlich ist das bei Duschgels: Ein für Männer bestimmtes Duschgel wäre nie in einem weiblichen Code denkbar, die Gruppe der Duschprodukte für Männer hebt sich im Sinne einer Opposition ganz deutlich von der für Frauen ab.

Duschgels für Frauen sind in weich anmutenden Formen verpackt, sie zeigen ein pastelliges Farbspektrum, ihre Bildprogramme konzentrieren sich auf Blüten, Früchte, kostbare Stoffe wie Cashmere und Seide, sie versprechen Pflege, weiche Haut, harmonische Erlebnisse: *Happy time* oder *Mystic Moments*, ihre Sorten heißen »sensitive«, »ultrapflegend« usw.

Ein Mann würde nie in seinem Sportclub mit so einem Duschprodukt in der Hand auftauchen. Männerprodukte besetzen das männliche Farbspektrum, das den Code der Dignität zitiert: metallisch grau, dunkelblau, schwarz, sie haben eckige Formen, versprechen Frische, Sportlichkeit und Effizienz.

Dahinter stehen die Vorstellungen von weiblichen und männlichen Körpern.

Abb. 18: Duschgel der Marke Old Spice

Weibliche Körper sind weich und sanft, lieblich, zart und kostbar, sie funktionieren jedoch nicht klaglos, sondern sie müssen immer besonders gepflegt werden. Der Körper des Mannes wird dagegen als Panzer gesehen: geschlossen, unempfindlich, immer funktionierend, effizienzorientiert. Männliche Duschvarianten, die über alle Marken diesen Code anwenden, folgen diesem Konzept. Wenn hier überhaupt eine Abweichung erfolgt, so wird der Mann als wilder Kerl zitiert. Duschgels der Marke Old Spice etwa nennen eine Sorte Wolfthorn und bilden Wölfe ab.

Abb. 19: Captain der Marke Old Spice

Eine anderes Produkt von Old Spice heißt Captain und wird mit folgendem Bild beworben:

Die Produktbezeichnungen bewegen sich in einer spezifischen Semantik, die Männlichkeit über das Konzept des »wilden Kerls« inszeniert: Wild, Only the brave, Night Panther, Captain, Ice Chill, Energy.

**Abb. 20:** Duschgel NIVEA MEN

Ein spezifisches Konzept von Männlichkeit wird auch in der NIVEA-Creme: NIVEA for men realisiert. Dies ist eine Allzweckcreme für Männer. Sie befindet sich in der bekannten runden NIVEA-Dose, deren sanfte weibliche Anmutung aber gezielt verändert wird. Denn die Dose legt es nahe, sie mit einem festen zupackenden Powergrip zu umschließen und zu öffnen: nur manuell arbeitende Männer sind zu solchen Kraftgriffen fähig. Diese arbeitenden Männer, die stark ihre Körperkraft einsetzen, wurden auch in der begleitenden Kampagne gezeigt. Dieses Konzept ist für Frauen nicht denkbar.

Im Bereich hochpreisiger Parfümmarken findet sich derzeit eines der wenigen Beispiele für eine andere Geschlechterkonzeption. Es handelt sich um die Marke Xerjoff, die eine Range von Parfüms anbietet, die sie als unisex bzw. »für den neuen Mann« vorstellt.

Klassische Männerparfüms riechen nach Holz, Leder, Sandelholz, würzig, rauchig. Diese neuen Parfüms jedoch haben fruchtige, frische, fast blumige Düfte und sie sind sehr spezifisch verpackt – in einer Packung, die eine Samtoberfläche zeigt und die von dem dunklen Farbcode der Dignität durch schöne helle Farben abweicht.

**Abb. 21:** Parfüm der Marke Xerjoff, Erba Pura – speziell bei jungen Männern beliebt

Die folgende Abbildung zeigt die Packung der Sorte »Erba Pura«, die derzeit speziell bei jungen Männern beliebt ist.

Ganz offensichtlich schleust sich hier der weibliche Code in den männlichen Code ein: Männer tragen also etwas, das leicht weiblich anmutet – ein Phänomen, das bisher nur in umgekehrter Reihenfolge zu beobachten war: Unisex-Varianten folgten eher dem männlichen als dem weiblichen Code.

Als Gestalter muss ich ein Produkt nicht sexualisieren, wenn ich das aber möchte, so muss ich mich bei Mainstreamprodukten an die Regeln des

Geschlechtercodes halten. Bei manchen Produkten ist diese Sexualisierung nicht zu umgehen und die richtige Handhabung der Codes ist daher unerlässlich. Dies ist bei den Verpackungen für Damenrasierer der Fall. Der Markt der Nassrasur für Frauen ist ein boomender Markt. Frauen rasieren immer häufiger Achseln, Beinhaare, Haare im Intimbereich. Dies steht in Zusammenhang mit der Bedeutung des perfekten Körpers, der von jeder Person in dieser Gesellschaft gefordert wird. Zu diesem Konzept gehört auch das Ideal des glatten und geschlossenen Körpers, der besonders für Frauen obligatorisch ist. Körperbehaarungen werden als Reste unserer animalischen Vergangenheit betrachtet und man bringt sie in Verbindung mit tierisch, unzivilisiert, archaisch, sexualisiert – sie gehören restlos entfernt. Frauen unterziehen sich daher dieser aufwendigen und manchmal schmerzhaften Prozedur, um diesen Körper herzustellen: glatt, rein, kindlich unschuldig, zivilisiert.

Nassrasur gilt als eine Methode, die ein gutes Ergebnis garantiert, man muss allerdings aufpassen, sich nicht zu verletzen, wenn man mit Klingen umgeht. Hier entsteht eine interessante Kombination eines weiblichen und männlichen Codes. Klingen sind eigentlich ein Element des Männlichen. Wilkinson nennt seine Rasierer zum Beispiel Wilkinson Sword und bildet Schwerter ab. Frauen handhaben hier also eine männliche Technik, fürchten aber gleichzeitig die Komponente des Verletzenden und sie nutzen diese Technik, um ihre eigene Weiblichkeit zu inszenieren.

Die Marke NIVEA plante im Jahre 2015 in diesen Markt einzutreten. Wir begleiteten die Entwicklung der neuen Rasurprodukte für Frauen von NIVEA, die Pflegerasur genannt wurden und die ein Rasiergerät und eine Linie pflegender Rasierprodukte enthielten, durch semiotische Untersuchungen, die von Anfang an auf diese Problematik hinwiesen.

Bevor NIVEA in den Markt eintrat, war das Feld von Marken wie Gillette und Wilkinson beherrscht, die durch ihre Produkte für die Männerrasur bekannt geworden waren. Für diese stellte sich das Problem, wie sie ihren im Kern männlichen Code mit einem weiblichen verbinden sollten.

**Abb. 22:** Damenrasierer der Marke Gillette »Venus«

Gillette gelang das über einen weiblich modischen Farbcode, über die Zurücknahme aller aggressiv technischen Elemente und eine gesteigerte Akzentuierung des Ergebnisaspektes Schönheit. Dies gelang vor allem durch den Namen Venus. Dieser führte die Reihe tierisch (Behaarung) zu menschlich (der zivilisierte Mensch ist nicht behaart) zu göttlich weiter.

**Abb. 23:** Damenrasierer der Marke NIVEA, »NIVEA Pflegerasur«

Wilkinson ging bei Weitem nicht so geschickt vor: Es zeigte auch auf der weiblichen Packung die Schwerter und brachte Weiblichkeitssignale nur über eine gezeichnete Silhouette ein, ließ aber jeden Hinweis auf ein schönes Ergebnis vermissen.

NIVEA stützte sich auf seinen Markencode, den Farbklang Blau/Weiß, der automatisch Pflege, Sanftheit abrief, der also versicherte, dass man hier sicher sein konnte, dass der Vorgang der Rasur sanft und sicher ablief. Gelöst werden musste aber das Problem, wie die Werte der Rasur: also das Herstellen eines schönen, weiblichen, erotisch verlockenden Körpers signalisiert werden sollte. Diese Zeichenwelt des erotisch Verlockenden gehört nicht zu den zentralen Bestandteilen des NIVEA-Markencodes – sie musste daher speziell vermittelt werden.

Als Zeichen wurden Beine gewählt und in einer Pose gezeigt, die ganz leicht pornografische Darstellungen anzitierte. Ein nicht ganz unproblematisches, jedoch sehr deutliches Arrangement zeigt die Darstellung auf dem Rasierer: Der Rasierer befindet sich genau an der Stelle, wo die Beine eines realen Körpers in den Intimbereich übergehen würden.

**Abb. 24:** Damenrasierer der Marke NIVEA

Dieses Zeichenfeld lag aber doch etwas weit von dem was man mit NIVEA verband. Die Packung wurde inzwischen deutlich entschärft.

Betrachten wir als zweites Beispiel Packungen für einen Männer- und einen Frauenduft.

**Abb. 25:** Das Parfüm Victoria's Secret

**Abb. 26:** Das Parfüm 007

007 zeigt den männlichen Farbcode: Schwarz, die geraden Formen, das rational funktionale Dekor, eine minimalistische Ästhetik, die Packung für den Frauenduft starke Farben, weiche Formen, spielerische Elemente.

Ein anderes Beispiel für einen männlichen Code stellt ein Geschenkset der Marke Kneipp dar.

**Abb. 27:** Geschenkset der Marke Kneipp

Um herauszufinden, ob es sich im Sinne der Semiotik wirklich um eine relevante Unterscheidung, eine Opposition handelt, empfiehlt sich eine Ersatzprobe: Könnte man die Bedeutungen beliebig dem einen oder anderen Objekt zuordnen, so handelt es sich um keinen relevanten Unterschied, ergibt sich jedoch eine jeweils andere Bedeutung, so handelt es sich um eine Opposition, also einen relevanten Unterschied (vgl. Kapitel 6.2).

Die Frage lässt sich hier leicht entscheiden: Ist ein weibliches Duschgel mit dem Bild eines Bären denkbar? Ist der Männerduft in der Packung für Victoria Secret denkbar? Wohl kaum.

**Abb. 28:** Eau de Toilette von Jil Sander

Die andere Option ist aber interessant: Ein Frauenduft wäre zwar nicht in dieser konkreten Packung denkbar, da sie durch den Namen als eindeutig männlich ausgewiesen wird, ebenso nicht mit dem spezifisch männlichen Zeichenfeld Raumfahrt, aber in der Optik und Ästhetik der männlichen Produkte sehr wohl.

In dieser Ästhetik kann sowohl ein männliches wie ein weibliches Produkt verkauft werden. Auch dies ist die Bestätigung einer sozialen Tatsache, die sich in vielen Feldern findet: Subdominante Gruppen übernehmen die Codes der dominanten Gruppen, dominante nie die der subdominanten Gruppen: Frauen tragen Hosen, Männer tragen keine Röcke. Diese Regel wird derzeit nur im Bereich von hochpreisigen und avantgardistisch auftretenden Produkten aufgehoben (vgl. Beispiel Xerjoff in Kapitel 2.4.1).

Wir finden also, dass der männliche Code insgesamt eher mit hochrangigen Feldern verbunden wird: Immer wenn es um die formelle Situation geht, um das Gewichtige, um den Code der Dignität, erfolgt eine Annäherung an den männlichen Code, wenn es kleiner, unbedeutender, informeller wird, wird der weibliche Code verwendet.

Bei der Unterscheidung männlich/weiblich handelt es sich tatsächlich um einen Basiscode, der schnell Konzeptionen des Männlichen und Weiblichen abruft, und zwar recht traditionelle Konzeptionen, und der auch verwendet wird, um Kompetenzen und spezifische Wertefelder auszudrücken. Dies geschieht, indem er mit bestimmten Gegenstandsbereichen und Wertigkeiten in Verbindung gebracht wird.

Aspekte des männlichen Codes finden sich in vielen Packungen technisch orientierter Produkte, in dem Bereich des medizinisch wissenschaftlichen Codes, in dem Code der Dignität. Der weibliche Code hat eine Verbindung zu dem kindlichen Code, zu dem Verwöhnenden und Verführerischen.

Biologische Unterschiede werden in kulturelle Versionen von superior und inferior transformiert und darin sind auch immer Machtrelationen enthalten.[49]

49 WILLIS, Paul. The Ethnographical Imagination. a. a. O.

## 2.5.2 Cool und cute

Eine spezifische Variante des weiblichen und männlichen Codes wird durch zwei Ästhetiken gebildet, die man durch die Ästhetik von »cute« und »cool« bezeichnen kann.[50]

Cute lässt sich am ehesten mit niedlich übersetzen. In diesem Code oder dieser Ästhetik dominieren pastellige Farben, runde Formen, Kindliches, Weiches, Sanftes – vermittelt wird der Eindruck des Kindlichen, Schützenswerten, Unschuldigen. Cute findet sich bei Kleidern, Wäsche, kleinen Alltagsgegenständen. Es gibt Marken, die völlig auf diesem Stil basieren, wie Hello Kitty, die sich nicht (nur) an Kinder, sondern auch an erwachsene Frauen richtet.

### Der Stil des Kawai in Japan

Die Wurzeln dieses Stils liegen in Asien, speziell Japan. Dort hat dieser Stil eine lange Tradition (er wird dort Kawai genannt). Diese Tradition umfasst kostbare kleine Gegenstände wie die Nebuke, Kleidungsstile für Frauen, auch die Vorliebe für die kleinen weiblichen Füße in China könnte in diese Tradition gehören. Der Stil des Kawai spielt in Japan noch heute eine große Rolle: In diesem Stil werden große Mengen von Alltagsgegenständen gestaltet, Mappen, Hüllen, Täschchen, die Frauen in ihrer Handtasche tragen, selbst Flugzeuge werden in dieser Art bemalt. Es scheint, dass Japaner, die als Erwachsene einem extremen Leistungsdruck ausgesetzt sind, sehnsuchtsvoll diesen Raum der Kindheit zitieren.

**Abb. 29:** Hello-Kitty-Sekt

In der westlichen Konsumkultur findet sich der Stil ausschließlich in Produkten, die sich an Frauen richten. Nur für diese ist der Stil des cute möglich.

Bei einem Kindergeburtstag wäre diese Packung (vgl. Abb. 29) schon für sechsjährige Jungen nicht denkbar. Dass dieser Code des süßen Kindlichen aber durchaus zu unseren Konzeptionen des Wünschenswerten zählt, belegt der Erfolg des Verlags Coppenrath, der Marken wie Hello Kitty oder Prinzessin Lillifee führt und immer wieder neue Linien anhand dieses Codes entwickelt:

50 GRANOT et al. Journal of Consumer Culture. Nr. 14/2014. S. 66.

babyhaft, weich, niedlich – eine Gegenwelt zu der Leistungswelt, die von Frauen verlangt, tough und erfolgreich zu sein. Auch andere Produktlinien des Verlags liefern solche Gegenwelten: vorindustrielle Welten, die Welt des Handgemachten: Stricken, Basteln, Kuchen backen, ländliche Muster, Blumen.

Einen Gegenstand zu besitzen, der cute ist, ermöglicht es Frauen, sich mädchenhaft, unschuldig jung, prinzessinnenhaft zu fühlen, der Welt des Erwachsenenseins zu entfliehen. Gleichzeitig übernehmen sie aber dadurch auch einen Aspekt der Machtlosigkeit, Verwundbarkeit, des Schutzbedürftigen, Passiven, Schwachen, Kindlichen. Diese Vorliebe von erwachsenen Frauen für Hello Kitty und ähnlichen Marken kann auch in Zusammenhang mit der Theorie des Komitees der Selbste gesehen werden, die Celia Lury entwickelt hat.[51]

Unterschiedliche Wertorientierungen finden sich nicht nur in spezifischen Gruppen einer Bevölkerung, sondern auch im Individuum selbst: In jedem von uns stecken mehrere Personen, die nach Inszenierung verlangen. Dieses Konzept, das meist als postmodernes Phänomen beschrieben wird, ist tatsächlich sehr alt und universal anzutreffen. Es findet sich in vielen Stammesgesellschaften, die davon ausgehen, dass sich in einer individuellen Person auch die Person eines Ahnen oder eines totemistischen Wesens befindet.

Hello-Kitty-Gegenstände erlauben es erwachsenen Frauen, verschiedene Personenbestandteile zu aktiveren, die sich eigentlich chronologisch in ihrem Leben folgen: Kind, junges Mädchen, dann junge Frau usw. Genau deshalb ist dieser Stil für männliche Produkte nicht möglich.

Für männliche Produkte existiert eine Variante, die man als aggressiv/cool charakterisieren könnte: hart, provokant, schwarz, mit Elementen, die aggressive Kontexte zitieren: Nägel, Spitzen, Dornen usw. Alle nur entfernt weiblich wirkenden Aspekte sind eliminiert. Dieser Stil stammt ursprünglich aus Subkulturen, die fast ausschließlich männlich dominiert sind. Breitere Bekanntheit erlangte dieser Stil als Punk.

Wie oben besprochen, können Frauen und ebenso hochrangige Modemarken sehr wohl diesen Stil übernehmen, Männer jedoch nicht das entsprechende weibliche Pendant.

In der sozialen Realität existieren inzwischen deutlich andere Konzeptionen der Geschlechterrollen, sowohl für Frauen wie für Männer. Männer erleben sich inzwischen in großer Anzahl weder als wilde Kerle noch als gefühllose Panzerschränke – dennoch

51 LURY Celia: Consumer Culture. a. a. O.

ist es erstaunlich, dass die Produktkultur diese neuen Konzepte selten für körperbezogene Produkte in entsprechende Codes übersetzt.

### 2.5.3 Kindlich, jung und alt

#### Die Stellung in der zeitlichen Abfolge des Lebens

Auch hier handelt es sich um eine Basisunterscheidung. Altersklassen spielen in allen Gesellschaften eine Rolle, sie sind jedoch sehr unterschiedlich ausgeformt: In ihrem Zugang zu sozialen Ressourcen, in dem Ansehen, das ihnen entgegengebracht wird, in den Aufgaben, mit denen sie betraut werden. Sie werden auch mit sehr verschiedenen Merkmalen verbunden, von denen man überzeugt ist, dass dies »von Natur aus« so sei.

Wie immer ist die Bandbreite dessen, was hier als Faktum der Natur präsentiert wird, erstaunlich hoch. Es gibt Gesellschaften, die dem Alter großen Respekt entgegenbringen, es mit Weisheit und überlegenem Urteilsvermögen verbinden, und es gibt genau das Gegenteil, so in unserer Gesellschaft, in der der Wert der Jugendlichkeit eine große Rolle spielt. Ebenso ist es mit dem Stellenwert von Kindern und den ihnen zugeschriebenen Merkmalen.

#### Das Kindliche

Das Konzept des Kindes ist immer mit der Rolle der Mutter, des Vaters, der Eltern und generell der Familienstruktur verbunden, die bestimmte Verhaltensweisen Kindern gegenüber festlegen. Auch in unserer Gesellschaft zeigt sich daher eine historische Entwicklung: Mittelalter und Barock betrachteten Kinder wesentlich verschieden von unserem heutigen Zugang. Philip Ariès hat diese Stadien detailliert dargelegt.[52]

Summarisch schwanken die Konzepte von Kindlichkeit zwischen den folgenden Dimensionen:

- Wird das Kind als ein kleiner Erwachsener betrachtet oder wird ihm ein eigener Status zugebilligt?
  In vielen Gesellschaften werden Kinder als kleine Erwachsene gesehen, die sehr früh in das Leben der Erwachsenen, auch durch Teilnahme an Arbeiten und erwachsenen Unternehmungen einbezogen werden. Dies war auch bei uns etwa bis zum 18. Jahrhundert üblich. Die Kleidung, die man für Kinder vorsah, war unter diesem Ansatz selten differenziert kindgerecht. Die Entdeckung der Kindheit beginnt in unserer Gesellschaft etwa im 18. Jahrhundert und sie steht in Verbindung mit einer Umdefinition der Wertewelt und der sozialen Struktur der Gesellschaft. Diesen Prozess hat Ariès geschildert.

---

52 ARIES, Philippe: Geschichte der Kindheit. Carl Hanser Verlag GmbH & Co. KG. München:. 1975[4].

Weitere Fragen, die unterschiedlich beantwortet werden, sind:

- Glaubt man, dass Kinder von Natur aus gut sind und man daher Sorge tragen muss, dass sie nicht, meist von der Gesellschaft oder heute vom Markt, verdorben werden? Oder hält man Kinder für böse und fehlerhaft, so dass sie zum Guten, auch durch radikale Maßnahmen, erzogen werden müssen?
- Müssen Erwachsene Kinder nahezu permanent anleiten, kontrollieren, manipulieren oder lässt man Kinder ihre eigenen Erfahrungen machen? Ob man an das Gute oder Böse in Kindern glaubt, hängt mit dem generellen Menschenbild einer Gesellschaft zusammen und dies wiederum steht in Verbindung mit dem Modell von Gesellschaft überhaupt. Gesellschaften, die in strikten hierarchischen Begriffen denken, neigen eher zu umfangreichen Erziehungsmaßnahmen, weil sie nicht an die positiven Anlagen von Kindern glauben.
- Auch die Rolle, die Eltern bzw. Erwachsene gegenüber Kindern zu spielen haben, variiert beträchtlich. So lassen einige Gesellschaften ihre Kinder mit scharfen Messern oder Feuer spielen, weil sie überzeugt sind, dass Lernen nicht anders als durch Selbsterfahrung möglich ist. Wir neigen dagegen zu vielen Arten und Graden von Kontrolle. In jeder Gesellschaft und zu jeder Zeit variiert naturgemäß die Behandlung von Kindern nach der sozialen Gruppe oder Klasse, zu der das Kind und seine Familie gehören.

### Das Kinderbild in unserer Gesellschaft

In unserer zeitgenössischen Gesellschaft findet sich summarisch ein Kinderbild, das von folgenden Annahmen geprägt wird:

- Kindheit ist ein insgesamt positiv besetzter Begriff. Kindheit wird assoziiert mit Unschuld, Reinheit, Frische, Vitalkraft, Entwicklungspotenzialen, Schönheit – die Semantik und Anmutung des Kindlichen lässt sich daher in vielen Kontexten als positives Zeichenfeld einsetzen.
- Die Kindheit wird als ein eigenständiger und wichtiger Abschnitt des Lebens betrachtet, der von großen Konsequenzen für das spätere Leben des Kindes ist, für seine physische und psychische Entwicklung und für seine sozialen Chancen.
- Kinder sind keine kleinen Erwachsenen, sondern eine eigene Klasse von Personen: Sie sind emotionaler, manipulierbarer, noch wenig zu rationaler Kontrolle fähig. Sie verlangen nach einer kindgerechten Behandlung.
- Kinder sind verletzlich und daher schützenswert, sie sind von der Fürsorge und dem Schutz ihrer Eltern und der ganzen Gesellschaft abhängig. Sie ertragen weit weniger als Erwachsene die Belastungen moderner Gesellschaften.
- Eine Investition zum Wohl der Kinder ist eine Investition in die Zukunft eines Landes.

Umstritten ist die Frage, wie weit Kinder durch Umwelt und Erziehung gebildet und gefördert werden können. Das Pendel schwingt hier immer wieder von dem Pol: weniger als man denkt, da viel durch die genetische Ausstattung bestimmt ist, zu dem Pol: sehr viel – die soziale Umwelt und Sozialisation bestimmen das Schicksal.

Auffallend ist, dass die einzelnen sozialen Gruppen und Klassen weiterhin über verschiedene Vorstellungen von einem idealen Kind und von dem angemessenen Verhalten gegenüber Kindern verfügen.

Für unseren Kontext, für Märkte und die Marktkommunikation, spielen vor allem die Vorstellungen von eher wohlhabenden Mittelklasseeltern eine Rolle, ebenso wie die ideologischen Annahmen des individualistischen und neoliberalen Gesellschaftsmodells.

Diese Gruppen, die im Übrigen immer weniger Kinder haben, messen dem einzelnen Kind eine erhöhte Bedeutung bei. Sie schätzen es in seiner Eigenheit, versuchen seinen Willen nicht mit Gewalt zu brechen und sie fühlen sich als Individuen in außerordentlichem Ausmaß für seine Entwicklung verantwortlich. Sie unternehmen alles, um das ideale Kind zu erzielen: durch Ernährung, Wohnumgebung, intellektuelle und soziale Förderung, Freizeitgestaltung, Schutz vor negativen Konsequenzen der Industrialisierung. Das Ergebnis ihrer Bemühungen ist es, ein Kind zu haben, das sich maximal wohlfühlt und das maximale Chancen in der Gesellschaft hat. Marktgesellschaften brauchen diese selbstverantwortlichen und leistungsbereiten Eltern und Kinder.

Eltern, die nicht diesen wohlhabenden, neoliberalen Gruppen angehören, praktizieren dagegen ansatzweise sehr oft andere Erziehungsstrategien. Sie haben teilweise nicht das Geld, um ihre Kinder besonders aufwendig zu fördern, aber sie wollen sich auch keine Konflikte einhandeln, indem sie das Kind zu Verhalten zwingen, das es von sich aus nicht will, das aber vernünftig wäre. Sie neigen dazu, das Kind gewähren zu lassen, und da sie ihm viele materielle Güter versagen müssen, machen sie ihm eine Freude, wenn dies ohne viel Aufwand geschehen kann. Hier setzt dann der Konsum von sehr viel zucker- und fetthaltigen Nahrungsmitteln ein. Aber auch die stets verantwortungsbewussten Eltern geben Kindern manchmal nach und setzen speziell Süßigkeiten zur Belohnung ein.

Erziehung stellt für sie ein schwieriges Projekt dar: Ein Kind kann ja nicht gezwungen und hart kontrolliert werden, sondern es muss so beeinflusst werden, dass es freiwillig den Erziehungszielen zustimmt. Im Grunde ist dies die Aufgabe, die sich im Bereich des Marktes auch für das Verhalten gegenüber Konsumenten stellt.

Konsum spielt in diesen Prozessen eine wichtige Rolle: Einmal, indem Konsum und Konsumgüter zur Verhaltensregulierung eingesetzt werden, zum anderen aber, weil sich in den Marken und Produkten die Wertewelten dieser Gruppen gespiegelt finden, wählen sie – wie alle sozialen Gruppen – nicht nur Güter und Dienstleistungen, sondern immer auch eine bestimmte Art zu leben.[53]

53 »Consumption becomes not simply a choice between goods and services, but a choice about a style of life«, Martens et al. 2004, S. 168, in: Martens, Scott S. and Southerstone, D.: Bringing children and parents into the sociology of consumption.

Wenn wir im Folgenden Packungen betrachten, so fällt auf, dass nur ein kleiner Teil der Packungen ein Wertefeld übersetzt, das für diese sozialen Gruppen sonst besonders wichtig ist: Es ist das Feld der Reinheit.

### Der Code des Kindlichen und der Wert der Reinheit

Reinheit ist in Bezug auf Kinder ein sehr relevanter Wert. Er spielt aber auch in verschiedenen inhaltlichen Bereichen eine Rolle, so besonders im Bereich der Ernährung. Sich so zu ernähren, dass man möglichst reine Nahrungsmittel zu sich nimmt, Nahrungsmittel, die unkontaminiert von industrieller Nahrungsmittelproduktion sind, ist für bestimmte Gruppen ein besonderer Anspruch. Dies fällt meist unter den Begriff Bio, bedeutet dann aber generell die Absenz von Konservierungsstoffen, chemischen Zusatzstoffen, auch von viel Fett und Zucker usw. Eltern, die das Ideal des reinen Kindes haben, müssten es also vor industriellen Aspekten schützen.

Man würde also erwarten, dass Packungen, die sich an die Eltern bzw. Mütter dieser Kinder richten, dieses Wertumfeld spiegeln: rein, unschuldig, Absenz von Zusatzstoffen, nicht industriell. Ein Blick in die Regale des Supermarktes für Kinderprodukte zeigt jedoch das Gegenteil. Der Code des Kindlichen führt ganz andere Werte vor: voll, laut, künstlich.

Betrachten wir diesen Code des Kindlichen näher: Es ist ein ausgeprägter und eigenständiger Code – in diesem Code könnten keine Produkte für Jugendliche oder alte Menschen gestaltet werden.

Im Gegensatz zu der im Bereich der Erziehung weit verbreiteten Annahme, dass Kinder leicht manipulierbar sind und auch manipuliert werden müssen, gehen Märkte von der Handlungsmächtigkeit von Kindern aus, sie betrachten sie als soziale Akteure, die ihre eigene Welt konstruieren. Diese Welt stimmt meist nicht mit der Welt ihrer verantwortungsbewussten Eltern überein und muss sich daher in striktem Gegensatz zu diesen Codes befinden.

### Strategien der Packungsgestaltung für Kinderprodukte

Wenn man vor der Aufgabe steht, Packungen für Kinderprodukte zu gestalten, sind daher drei Strategien denkbar:

- Man wendet sich direkt an das Kind, das dann von seiner Begleitperson, meist der Mutter verlangt, das Produkt zu kaufen, auch wenn diese mit Abscheu reagiert.
- Man wendet sich an Mutter und Kind zugleich: Das Kind will das Produkt und die Mutter stimmt dem zu.
- Man wendet sich an die Mutter, ohne auf die Welt des Kindes zu achten.

Zusätzlich muss entschieden werden, an welche Altersgruppe von Kindern man appellieren möchte. Die meisten verpackten Produkte des Supermarktes sprechen im Wesentlichen Kindergarten- und Grundschulkinder an.

Babynahrung benutzt ausschließlich mutterorientierte Codes, und sobald man ältere Kinder im Übergang zu der Pubertät erreichen möchte, empfiehlt es sich, den Code des Kindlichen aufzugeben, da das Problem dieser Altersgruppe darin besteht, sich entschieden gegen »Kinder« abzugrenzen.

Insgesamt zeigt sich, dass die Phase, in der sich Kinder als Kinder erleben, kontinuierlich schrumpft. Kinder werden immer früher zu Jugendlichen und versuchen, sich von dem Raum des Kindlichen abzugrenzen.

**Abb. 30:** Dreh und Trink – eine Art Nuckelflasche

Die Produktfelder, die die meisten Beispiele für den kindlichen Code enthalten, sind Süßigkeiten, Snacks, Cerealien, Getränke. Betrachten wir einige Beispiele genauer. Zunächst eine Ausprägung des kindlichen Codes, die sich primär an Kinder richtet.

Dreh und Trink ist seit 40 Jahren auf dem Markt und begeistert immer wieder eine neue Generation von Kindern. Schon Zweijährige sind von diesem Produkt fasziniert und die Begeisterung hält bis zum Alter von etwa zehn Jahren an, dann wird Dreh und Trink sporadisch als Reminiszenz an die »Kinderzeit« auch vom eigenen Taschengeld gekauft.

Der Erfolg von Dreh und Trink beruht auf mehreren Faktoren: Dreh und Trink hat die Form einer Art von Nuckelflasche: Das Kind kann es umgreifen, ansetzen und nuckelnd daraus trinken, ein lustvoller und tröstlicher Vorgang. (Erwachsene haben dagegen oft Schwierigkeiten, aus dieser Nuckelflasche zu trinken, sie beschütten sich.)

Schon kleine Kinder können die Flasche selbst öffnen – ein Erfolgserlebnis. Dreh und Trink bietet eine Produktlinie von grell farbigen Varianten, die Kinder faszinieren und die Erwachsene abstoßen: Obwohl jede Variante auf einer Fruchtsorte basiert und keine künstlichen Farbstoffe zugesetzt sind, können sich Mütter nicht von dem Eindruck lösen, dass hier ein grell gefärbtes industrielles Produkt vorliegt, das eine Mutter, die sonst auf naturtrübem Apfelsaft mit Leitungswasser besteht, ihrem Kind keinesfalls geben sollte.

Der Aufschrei der Mutter: »Wie kannst du etwas so Künstliches trinken? Das kann ich dir nicht erlauben!« gehört also essenziell zum Produkt hinzu. Es steht damit in Zusammenhang mit dem Prozess der Identitätsfindung. Es erlaubt dem Kind auszudrücken: Ich setze mich durch, ich tue etwas, das in meiner Welt richtig ist, gleich, was die Mutter davon hält.

Der Einführungsfilm für das Produkt signalisierte deutlich diesen Aspekt. Er zeigte drei kleine comichaft gezeichnete Entchen, die laut und misstönend kreischten: Dreh und Trink, ist das nicht ein tolles Ding! – Ein Film, den Kinder liebten und Mütter grässlich fanden.

Die Marke wählte also Elemente der kindlichen Welt: Nuckelflasche, aus der Flasche trinken, leicht zu öffnender Verschluss, grell bunte Farben, die auf den Widerstand der Mutter treffen, und stellte das Produkt damit in den Prozess der Selbstbehauptung von Kindern – das eigentlich Verbotene war damit ein wesentliches Element der Marke.

Mit der Zeit setzte aber ein anderer Prozess ein: Mehrere Generationen von Müttern hatten als Kinder Dreh und Trink getrunken und sie verbanden sehr lustvolle Erlebnisse damit – genau dies wollten sie an ihre Kinder weitergeben. Sie erlaubten also im Supermarkt ihren Kindern eher Dreh und Trink als andere Kindergetränke, die sich im Übrigen noch viel stärker auf einer Dimension des stark Künstlichen angesiedelt hatten. Dreh und Trink entwickelte sich so von einem Provokateur zu einer Marke, mit der man Liebe durch die Generationen weitergeben konnte. Dieser liebenswürdige Charakter der Marke wurde später auch durch die Entwicklung neuer Etiketten betont, die Mütter und Kinder gleichermaßen ansprachen.

**Abb. 31:** Dreh und Trink (neues Packungsdesign)

Ähnliches wiederholte sich dann bei Red Bull, das nicht zuletzt deshalb von Jugendlichen geliebt wurde, weil es eigentlich für sie verboten war – Erwachsene warnten immer wieder vor schlimmen gesundheitlichen Konsequenzen. Auffallend bei dem ausgeprägten kindlichen Code sind fast immer die Farben, die eine gewisse primitive Grellheit haben, und die anspruchslose Ästhetik. Dies sind auch die Hauptmerkmale der Cerealienpackungen, die zugleich ein weiteres Charakteristikum des kindlichen Codes beinhalten: die Darstellung von Fantasiefiguren, teils Elemente der Comicwelt, teils erfundene nichtmenschliche Figuren, Zwerge, Wichtel, vermenschlichte Tiere. Sowohl eine Jugendpackung wie eine Erwachsenenpackung sind in diesem Code nicht denkbar.

**Abb. 32:** Choco Flakes von Spar

**Abb. 33:** Der Joghurt »Monster Backe« von Ehrmann

Der kindliche Code lässt sich im Wesentlichen durch zwei Aspekte charakterisieren: Er verwendet eine sehr einfache Ästhetik, die jedem Stilwillen extrem entgegengesetzt ist und in keiner Weise die Absenz des Industriellen signalisiert. Die Dimension der Reinheit, des »Ohne«, wird, wenn überhaupt, nur verbal übersetzt. Der kindliche Code ist vor allem durch fünf Stilelemente gekennzeichnet:

- voll
- einfach gezeichnete Figuren
- grelle Anlockung
- greller Farbcode
- umfangreiche Abbildung von nichtmenschlichen Wesen, die medialen oder Fantasiewelten entstammen

Der soziale Akteur, der hier angesprochen wird, ist ganz eindeutig das Kind und diesem werden zwei Merkmale unterstellt:

- Die Neigung, auf grelle, einfache Farben und Reize zu reagieren, was tatsächlich kindlichen Wahrnehmungsmustern entspricht.
- Die Verbindung des Kindes zu einer Welt, die medial vermittelt oder die eine Fantasiewelt ist.

Erstaunlich ist jedoch, dass dies alles in einer ziemlich anspruchslosen Ästhetik dargeboten wird, die chaotisch und ungeformt ist und die man in dieser Form kaum für Erwachsenenprodukte einsetzen würde. Man könnte diskutieren, ob dies zwangsläufig so sein muss oder ob sich ästhetischere Ansätze denken ließen. Es gibt nämlich sehr ästhetische Umsetzungen des kindlichen Codes und zwar dann, wenn er für Erwachsenenprodukte eingesetzt wird. Dann wird das Wertefeld der Reduktion in ästhetisch interessante Lösungen übersetzt. Dies wird das Beispiel Innocent zeigen.

Voll ausgeprägt sind im Übrigen die Charakteristika des weiblichen und des männlichen Codes, wenn es um Spielsachen geht. Nicht nur die inhaltliche Besetzung, sondern auch die Packungen zeigen akzentuiert den weiblichen und männlichen Code. Vergleicht man Packungen von Lillifee und Modellschiffen, so springt der Unterschied ins Auge: Hier der süße babyhafte Farbcode, die weichen Formen, dort der seriöse Farbcode, der Code der Dignität, des Technischen und Rationalen. Kein Produkt für einen Jungen würde in diesem Farbcode der Mädchen verkäuflich sein, ein Produkt für Mädchen vielleicht in dem männlichen, aber auch dies eher selten.

Selbst bei Schnullern zeigen sich männliche und weibliche Rollenmuster: Sie machen schon durch ihren Namen unmissverständlich klar, welcher für weibliche und welcher für männliche Säuglinge bestimmt ist: Little Macho und Little Diva.

**Abb. 34:** Kneipp Naturkind

Man kann hier die Frage stellen, warum in einer Zeit, in der intensiv an der Gleichstellung der Geschlechter gearbeitet wird, noch eine solche massive Opposition, die ganz alte Geschlechterrollen propagiert, verkäuflich ist – müssten sich nicht wenigstens Mütter sträuben, solche Produkte in solcher Aufmachung und solchen Verpackungen für ihre Töchter zu kaufen? Es scheint jedoch, dass hier ein weiterer Beleg für die These vorliegt, dass attraktive Produkte vor allem die Sehnsüchte und Defizite einer Gesellschaft spiegeln. Könnte es nicht sein, dass sich Mütter insgeheim wünschen, zumindest manchmal ein süßes, folgsames, niedliches kleines Mädchen zu haben?

Was passiert, wenn eine eigentlich alte Marke, die sich an Erwachsene richtet, ein Kinderprodukt herausbringt, wollen wir anhand von einigen Beispielen erläutern.

### Vom Pfarrer zum Wunderkind

Der Packungscode stellt eine interessante Verbindung zwischen einem kindlichen Code und dem Herkunftscode der Stammmarke her, die hier aber nur verbal präsent ist.

Versucht man die Mutter anzusprechen und das Kind mitzunehmen, so werden fast immer Gesundheits- und Förderungsappelle eingesetzt, die schon auf der Packung sichtbar werden und den Einsatz des Produktes legitimieren. Im Wesentlichen sind dies die Versprechen von Vitaminen und das Element der Milch, das visuell und verbal eine große Rolle spielt. Nimm 2 erscheint geradezu als gesund und als perfekte Problemlösung, da es Naschen und Vitamine anbietet.

Alle Packungen der Marke Kinder zeigen einen Milchkrug, und die Milchschnitte trägt die Milch nicht nur im Namen, sondern es stellt auch über seine Optik und seine Konstruktion ein sehr gesundes Produkt vor: Es wirkt wie eine Lage Milch/Quark zwischen zwei Vollkornbrotschichten: Eigentlich ist es ein gesundes Vollkornbrot.

In der Werbung wird dieses Produkt im Übrigen in einer Interaktion zwischen Mutter und Kind gezeigt, die durch eine enge emotionale Nähe und Anteilnahme gekennzeichnet ist – eine der zentralen Konzeptionen des Wünschenswerten in dem Verhältnis Mutter und Kind.

**Abb. 35:** Kinderschokolade von Ferrero (altes Design)

**Abb. 36:** Himmeltau von Knorr

In diesen Angeboten wird meist auch ein bestimmtes Konzept von Kind entworfen, nämlich das brave, liebe Kind, von dem man sich sofort vorstellt, dass es in perfekter Harmonie mit seiner Mutter und seiner Familie lebt. Diese Darstellungen dominieren auch, wenn Kinder selbst auf der Packung abgebildet werden.

Große Beliebtheit besitzt das Bild des Jungen auf den Packungen der Marke *Kinder* von Ferrero.

Als dieses Bild vor einigen Jahren geringfügig geändert wurde, um es ein wenig zu modernisieren, erhob sich ein wütender Protest.

Aus einer anderen Zeit scheint der Junge der Grießpackung Himmeltau von Knorr zu stammen.

Himmeltau wird im Übrigen zu 40 % von Personen gekauft, die keineswegs kleine Kinder in ihrer Familie haben. Abgesehen von den Produktvorteilen von Grießbrei: Sie kaufen sich damit auch die Wertewelt der Kindheit: Eine vollkommen unschuldige, friedliche, brav angepasste Welt, die real kaum mehr existiert.

### Das Kinderüberraschungsei von Ferrero

Eine besondere Stellung in diesem Feld nimmt eine starke Marke des Konzerns Ferrero ein, Kinderüberraschung, das Überraschungsei. Dieses startete ursprünglich als kindliches Produkt und es ist auch heute noch bei Kindern hoch beliebt. Kinderüberraschung hat es aber zu einem wahren Kultprodukt geschafft, das auch zwischen Erwachsenen zirkuliert. Das Produkt vereint Elemente des kindlichen Codes mit dem eines geradezu mythischen Produktes. Es folgt über seine Form dem aus vielen Mythen bekannten Weltenei: das Ei, aus dem alles entsteht, da es in seinem Inneren eine komplette Welt enthält. Diese Welt zu entdecken und selbst zu erschaffen, da sich im Inneren oft Bastelmaterial befindet, stellt einen spezifischen Reiz von Kinderüberraschung dar. Die große Herausforderung für die Marke besteht naturgemäß darin, immer wieder neue Figuren und Überraschungen zu erfinden, die die Schatz- und

Weltensuche interessant machen und immer wieder die Neugierde stimulieren. Dazu gehört im Übrigen auch das Auspacken, das Sich-hindurch-Arbeiten durch mehrere Hüllen. Die Hülle des Eis besteht aus Schokolade und natürlich genießt man auch die Schokolade, aber völlig legitimiert durch das Basteln, Entdecken, Sammeln der Figuren. Die Eiform besitzt insgesamt eine hohe Attraktivität für Kinder, auch für ältere Kinder.

Dies zeigt auch der Erfolg des Löffeleis von Milka, das saisonal, immer rund um die Osterzeit angeboten wird. Sechs kleine Schokoladeneier befinden sich in einem echten Eierkarton, der in dem Farbton Milka-Lila eingefärbt ist. In dem Karton liegt ein kleiner Löffel, den man dazu benutzt, das Ei auszulöffeln, das mit einer süßen weißen Milchcreme gefüllt ist – ein sehr reizvoller Vorgang, da er »essen« imitiert, aber eigentlich ein lustvolles Schlecken ist.

Eine interessante Bedeutung ergibt sich, wenn der Code des Kindlichen oder jedenfalls Teile davon in einem Produkt verwendet werden, das sich nicht an Kinder richtet.

**Abb. 37:** Smoothies der Marke Innocent

Sowohl die Grafik, das reduzierte Layout wie der Name und die Farbwahl zitieren die wesentlichen Werte des idealen Kindes und seiner verantwortungsbewussten Mutter: unschuldig, rein, fröhlich, weit entfernt von industriellen Kontaminationen – die Unschuld, das Reine, das mit Kindern assoziiert wird, wird automatisch auf das Produkt übertragen. Dieses Produkt ist ein sogenanntes Smoothie und das Konzept dieses Produktes wird perfekt durch die Packung getragen. Sie stellt eine raffinierte Übersetzung des Wertefeldes dar, das dieser Produktgattung zugrunde liegt. Smoothies bieten Früchte an, die man aber nicht kaut, sondern trinkt. Sie stützen sich damit auf die Bedeutung der Nahrungsaufnahme.

Die Art, wie Nahrung aufgenommen wird, ist zu einem Paradigma geordnet und die einzelnen Positionen sind mit spezifischen Bedeutungen versehen.[54]

**Abb. 38:** Paradigma der Nahrungsaufnahme

Nahrungsaufnahme ist auf einer Achse angesiedelt, die an einem Ende die Positionen »Ohne Zahneinsatz aufnehmbar«, »Trinken« enthält und am anderen Ende die Funktion des aktiven Kauens und Beißens. Dazwischen befinden sich einsaugen, einschlabbern, lutschen, knuspern, einen kleinen Widerstand brechen. Die Position des Trinkens und Saugens ist korreliert mit kindlich, passiv, die des aktiven Zubeißens mit erwachsen, aktiv (oft auch normativ geboten und männlich).

Obst, zum Beispiel ein Apfel, wird im Allgemeinen gekaut, was aktiv und gesund bedeutet, und eben nicht regressiver Genuss (Karmasin 2001).[55] Smoothies verschieben die Aufnahme von Obst genau in diesen kindlich regressiven Bereich, was sich eben im Stil der Packungen spiegelt.

Der Code des Kindlichen findet derzeit eine weite Verbreitung bei Marken, die das Wertefeld des moralischen Konsums an sich zu binden versuchen. Sie verwenden kindliche Zeichnungen, kindliche Wortwahl, sie versuchen das kindlich Unschuldige, Naive, das dieser Code kommuniziert, auf ihre Marken und Produkte zu übertragen. Beispiele dafür finden Sie im Zusammenhang mit dem Code der Moral und Nachhaltigkeit in Kapitel 5.6.

54 Zur Bedeutung des Paradigmabegriffs siehe Kapitel 6.2.
55 KARMASIN, Helene. Die geheime Botschaft unserer Speisen. a. a. O.

### Der Code des Erwachsenen

Erwachsenencodes sind nicht identifizierbar, sie stellen gewissermaßen die Nullposition dar und müssen nicht spezifisch markiert werden, da dies der Regelfall ist. Auch Jugendcodes sind nur dann wirklich beobachtbar, wenn eine alte Marke verjüngt werden soll. Dies folgt den Auffassungen unserer Gesellschaft von den verschiedenen Altersstufen, jedenfalls denen der Populärkultur.

Wir alle wissen, dass es sich bei den westlichen Industrienationen um Gesellschaften handelt, die einen großen und wachsenden Anteil an alten Bevölkerungsgruppen aufweisen – dies korreliert aber keineswegs mit der Wertschätzung des Merkmal Alters.

### Der Code des Jugendlichen

Produkte, die spezifisch über ihre Packung signalisieren, dass sie für junge Leute bestimmt sind, erreichen dies einmal über eine strikte Abhebung von dem kindlichen Code: Figuren werden weggelassen, das ästhetische Niveau steigt, ebenso aber auch, indem eine Abgrenzung gegen den Code des Normalen und Erwachsenen erfolgt. Dies wird oft über einen spezifischen Farbcode erreicht, lebhafte, aber differenziert ausgestaltete Farben und eine zeichenhafte Inszenierung von spezifisch jugendlichen Werten: Mobilität, Individualität, To-go-Kultur, Fun. Dieser Code ist am deutlichsten zu beobachten, wenn alte Marken beschließen, eine Jugendlinie herauszubringen.

### Der Alterscode

Ebenso wie alte Gruppen in unserer Gesellschaft kaum plakativ visualisiert werden, gibt es auch keinen spezifischen Alterscode. Dies hängt auch damit zusammen, dass man sich davor hütet, ein Produkt signalisieren zu lassen, es sei für alte Leute bestimmt. Ein »Seniorenknabbermix« wäre praktisch unverkäuflich.

Ein großes Problem bildet hierbei die Kosmetik für Frauen. Viele Produkte versprechen, den Alterungsprozess aufzuhalten und gerade die Toplinien von Marken richten sich an ältere Käuferinnen. Packungen signalisieren dies aber in keiner Weise. Sie verschieben einen möglichen Alterscode vielmehr in einen des Kostbaren und Wertvollen, was sich in Bezeichnungen und vor allem im Farbcode bemerkbar macht: Dieser wird goldener, satter, reicher. Selbst NIVEA, das sonst strikt bei seinem weiß-blauen Farbcode bleibt, verwendet hier goldene Töne.

Produkte, die ganz offensichtlich von alten Menschen verwendet werden, wie Haftcremes für dritte Zähne oder Windeln, tun dies, indem sie abgeschwächte Versionen des medizinischen Codes benutzen. In diesem Code erfolgt dann keinerlei Differenzierung nach weiblichen und männlichen Codes – der Mensch verliert hier quasi seine geschlechtliche Charakteristik: Alte Menschen denken wir uns ja ohne Erotik.

### 2.5.4 Zeit und Raum

#### Die kulturelle Topografie

Zeit und Raum sind elementare Kategorien, in der Menschen die Welt wahrnehmen, die sie umgibt. Sie scheinen zunächst objektive naturwissenschaftlich beschreibbare Kategorien zu sein, tatsächlich aber sind sie auch kulturell und gesellschaftlich definiert.

Gesellschaften und historische Phasen zeigen sehr unterschiedliche Vorstellungen, wie sie sich Raum und Zeit vorstellen (als Zeitpfeil oder als zyklische Zeit), was sie als privilegierte Zustände definieren (die Nahwelt oder die Ferne, die Vergangenheit oder die Zukunft), mit welchen Werten sie die Gliederungen von Zeit und Raum verbinden. Wie bewertet eine Gesellschaft Vergangenheit und Zukunft, wie bewertet sie räumliche Nähe und Ferne?[56]

Von dem Soziologen Norbert Elias stammt die Aussage: Jede Gesellschaft ist dadurch definiert, wie sie »zeitet« – sie tut dies so, dass die Werte, die sie anstrebt, durch diese Zeitvorstellungen unterstützt werden. Zeit und Raumachsen können auch kombiniert werden, und die Stellung in einem Zeit-Raum-Kontinuum gehört zu den elementaren Klassifikationen aller Gesellschaften: Ein Individuum oder eine Gruppe kann hier sofort eingeordnet werden, wenn man weiß, wie »alt« es ist und »woher es kommt«. Mit diesen Einordnungen werden automatisch die Merkmale übernommen, die man mit den Achsenabschnitten verbindet.

Wie immer finden sich zwischen Gesellschaften und zwischen den historischen Abschnitten einer Gesellschaft große Unterschiede, die in Verbindung mit den Werten stehen, die eine Gesellschaft durchzusetzen trachtet. So hatte in unserer Gesellschaft etwa bis zum 17. Jahrhundert die Vergangenheit einen ungleich höheren Stellenwert als ab dem 17. Jahrhundert. Wertvoll war, was sich in der Vergangenheit bewährt hatte. Der Hinweis auf Tradition und ehrwürdiges Alter einer Institution, einer Regelung, eines Verhaltens oder Tatbestandes legitimierte ihn. Die Geschichte galt als Lehrmeisterin der Gegenwart.

Dies war eine wichtige Vorstellung für diese ständisch gegliederte Gesellschaft, in der jeder an seinem Platz zu bleiben hatte, in der der optimale Zustand darin gesehen wurde, dass sich nichts änderte. Achim Landwehr schildert den langen Prozess, der zu der Herausbildung eines Gegenwartbewusstseins führte. Erst seit dem 17. Jahrhundert etablierte sich die Vorstellung, dass sich zwischen die ehrwürdige Vergangenheit und die unausweichliche religiös vorbestimmte Zukunft eine Zeitzone schiebt, nämlich die Gegenwart, in der man planend in die Zukunft eingreifen konnte.[57]

---

56 ASSMANN, Aleida: Ist die Zeit aus den Fugen? Carl Hanser Verlag. München: 2013.

57 LANDWEHR, Achim: Geburt der Gegenwart. Eine Geschichte der Zeit im 17. Jahrhundert. Fischer Verlag. Frankfurt am Main: 2014.

Genau umgekehrt sind unsere Zeitvorstellungen: Uns gilt die Zukunft als der relevanteste Zeitabschnitt – alles hat sich im Hinblick auf eine Zukunft zu entwickeln, die immer ein kleines bisschen besser ist als die Gegenwart. Innovationen, Fortschritt sind seit dem Beginn der Industrialisierung wichtige Konzepte, der Hinweis, dass etwas gut sei, weil es alt ist, weil es immer so war, ist uns suspekt.

Für eine Gesellschaft wie die unsere, die auf der Durchsetzungskraft des Individuums basiert, in der sich jedermann weiterentwickeln kann und muss, die Wachstum braucht, ist dies naturgemäß die adäquate Zeitvorstellung. Parallel dazu werden auch die Räume, in denen wir uns bewegen, immer größer, und wir müssen und können sie im Sinne des Mobilitätsgebotes immer schneller durchschreiten. In diesem Zeit-Raum-Gefüge lassen sich auch Marken, Unternehmen, Produkte einordnen, allerdings in sehr differenzierter Weise.

Neben unseren offiziellen Vorstellungen existieren zahlreiche andere, ältere, gegensätzliche, anders akzentuierte, die von spezifischen Gruppen vertreten werden. Die Produktkultur ist in der Lage, auch die Vorstellungen und Konzepte zu kommunizieren, die unsere offizielle Ideologie nicht mehr vertritt, nach denen aber dennoch eine Sehnsucht besteht. Wir haben das an dem Beispiel der Geschlechterrollen geschildert.

Das folgende basale Modell enthält vier mögliche Ausprägungen dieses Zeit-Raum-Schemas und damit ergeben sich vier mögliche Codes für Marken und demnach auch für ihre Packungen. Betrachten wir das Schema:

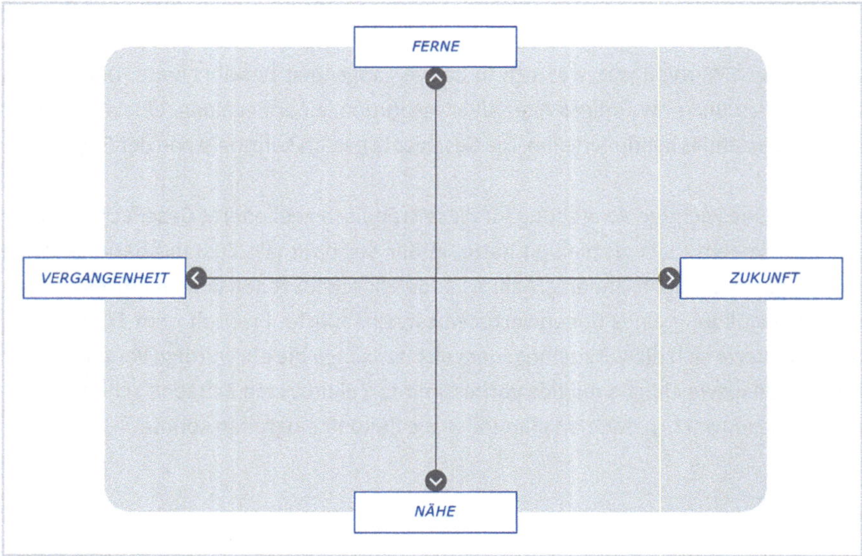


**Abb. 39:** Das Zeit-Raum-Schema

Jeder dieser vier Quadranten ist mit spezifischen Wertefeldern und Codes verbunden, die durch entsprechende Zeichenfelder und *cues* abgerufen werden können.

### Quadrant 1: Nähe und Vergangenheit

Im ersten Quadrant sind Wertefelder und Codes lokalisiert, die sich mit dem Satz »So wie es früher bei uns war« umschreiben lassen:

- Werte des Regionalen: authentisch, ehrlich, familiär, traditionell, persönlich
- vorindustrielle Zeichenfelder
- handwerkliche Anmutung
- einfach, nicht glamourös
- liebevoll, romantisch

Eine Variante dieser Position akzentuiert weniger den Bezug zu einer faktischen historischen Vergangenheit als vielmehr das nostalgisch Liebenswürdige, individuell Persönliche.

### Quadrant 2: Ferne und Vergangenheit

- große Traditionen, »glanzvolle Vergangenheit«
- adelige Welten
- Zeugnisse der Hochkultur
- Distanz im räumlichen, sozialen und persönlichen Sinn
- Glanz, Pracht, Prunk

### Quadrant 3: Ferne und Zukunft

- Werte des Modernen und Globalen
- Jugendkulturen
- Werte des Marktes
- Massenprodukte

### Quadrant 4: Nähe und Zukunft

Im vierten Quadrant verbinden sich Werte des Regionalen mit denen von technischen/globalen/kosmopolitischen Welten (»Laptop und Lederhose«).

Marken können sich schwerpunktmäßig in einem dieser vier Quadranten ansiedeln und durch ihre Codes diese Positionierung klar machen. Dabei gibt es natürlich auch Einschränkungen durch die Produktgattung. So schließt sich etwa für technische Produkte der Quadrant Nähe und Vergangenheit weitgehend aus. Die Botschaft einer

Packung für ein technisches Produkt, die signalisiert: Dies ist ein Produkt, das ein alter Handwerker ganz traditionell allein gefertigt hat, verletzt hier die Grundwerte der Gattung.

Nahrungsmittel können dagegen breit wählen, für sie ist die Positionierung Nähe und Vergangenheit sogar besonders attraktiv. Das ideale Nahrungsmittel scheint genau aus diesem Raum des Vorindustriellen zu kommen, es ist attraktiv, wenn es an einen persönlichen und räumlichen Ursprung der Nahwelt zurückgeführt werden kann. Der Code dieses Quadranten ist primär der der Authentizität: Dies hat ein kleiner Produzent mit Liebe und Sorgfalt hergestellt, ehrlich, persönlich engagiert. Verwendet werden Handschriften, reduzierte Farbcodes, nostalgische Abbildungen, alle Zeichen, die auf vorindustrielles Wirtschaften oder ländliche Herkunft verweisen. Der Code tendiert zum Liebenswürdigen, Stimmungsvollen, Romantischen, Nostalgischen, manchmal auch zum sehr Einfachen, bewusst nicht Glamourösen. Die meisten Manufakturmarken oder Heritagemarken verwenden diesen Code und er spielt auch bei der Inszenierung von Nachhaltigkeit eine große Rolle.

**Abb. 40:** Erdbeermarmelade von Darbo

Hier findet sich der größte Gegensatz zu der Idee des Massenproduktes. Daher werden auch immer wieder Strategien angewendet, um ein einzelnes Produkt als einmalig existierend auszuweisen. Dies geschieht zum Beispiel, indem auf der Packung eine Chargennummer angebracht wird, einen Hinweis, wann und wo es genau produziert wurde. Manche Produktgattungen verwenden ausschließlich diesen Code. So geben fast alle Whiskeymarken den Namen ihres Herstellers, Gründers an und wann und wo sie gebraut wurden.

Diese Packungen zeigen sowohl einen Bezug zu einer vorindustriellen Welt, jedoch nicht als Anknüpfung an einen konkreten historischen Ursprung, sondern als Akzentuierung des liebenswürdig Nostalgischen, das an eine Zeit denken lässt, in der Lebensmittel von erfahrenen Hausfrauen liebevoll und individuell zubereitet wurden. Speziell Darbo vermittelt dadurch seine spezifische Markenposition.

**Abb. 41:** Die Sektmarke Fürst von Metternich

Die folgenden Packungen zeigen dagegen den Code **Ferne und Vergangenheit**: adelige Elemente, Hochkulturzitate, Wappen, Gold, Imperiales, Schlösser, Verweis auf eine lange und glanzvolle Vergangenheit. Dies ist das Feld von Sekt, von Bonboniere, einzelnen Weinen, Bieren. So nennt sich eine Sektmarke Fürst von Metternich. Auf dem Etikett wird in einem Medaillon das Porträt des Fürsten gezeigt.

Eine Variante dieses Codes definiert Ferne als Exotik, als fremde Welt. Hier geht es darum, Zeichen zu finden, die diese Welten signalisieren. Entfernte Welten können wir uns ja erst dann aneignen, wenn sie in Zeichen übersetzt werden. Dabei tritt die Schwierigkeit auf, dass es nur wenige bekannte Zeichen gibt, die sicher eine exotische Welt abrufen. In letzter Zeit gehört dazu der Zeichenvorrat der indischen Kultur: Allbekannt ist die Lotusblume, der Buddha, die Meditationshaltung, auch bestimmte Farbwelten. Palmolive nimmt die Formensprache in einem Duschgel, Ayurtel, auf. Migros ging so weit, den Elefantengott Ganesha auf einer seiner Teepackungen abzubilden.

### Der Code der Ferne und Zukunft

Den Code der Ferne und Zukunft verwenden viele globale Marken: Eines der Hauptelemente dieses Codes ist die große Dominanz des Markennamens. Er hebt sich als die prägnante und beherrschende Figur gegen einen zurückhaltenden Grund ab. Dies lässt sich als die zentrale Denkfigur des Marktes, der auf der Kultur des Individualismus beruht, interpretieren: das starke, keinem Kontext verpflichtete Individuum, das sich gegen jeden Hintergrund durchsetzt. Die Ästhetik dieser Packungen ist oft extrem reduziert, auf das Notwendige beschränkt. Wenn Produkte abgebildet werden, so in extremer Nahsicht, stimulierend, verlockend.

Marke und Produkte sind die Träger dieser Marktideologie, man verlässt sich allein auf ihre persuasive Wirkung. Dies markiert auch den Beginn der modernen Produktkultur, als man daran ging, das Einzelstück zu eliminieren (das heute eben durch den Code der Nähe und Vergangenheit wiederbelebt wird) und durch Serien zu ersetzen. Dabei ging es um Effizienz, Fortschritt, Anonymität, rationale Zweckmäßigkeit – Werte, die dieser Code widerspiegelt.

**Abb. 42:** Tee der Marke Sonnentor

### Der Code der Nähe und Zukunft

Der Code der Nähe und Zukunft signalisiert, dass etwas aus einer Nahwelt kommt, die aber sehr modern und zukunftsorientiert ist. Obwohl dies faktisch auf eine ganze Reihe von Marken zutrifft, existiert doch kein Code, der, wie bei den anderen Positionen, schnell dieses Feld abruft.

Die Marke Sonnentor, eine österreichische Marke, die eine lokale Herkunft (aus dem Waldviertel) betont und die biologische Tees und Gewürze anbietet, also etwas sehr Zeitgemäßes, kommt am ehesten in die Nähe einer solchen Signalwirkung, indem sie einen liebenswürdigen, zarten, nicht wirklich manufakturhaft ausgeformten aber auch nicht regional verorteten Code benutzt.

### Code der Klassik

Neben diesen vier Basiscodes gibt es noch einen fünften Code, der davon lebt, dass er Souveränität gegenüber jedem Zeit- und Raumbezug signalisiert: es ist der Code der Klassik. Klassisch ist gewissermaßen zeitlos, etwas, das dem Verfall entzogen ist, das so immer und an jedem Ort existieren könnte. Aleida Assmann definiert Klassik als fortdauernde Gegenwartsfähigkeit.

Dies ist ein sehr anspruchsvoller Stil, da er fast immer eine Reduktion und einen Minimalismus bedeutet, was jedoch leicht anspruchslos, einfach, langweilig wirken kann. Dies muss durch die besonders elitäre Qualität aller Einzelelemente und ein hochästhetisches Design kompensiert werden. Die besten Beispiele finden sich daher im Bereich des **elitären Stils**, den wir in Kapitel 5.1 besprechen.

# 3 Konzeptionen des Wünschenswerten und Verpackungsgestaltung

*»Culture is licked into shape.«*[58]
Mary Douglas

Wir haben bisher die kulturellen Rahmungen von Farben, Größen, Formen, Materialien besprochen sowie soziale Basiscodes. In diesem Kapitel soll es um den Einsatz dieser Codes in verschiedenen Produktfeldern gehen: Haushaltsprodukte, Kosmetik, Körperpflege, Gesundheit, Süßigkeiten. Wir wollen zeigen, dass sich die Packungen dieser Bereiche deutlich voneinander unterscheiden, sie sprechen eine je eigene Sprache und diese Sprache ist nicht zufällig so ausgeformt, sie folgt vielmehr der Bedeutung, die die Produktfelder für uns haben. Sie inszeniert das, was diese Produktfelder eigentlich verkaufen: die Idee eines Haushalts, den perfekten Körper usw. Sie sind also durch unsere **Vorstellungen von etwas sehr Wünschenswertem** bestimmt, formen aber diese Vorstellungen auch laufend, sie übersetzen sie in materielle Artefakte, Produkte, Marken – auch über ihre Packungen.

Jede Kultur hat diese Aufgabe zu leisten: Sie muss ihren Angehörigen immer wieder vor Augen führen, welche Denkkategorien sie besitzt, was sie für wünschenswert und für abscheulich hält. Dies eben meint die Aussage von Mary Douglas: *culture is licked into shape.*

## 3.1 The idea of a home – Haushaltsprodukte

Wenn wir von den Produkten absehen, die explizit für die Funktion *to go* bzw. *on the move* bestimmt sind, so wird die Mehrheit der Produkte eingekauft, um sie zu Hause zu verwenden: Man braucht sie, um sich selbst oder die Familie zu verpflegen, um Körperpflege zu betreiben, um die Wohnung zu reinigen und in Schuss zu halten – kurz, man braucht sie, um einen Haushalt aufrechtzuerhalten. Damit ist ein bemerkenswertes soziales und kulturelles Konzept angesprochen: der Haushalt.

### Was ist ein Haushalt?

Ich beziehe mich im Folgenden auf die Ausführungen von Mary Douglas und auf das entsprechende Kapitel in meinem Buch »Cultural Theory«.[59]

---

58 DOUGLAS, M./ISHERWOOD, B.: The World of Goods. Basic Books. New York: 1979.

59 DOUGLAS, Mary: The idea of a home. A kind of space. Social Research. Vol. 58. März 1991. KARMASIN, Helene/KARMASIN Matthias: Cultural Theory. Anwendungsfelder in Kommunikation, Marketing und Management. Facultas. Wien: 2011².

Haushalte gibt es in der ganzen Welt und zu jeder Zeit. Sie weisen sehr unterschiedliche räumliche Strukturen auf: Das Iglu der Inuit, die Lehmhütten Afrikas, unsere Reihenhäuser, Gemeindewohnungen, Villen, die Gutshöfe der Vergangenheit usw.

Auch die »Familie«, die in ihnen lebt, ist sehr unterschiedlich besetzt: Es kann eine Mutter mit ihren Kindern sein, eine Familie, die mehrere Generationen umfasst, unsere Kleinfamilie, eine Patchworkfamilie, ein gleichgeschlechtliches Paar usw. Gemeinsam ist allen diesen Typen, dass sie sich in festen räumlichen Grenzen befinden, dass sie im Allgemeinen mehrere Personen umfassen und dass sie auf eine gewisse Dauer angelegt sind. Die Personen, die den Haushalt bilden, sind meist, aber nicht immer von unterschiedlichem Alter und/oder Geschlecht.

### Was hält diese universal anzutreffende Organisationsform am Laufen?

Ihre Sanktionsmöglichkeiten sind begrenzt: Sie kann nicht monetär entlohnen und sie kann auch nicht wie Unternehmen Mitglieder einfach ausstoßen, sie muss vielmehr jedem ihre Dienstleistungen unentgeltlich zur Verfügung stellen: Nahrung, Sauberkeit, Wärme, Pflege usw. Sie besitzt also Gemeingüter, die sie aufrechterhält und verteidigt. Ein Hotel bietet im Kern dieselben Dienste, nur bezahlt man dafür.

Wenn wir nicht davon ausgehen, dass es ein angeborenes Motiv gibt, das Menschen dazu bringt, solidarisch in Haushalten zusammenzuleben, so ist zu fragen, welche Mechanismen am Werk sind, um eine solche Solidargemeinschaft zu ermöglichen. Offenbar sind dies kulturelle Spielregeln.

### Kulturelle Spielregeln

Die Prinzipien, die der Haushalt anwendet, um das Maß an Solidarität sicherzustellen, das für das Herstellen seiner kollektiven Güter notwendig ist, sind im Wesentlichen:

- Jeder fungiert als Wächter des öffentlichen Gutes. (Warum wurde das Licht nicht ausgelöscht? Sollen wir eine noch höhere Stromrechnung bezahlen?)
- Es gibt ein großes Ausmaß an Öffentlichkeit bzw. Sichtbarkeit.
- Es gibt ein konstantes moralisches Monitoring. (Wenn der eine das bekommt, warum soll es dann nicht der andere auch bekommen?)
- Es gibt eine offene und kontinuierliche Kommunikation zwischen den Mitgliedern, es gibt ein Plenum (früher sehr oft die gemeinsamen Mahlzeiten).
- Jeder ist an der Führung in gewissem Ausmaß beteiligt.
- Rotation, Koordination, Synchronisation spielen eine große Rolle. (Das Bad muss von allen nacheinander benutzt werden können).
- Ein Haushalt ist eine Gabengemeinschaft, er funktioniert nicht nach monetärer Entlohnung oder Zwang/Befehl, sondern nach dem Prinzip von Gabe und Gegengabe, was Verpflichtungen und Beziehungen zwischen den Mitgliedern schafft.[60]

60 MAUSS, Marcel. Die Gabe. a. a. O.

Nach einer Definition von Mary Douglas ist der Haushalt eine sehr spezielle Organisationsform: eine Art von Pseudohierarchie.

> »It is not authoritarian but it has authority. It is hierarchical, but it is not centralized. The best name for this type of organization is a protohierarchy. It is a multi-peak traditionally integrated system which we find in villages, districts, kingdoms and empires. Highly efficient for maintaining itself in being, it is easily subverted and survives only so long as it attends to the needs of its members.«[61]
>
> Mary Douglas

Das, was einen Haushalt zu einem interessanten Phänomen, auch im Sinne unserer Fragestellung macht, ist die Tatsache, dass er in gewisser Weise ein Abbild der Gesellschaft ist, in der er angesiedelt ist: Es ist ein strukturierter und kontrollierter Raum, der zeichenhaft moralische, soziale und ästhetische Werte zum Ausdruck bringt sowie die wesentlichen Ideen darüber, wie Menschen zusammenleben sollen. Daher gibt es auch so verschiedene Varianten dieser Organisationsform.

### Varianten der Haushaltsorganisation

Haushalte unterscheiden sich beträchtlich zum Beispiel darin, welche Räume sie für welche Funktionen oder für die einzelnen Mitglieder vorsehen, wer welche Räume kontrolliert, was der zentrale Raum des Haushaltes ist, welche Räume strikt privat und intim und welche gemeinsam benutzt werden, wie das Verhältnis von Öffentlichkeit und Privatheit ist, wie die einzelnen Räume ausgestattet und eingerichtet sind und welche Werte dadurch jeweils zum Ausdruck gebracht werden.

Haushalte tendieren auch fast immer zu einer einfachen Art der Arbeitsteilung, die nach Alter und Geschlecht organisiert ist.

Die Produkte, die in unserer Gesellschaft eingekauft werden, um das Funktionieren dieser Organisationsform zu ermöglichen, sind in diesen Vorstellungsumkreis einbezogen: Sie bieten genau die funktionalen und die emotionalen Nutzen an, die in diesem Umkreis wichtig sind und sie übersetzen sie in Zeichenfelder, die die Werte dieses Bereiches kommunizieren. Dies muss sich also auch an Packungen ablesen lassen.

### Funktionen des Haushalts

Ein Haushalt hat viele Funktionen zu erbringen: Verpflegung, Erholung, Sauberkeit, Herstellen eines ästhetischen Feldes, in dem sich alle wohlfühlen, Unterhaltung, Gesundheitspflege usw. Wir wollen aus diesen Funktionen nur eine herausgreifen, nämlich die der Sauberkeit.

---

61 DOUGLAS, Mary: Objects and objections. Toronto Semiotic Circle. Toronto: 1992.

Dies ist eine sehr differenzierte Kategorie und wie immer eine historisch und kulturell sehr unterschiedlich definierte. Diese unterschiedlichen Definitionen werden im Übrigen auch oft benutzt, um andere Gruppen und Zeiten abzuwerten: Wir sprechen vom finsteren, schmutzigen Mittelalter und wir schreiben vielen fremden Gruppen abscheuliche Sauberkeitsstandards zu, die weit unter unseren liegen. Diese interpretieren wir als Zeichen ihrer auch sonst »schmutzigen« Gesinnung. Diese weit verbreitete Korrelation von Sauberkeit mit moralischer Perfektion ist eine der Denkfiguren dieses Gebietes, die wir noch kennen lernen werden.

Sauberkeit gilt in unserer Gesellschaft als Forderung für einen zivilisierten Menschen, der sich sauber und geruchsfrei der Öffentlichkeit zu präsentieren hat und auch als Forderung an den Haushalt: Es muss dafür gesorgt werden, dass Wäsche, Geschirr, Möbel und Oberflächen der Wohnung in einem optimalen Zustand gehalten werden, dass sie sauber und »gepflegt« sind.

### Objektbezogene Sauberkeit

Lassen wir zunächst die persönliche Sauberkeit außer Betracht und konzentrieren wir uns auf die objektbezogene. Die Produktgattungen, die uns helfen, diese Funktionen zu erfüllen, sind im Wesentlichen Wasch- und Reinigungsmittel. Räume, in denen diese eingesetzt und auch oft aufbewahrt werden, sind eher Nebenräume: Bad, Küche, Waschküche.

Von der Arbeitsteilung im Haushalt sind es Produktgattungen, die mehrheitlich von Frauen eingekauft und verwendet werden. Männer beginnen sich allmählich in die Verpflegung der Familie einzuschalten, aber sie sind immer noch in ganz geringem Ausmaß an Reinigungsarbeiten beteiligt.

Behandeln wir zunächst die Frage, die wir immer am Beginn unserer Analysen stellen: *What business are you in?* Worum geht es bei dieser Produktgattung?

Im Wesentlichen haben wir es mit einer problemlösenden Kategorie zu tun. Diese Produkte werden nicht eingesetzt, weil man sich dadurch Wohlgefühl, Lust oder Genuss verschaffen möchte, sondern weil ein Problem besteht: Es tritt Schmutz auf und dieser muss beseitigt werden. Was als Schmutz angesehen wird, bis zu welchem Grad er beseitigt werden muss, was als perfektes Ergebnis zu betrachten ist, unterliegt wieder sehr unterschiedlichen Definitionen, die zentrale Argumentationsfigur ist jedoch gleich: Es besteht etwas Störendes/Fremdes, etwas, das nicht an diesen Platz gehört – man muss es beseitigen, dann tritt ein optimaler Zustand ein. Von der Argumentation her ist dies eine klassische erzählerische, narrative Struktur, die in den begleitenden Werbungen und Kommunikationen auch oft verwendet wird.[62]

62 TITZMANN, M./KRAH, H.: Medien und Kommunikation. a. a. O.

Die zentrale Argumentation dieser Produktgattung basiert auf einer weit verbreiteten Denkfigur, die die Anthropologie herausgearbeitet hat. Wenn wir Mary Douglas folgen, so gibt es eine universale Tendenz zur Abgrenzung: Hier ist der Raum des Lebens, der Ordnung, der Harmonie und »da draußen« ist der Raum des Chaos', der Unordnung, des Gefährlichen, das immer die Ordnung bedroht und das man daher abwehren muss.

Ob dies in Form der Opposition Kultur/Natur oder Zivilisation/Barbarei oder moralisch erhaben/moralisch minderwertig oder wir/die Fremden oder die sozial oberen/die unteren Massen vorgetragen wird, ob als Bakterienfurcht oder Fremdenhass, es handelt sich immer um Grenzziehung/Abwehr, Bewahren eines positiven Zustandes, der von außen angegriffen wird.

Reinigungsvorgänge leben von dieser Denkfigur: »Schmutz ist Materie an der falschen Stelle«, sagt Mary Douglas. Jeder Reinigungsvorgang stellt die bedrohte Harmonie der Welt wieder her. Diese Opposition ist auch oft eine manichäisch ausgeformte: Der Kampf des Guten gegen das Böse. Hergestellt wird daher nicht nur Ordnung und Harmonie, sondern auch moralische Überlegenheit, nicht nur Sauberkeit, sondern auch Reinheit. Die Waschmittelmarke Ariel stützt sich in ihrem Slogan auf diesen Wertumkreis: Ariel wäscht »nicht nur sauber, sondern rein«.

Wasch- und Reinigungsmittel sind also auch Waffen in der Hand der Frau, die den Haushalt vor dem Eindringen des Fremden und Gefährlichen zu bewahren und die seine moralische Überlegenheit sicherzustellen haben. Die Ästhetik der Packungen basiert daher auf der Vorstellung und zeichenhaften Übersetzung von Kraft, einer Kraft, die hoch wirksam, bis zum Aggressiven ist. Vom Stil her geht es nicht um Raffinesse, Schönheit, Glanz, puristische Zurückhaltung, sondern um das **unmittelbare Erleben eines Wirkvorganges**. Im Ensemble des Supermarktes finden sich hier die »lautesten« Packungen.

Der **Farbcode** konzentriert sich im Allgemeinen nicht auf Misch-, sondern auf Grundfarben: rot, weiß, grün, blau, fast immer in Verbindung mit weiß. Erzeugt werden hoch intensive Farbwirkungen, hohe Kontraste, leuchtende und groß angelegte Farbflächen.

Die **Bildprogramme** versuchen die Wirkvorgänge zu verdeutlichen. Die »Seele« dieser Produkte ist ihre Wirkung, durch die Zeichenausstattung der Packung erlebt man das wirkende Produkt.

Benutzt werden weitgehend abstrakte Formen, Wirkdiagramme, die dann verbal beschriftet und erläutert werden. Eine Ausnahme davon bilden die Marken, die nicht reale, sondern magische Figuren einführen: Der Weiße Riese oder Meister Proper, die jahrzehntelang ihre Anziehungskraft bewahren.

Diese sind als männliche Helferfiguren konzipiert, die der Hausfrau in ihrem Kampf gegen das Böse beistehen und auch Aspekte einer männlich wirksamen Kraft repräsentieren, der Weiße Riese durch seine Größe, Meister Proper durch seine Muskelkraft. Wenn Kraft spezifisch dargestellt wird, wird im Übrigen fast immer ein männlich konnotiertes Zeichen gewählt.

Je nach Konsistenz des Waschmittels werden Kartonschachteln oder Kunststoffflaschen verwendet. Die Formen sind zweckmäßig, es gibt kaum kreative Neugestaltungen oder ein ungewöhnliches Material. Die meisten Packungen räumen dem Markennamen eine zentrale Stellung ein, zentrieren die Packung dadurch.

Insgesamt wird hier das Feld des Praktischen, Zweckmäßigen, Notwendigen signalisiert, nicht das des Angenehmen oder Spielerischen – dies ist eine ernsthafte Angelegenheit und auch eine, in der ökonomische Vernunft waltet. Sobald von diesem Feld des einfach Zweckmäßigen abgewichen wird, wird sofort der Eindruck des luxuriös Überflüssigen erzeugt, der bei dieser Produktgattung nicht erwünscht ist – wie die unten stehenden Beispiele klar machen.

Die *cues* (Signale) dieses Gebietes, die sagen, dass hier ein »richtiges« Reinigungsprodukt vorliegt, sind begrenzt. Es ist daher schwer, abzuweichen, Individualität zu gewinnen, selbst Innovationen anzuzeigen. Wiedererkennbarkeit wird im Allgemeinen durch einen spezifischen Farbcode erreicht: Somat ist leuchtend rot, Calgon blau, Persil verwendet oft eine auffällige rote Schleife, Vanish ist grell pink. Neues wird im Allgemeinen nur durch verbale Aufschriften mitgeteilt und nicht weiter zeichenhaft unterstützt.

Vergleichen wir vor diesem Hintergrund eine alte Persilkampagne von 2005 aus Großbritannien: *dirt is good.*[63] Der mehrheitlich verwendete Code dieses Gebietes besagt, dass Schmutz aus der Natur kommt und dass er durch weise männliche Wissenschaftler, also durch Wissenschaft besiegt wird. Diese Kampagne kehrt das um. Sie sagt *dirt is good* und zeigt Menschen, die sich lustvoll bekleckern. Dies ist eine Strategie, die Konsumenten intuitiv kaum nachvollziehen können.

Eine sehr gute Ausnutzung dieses engen Argumentationsrahmens stellt ein Produkt von Persil dar: Persil Duo-Caps.

63 www.youtube.com/watch?v=6LwjAeeVOHk

**Abb. 1:** Duo-Caps von Persil

**Abb. 2:** Persil in der 4-in-1-Ausführung

Diese Reinigungstabletten bestehen aus einer sich selbst auflösenden Gelhülle mit zwei Kammern, wovon die eine Reinheit und die andere Pflege enthält. Diese beiden Kammern übersetzen sehr gut die zwei Komponenten der Wirksamkeit, und sie besitzen eine gewisse Produktästhetik, sie duften auch sehr stark. Sie entlasten von dem Vorgang des Dosierens und von jedem Kontakt mit dem Produkt.

Inzwischen gibt es das Produkt schon in einer 4-in-1-Ausführung. Hier sind vier Nutzen in einem Cap vereinigt – dies folgt der Tendenz, Objekte immer kleiner und konzentrierter in der Leistung zu konstruieren.

Alle diese Aspekte sind im Kern Bestandteil des elitären Codes: Über das Produkt werden weitere Schichten gelegt, es ist mehrfach verpackt, die Packung ist wertvoller, sie fordert dazu auf, weiterverwendet zu werden, das Produkt ist ästhetischer und spricht durch den Duft sinnlicher an. Dieses Vorrücken auf der Dimension des Elitären mag hier noch gerechtfertigt sein, weitere Positionen sind aber hoch problematisch. So gibt es in speziellen Geschäften zwar Waschmittel in kunstvoll gestalteten Glasflaschen. Dies sind aber Geschäfte, die im wesentlichen Parfüms verkaufen.

Der Zuwachs an Originalität wird dadurch erkauft, dass alle *cues* der Produktgattung getilgt werden: Kraft, Zweckmäßigkeit, nach außen strahlende Wirkung.

**Abb. 3:** Hygienespüler von Lysoform

Wasch- und Reinigungsmittel sind inzwischen ein hoch differenziertes Feld. Ihr zentraler Code wird in den Basisprodukten realisiert, also Waschmittel, Haushaltsreiniger, Reinigungsmittel für die Geschirrspülmaschine. Zwar gelten auch hier etwas andere Bedingungen für jede Produktgattung, aber alle Produkte folgen weitgehend demselben zentralen Code: Wirkung, Kraft, Zweckmäßigkeit, Einfachheit, Beseitigung von Schmutz. Dieser Code kennt noch eine weitere Steigerung.

### Code der Desinfektion

Lysoform signalisiert, dass hier eine wirkliche Gefahr beseitigt werden muss: Ein solches Produkt, das mit dem Warnzeichen des roten Kreuzes arbeitet, wird dann eingesetzt, wenn Keime und Bakterien vorhanden sind. In diesen Elementen verkörpert sich exemplarisch das Bedrohliche und Böse: Bakterien und Keime betrachtet man nicht wie normalen Schmutz. Sie lauern unsichtbar unter der Oberfläche, im Untergrund und sie haben gefährliche und zerstörerische Wirkungen. Sie müssen daher radikal entfernt werden: »You cannot remove germs you can only kill them«, so martialisch drückt es eine amerikanische Marke aus.

Der optimale Zustand ist hier nicht perfekte Reinheit, sondern Sterilität und Hygiene – fast immer angedeutet und übersetzt durch einen Desinfektionsgeruch mit Chlor. Lysoform wird von seinen Fans im gesamten Bereich des Haushalts eingesetzt, nicht nur im WC.

In Zeiten der Corona-Pandemie wuchs dieser Markt der Desinfektionsprodukte sehr deutlich an – alle Reinigungsprodukte verwendeten diesen Hygienecode.

WC-Reiniger folgen teilweise diesem Code der Desinfektion, teilweise aber eher dem der Frische, des Wegspülens und dem Ersatz unangenehmer Gerüche durch Frische. Blue Star von Henkel etwa operiert immer wieder mit einer großen Welle, die alles Unangenehme aus dem WC hinwegspült.

**Produkte, die in diesem gefährlichen Gebiet eingesetzt werden und die Semantik des Gefährlichen demonstrieren, weisen der Hausfrau damit eine besondere Rolle zu: Es sind ihre Waffen im Kampf gegen Schmutz, Chaos, Unordnung, Bedrohung.** Eine englische Marke macht das schon im Namen der Marke klar, sie nennt sich Dirty Jobs (Abb. 4).

**Abb. 4:** Waschmittel Dirty Jobs

## Welches Haushaltskonzept liegt den Packungscodes zugrunde?

Was können wir von diesen Codes der Packungen für die Auffassung des Haushalts schließen bzw. welches Konzept von Haushalt führt zu diesen Codes?

Der Haushalt ist eine Einheit, die ihre Grenzen nach außen und unten verteidigen muss: Schmutz darf nicht eindringen, Bakterien müssen abgewehrt werden, Grenzen müssen gezogen und verteidigt werden, es gibt ein Außen und Innen, ein Unten und Oben, das wertend besetzt ist. Oben und innen ist gut, außen und unten ist schlecht. **Hier finden sich deutliche Parallelen zu der Idee des Nationalstaates und zu dem Konzept des geschlossenen Körpers.**[64]

Die Instanz, die diese Verteidigungsfunktionen durchführt, ist die Hausfrau. Sie übt damit einen wichtigen, einen gefährlichen und schweren Job aus und sie tut dies unter Beachtung von Zweckmäßigkeit und Ernsthaftigkeit. Es erscheint daher folgerichtig, wenn manche Marken ihre Produkte in Form einer Spritzpistole präsentieren: die Hausfrau hat damit ihren Finger am Abzug und schießt den Schmutz ab, analog zu der Figur des Westernhelden.[65]

Sie steht damit aber auch in der Tradition von harter Arbeit, wie sie früher von Männern ausgeübt wurde, die einen Stolz aus der Tatsache zogen, dass sie in der Lage waren, schwere und gefährliche Tätigkeiten durchzuführen. Diese Jobs werden bekanntlich immer seltener für Männer. Sie erscheinen derzeit, wie das Beispiel der Allzweckcreme von NIVEA zeigt, nur noch auf der Ebene von Freizeitbeschäftigungen. Frauen aber praktizieren sie noch immer auf der Ebene des Haushalts.

## Beispiele für eine Veränderung des zentralen Codes

Der zentrale Code wird verändert, wenn es sich um die Spezialprodukte des Bereiches handelt, Weichspüler, Feinwaschmittel, Handspülmittel – hier findet sich ein deutlicher Zuwachs an unfunktionalen und ästhetischen Elementen: In diesem Gebiet geht es nicht um Wirkung im Innern, sondern um Oberflächen, um Wirkung nach außen.

Betrachten wir die Produktlinie von Fewa, einem Feinwaschmittel von Henkel. Diese Marke wurde für Gewebe und Kleidungsstücke entwickelt, die man als empfindlich betrachtet, ursprünglich Wolle, dann Seide, eben alles »Feine«, alles, was man als besonders schön erlebt, wo es also auf eine Wirkung nach außen ankommt. Die Werbung ordnet diesen Kleidungsstücken den Wert »wie neu« zu: Sie sollen also in einem Zustand ewiger Jugend erhalten werden, vergleichbar den Anti-Aging-Produkten. (»Neu? Nein mit Fewa gewaschen« lautet der Slogan der Marke.)

64 KARMASIN, Helene: Wahre Schönheit kommt von außen. a. a. O.
65 WILLIS, Paul: The Ethnographic Imagination. a. a. O.

Hier geht es nicht um einen notwendigen Kampf gegen Verunreinigung, sondern um eine optimale Außenwirkung. Solche Produkte sind also viel weiter auf der Achse des Unfunktionalen und Ästhetischen angesiedelt. Entsprechend ändert sich der Code der Packungen.

**Abb. 5:** Feinwaschmittel Fewa

Die Produktserie startete mit dem Namen »Black Magic«, der jetzt durch »Renew« ersetzt wurde. Der alte Name weist dem Produkt magische Eigenschaften zu, es erhält ja die ewige Jugend: Jetzt wird dieser Wert explizit angesprochen.

Diese immerwährende Erneuerung wird auch auf der Packung dargestellt. Sie zeigt zwei Gewebeproben: eine im Vordergrund, die ein perfektes und farbprächtiges Stück Gewebe darstellt, und dahinter dasselbe Stück, aber verblasst. Dazwischen schiebt sich ein auf einer Tangente angesiedelter Pfeil. Dies ist nichts anderes als eine Minimalerzählung: Fewa transformiert einen negativen Zustand in einen positiven und das quasi permanent.

Die nach außen strahlende Wirkung der Kleidungsstücke wird in erster Linie über die Brillanz der Farben ausgedrückt. Die erfolgreichste Variante dieser Produktlinie ist diejenige für schwarze Kleidung. Abgesehen von den Kleidungsstücken selbst, die für ihre Träger oft eine besondere Bedeutung haben, nutzt Schwarz hier auch seine Bedeutung als edle Nichtfarbe aus.

Eine andere Produktgattung dieses Bereiches, der Weichspüler, ist noch weiter auf der Achse des Unfunktionalen verschoben. Weichspüler werden im letzten Waschgang zugesetzt, um der Wäsche Weichheit, Frische und Duft zu verleihen. Am Beginn der Produktgattung stand dabei die Weichheit im Mittelpunkt, inzwischen dominiert der Duft. Hier geht es also nicht um Problemlösung, Wiederherstellung von Ordnung, um Notwendigkeit, sondern um einen ästhetischen Zusatznutzen, um Duft, der auch die Wäsche zu einem besonderen, luxuriösen Objekt macht.

Duft muss in jedem Fall zeichenhaft vermittelt werden: Durch die Bezeichnungen, durch Farbe und Bilder, die Dufterlebnisse aufrufen. Benutzt werden also Parfümcodes.

**Abb. 6 und 7:** Weichspüler Silan

Diese Packungen weisen daher starke, intensive, aber nicht grelle Farben auf, die Bezeichnungen beziehen sich auf Blüten, die auch abgebildet werden und spezielle Namen haben, so heißt die Rose nicht nur Rose, sondern sinnliche Rose. Versprochen wird ein langanhaltendes und intensives Dufterlebnis, das jedoch in weiten Teilen durch den verbalen Code, nicht visuell beschrieben wird. Das Produkt heißt Aromatherapie, dem Duft wird eine Wirkungsdauer von bis zu 140 Stunden zugeschrieben, das Produkt enthält ein Relaxöl – insgesamt also ein kleiner Wellnessurlaub.

Das Konzept des Haushalts muss also noch erweitert werden:

Die Instanz, die für Ordnung, Schutz und Harmonie sorgt, ist die Frau, die sich wirksamer Werkzeuge bedient. Gleichzeitig ist sie aber auch die Instanz, die dieser gereinigten Umgebung Glanz und Schönheit verleiht, sie verzaubert gewissermaßen die Welt des Alltäglichen und hat Zugang zu Gefühlen, zu Schönheit, zu Genuss.

Der Raum, der den männlichen Werkzeugen vorbehalten ist, der Baumarkt, könnte nie diese Dimension der unfunktionalen Ästhetik aufweisen, er verbleibt im Raum der Notwendigkeit.

Gleichzeitig wird bei diesem Feld der Reinigungsmittel noch etwas deutlich: Jedes Feld weist Normalstufen und davon abgehobene Stufen auf, jedes Feld stellt ein Paradigma, also eine geordnete Klasse von Elementen dar (vgl. Kapitel 2). Es gibt jedoch sehr unterschiedliche Stufen der Abhebung und Unterscheidung. In vielen Fällen wird der elitäre Stil eingesetzt, um die oberen Segmente abzuheben. Nicht so in diesem Feld: Die oben vorgestellten Beispiele machen klar, dass in der Kategorie der Wasch- und Reinigungsmittel der elitäre Stil sehr ungünstige Konsequenzen hat: Er zerstört die Überzeugungskraft der Basisleistung.

Die zentrale Klassifikation ist hier vielmehr die: In der Tiefe, in den Objekten wirken – an der Oberfläche strahlen, die Oberfläche verzaubern, das Erleben des Benutzers stimulieren. Entsprechend ändern sich die Codes:

- brutale Wirksamkeit: Lysoform, Vanish: einfach, grell, Killer-Zeichen
- technisch vermittelte Kraft: Persil/Ariel: auffällige kräftige Farben, abstrakte Zeichen, Wirkdiagramme, Code der Innovation
- Schönheit, Glanz, Wohlgefühl: Silan, Fewa: attraktive Farben, auch die des weiblich konnotierten Farbspektrums, schöne Oberflächen, sinnlich ansprechende Elemente, Ästhetik

Dennoch hat die gesamte Produktkategorie im Haushalt eine geringe Sichtbarkeit. Anders als schöne Duschgels oder attraktive Kosmetikprodukte, werden Wasch- und Reinigungsmittel »weggesperrt«: In die Nebenräume der Wohnung, in Kästen, hinter Türen.

Dieser Bereich ist also eigentlich ein nicht sonderlich hochrangiger, er ist eher mit Notwendigkeit und Pflicht verbunden und ganz zentral mit einem Bereich des Weiblichen, nämlich mit der Rolle der Frau als Haushaltsführerin, als Hausfrau, die mit ihnen eine schwere und gefährliche Arbeit verrichtet.

## 3.2 Creating the perfect body – Kosmetik

In diesem Kapitel geht es um den Bereich des Schönen, des Perfekten, um den idealen Körper, den wir mithilfe von Wissenschaft und Technik herstellen können.

**Abb. 8:** Feuchtigkeitscreme Bull Dog

**Abb. 9:** Cellulitiscreme Biotherm Celluli

Diese drei Packungen aus dem Kosmetikbereich illustrieren einige der Konzepte, die in diesem Produktfeld wesentlich sind. Zunächst zeigen sich einige Gemeinsamkeiten:

Es finden sich große Unterschiede zwischen den für Männer und für Frauen bestimmten Produkten. Weibliche und männliche Codes befinden sich hier in strikter Opposition und sind kaum ineinander überführbar: Bull Dog, eine für Männer bestimmte Feuchtigkeitscreme, wäre für Frauen undenkbar, ebenso Biotherm oder Orchidée impériale für Männer.

Die Ästhetik, die wir in diesem Produktfeld treffen, hebt sich markant von der des Feldes der Haushaltsprodukte oder der Süßigkeiten ab, die wir in Kapitel 3.1 und 3.4 besprechen. Sie ist weder grell, anspringend, auf Kraft und Wirkung zentriert, wie die der Haushaltsprodukte, noch auf Verführung und Genuss angelegt, wie die der Süßigkeiten. Hier geht es vielmehr um Schönheit, um Ausstrahlung, wie gravierend auch immer das Problem sein mag, auf das sie antworten.

Entsprechend finden sich eigene Farbcodes, eigene Materialien, spezifische Größen: Großpackungen etwa sind in diesem Feld nicht möglich, auch nichts plastikhaft Anmutendes.

**Abb. 10:** Gesichtscreme Guerlain Orchidée Impériale

**Abb: 11:** Slimtech von Piaubert

Betrachten wir die Packungen im Einzelnen:

Beide Cremes sollen gegen Problemzonen des weiblichen Körpers wirken: unebene und erschlaffte Haut im Bereich von Gesäß, Bauch und Beinen.

Biotherm (Abb. 9) wird als Wunderwaffe gegen Orangenhaut bezeichnet. Sie wirkt durch Algen und Koffein. Piaubert (Abb. 11) postuliert einen nicht näher erklärten Wirkstoff, der rund um die Uhr auf die unbotmäßigen Moleküle einwirkt. Beide wählen einen türkisfarbenen Wasserton für ihre Tuben – eine gute Wahl, da das Problem besonders im Sommer, beim Baden sichtbar wird.

Cremes dieser Art haben besonders im Frühjahr Hochsaison: Sie versprechen, Cellulite zu bekämpfen, die im Sommer, wenn man sich im Badeanzug zeigt, als äußerst störend empfunden wird, vor allem von ihren Besitzerinnen selbst, die darunter stark zu leiden scheinen. Die Plage wird von allen Frauenzeitschriften dramatisch geschildert und Frühjahr und Sommer stehen praktisch unter dem Thema Bikini-Figur und Cellulite-Bekämpfung: Jede Frau, die einen schönen Körper am Strand präsentieren möchte, kommt an diesem Thema nicht vorbei.

Cremes dieser Art werden ausschließlich von Frauen gekauft. Es gibt wenig Berichte von wirklich nachhaltiger Behebung des Problems, dennoch werden die Cremes immer wieder verwendet und jedes Frühjahr tauchen neue Cremesorten auf, die eine dramatische Wirkung versprechen. Eine solche Problembehebung wäre im Bereich von Waschmitteln undenkbar: Hier muss man beobachten können, wie ein höherer Grad an Sauberkeit vorliegt als vor der Anwendung des Produktes. (Wenn auch die ultimative Fleckenentfernung seit mindestens 20 Jahren immer wieder aufs Neue versprochen wird.) Wir müssen also davon ausgehen, dass hier ein starker und nicht wirklich von rationalen Überlegungen gesteuerter Motivationsmechanismus besteht.

Wenn wir von den Ritualen hören, die Stammesgesellschaften durchführen, um zum Beispiel Regen herbeizuführen oder Feinden zu schaden oder bestimmte Vorhaben glücken zu lassen, und gleichzeitig erfahren, dass diese Wirkungen nicht eingetreten sind, dass die Rituale aber weiter durchgeführt werden, so neigen wir dazu, die Naivität dieser Leute zu belächeln. Die Frauen in unserer Gesellschaft verwenden aber in genau derselben Weise die Cellulite-Produkte und sie vertrauen in diesem Gebiet auf Wirkungsweisen, die rational nicht erklärbar sind.

Dies hängt auch damit zusammen, dass das Wertefeld, das dem Gebiet der Körperpflege zugrunde liegt, für unsere Gesellschaft sehr wichtig ist. Unsere Gesellschaft ist geradezu besessen von der Idee des perfekten Körpers. Wir werden später ausführen, dass dies keineswegs Zufall ist, sondern im Dienste der Einübung wichtiger kultureller Werte steht. Jeder in dieser Gesellschaft ist also dazu angehalten, den perfekten Körper zu erschaffen.

### Männliche und weibliche Körper

Dabei gelten für männliche und weibliche Körper verschiedene Vorgaben und diese sind im Falle der weiblichen Körper besonders strikt. Weibliche Körper werden prinzipiell defizitär gedacht: Etwas an ihnen ist immer nicht in Ordnung. Weibliche Körper neigen auch dazu, ein Eigenleben zu führen und aus der Form zu gehen: Sie sind weich, nicht scharf nach außen abgegrenzt, ihr Inneres tritt leicht nach außen. Wir werden uns mit diesem Körperkonzept später noch näher beschäftigen.

Das deutlichste Zeichen für diese Annahmen ist Cellulite, die genau diesen Vorgang vorführt: erschlaffte Bauchhaut (was natürlich auch ein Alterszeichen ist), Unebenheiten, verlorene Festigkeit. Dieser Vorgang wird zudem oft als unabänderlich dargestellt, er ist auch durch Gene und hormonelle Schwankungen bedingt. Es ist also unmöglich, diesem Schicksal zu entkommen.

Nun ist tatsächlich zu beobachten, dass Frauen ab einem bestimmten Alter kleine Dellen an ihren Oberschenkeln aufweisen, während die männliche Haut diese Neigung nicht zeigt. Wir könnten diesem Faktum aber weniger Aufmerksamkeit schenken oder es einfach ganz ignorieren. Wir rücken es aber immer wieder in den Fokus und wir statten es mit einer besonderen Semantik aus, die geeignet ist, kulturell wichtige Probleme abzuhandeln. Dies ist zum einen das Problem des defizitären weiblichen Körpers und zum anderen die Rolle von Wissenschaft und Technik.

Die Lösungen, die die Produkte anbieten, stützen sich auf eine wissenschaftliche Semantik: Sie heißen *Celluli Eraser*, wirken auf Moleküle ein, enthalten intelligente Technologien.

Das Prinzip *cheating the system*, also Korrektur der Natur durch den Einsatz von Wissenschaft und Technik, zieht sich, wie wir sehen werden, durch das ganze Gebiet der Körperpflege.

Das Produkt wird in dieser Packung also durch seine Semantik, durch die zurückhaltende Farbwahl, durch die metallische Anmutung der Oberfläche als eine Waffe präsentiert, die die (männlich konnotierte) Wissenschaft und Technik der Frau an die Hand gibt, um ihren prinzipiell defizitären Körper zu korrigieren.

Bull Dog (Abb. 8) dagegen ist für Frauen unverkäuflich, wie gut der Inhalt auch immer sein mag. Männliche Körper sind anders als weibliche Körper: härter, aggressiver, gefühlloser. Diese Variante des männlichen Codes, der eine harte, aggressive, eher unterschichtsanmutende, quasi tierische Männlichkeit zitiert, die keinerlei Anspruch auf Ästhetik erhebt, ist für Frauen undenkbar.

Stellen wir wieder die Frage: Worum geht es in diesem Produktbereich? *What business are you in?*

Auch hier ist die Gestaltung der Packungen nicht zufällig gewählt. Sie beruht auf einer spezifischen Konzeption des Wünschenswerten, deren Besonderheiten sie materiell übersetzt und verdeutlicht. Dieses Konzept ist der perfekte Körper: Diese Produkte helfen uns, den perfekten Körper zu gewinnen, und sie verdeutlichen, welche Merkmale wir für diesen Körper annehmen. Ich beschreibe dieses Konzept detailliert in dem Buch »Wahre Schönheit kommt von außen.«[66]

Hier die wichtigsten Ergebnisse:

Die Vorstellungen, was unter einem perfekten Körper zu verstehen ist und wie man diesen erreicht, variieren stark nach Gesellschaften und historischen Zeitpunkten,

66 KARMASIN, Helene: Wahre Schönheit kommt von außen. a. a. O.

ebenso wie das Ausmaß an Aufmerksamkeit, das man diesem Prozess der Formung gibt.

Diese Variation erfolgt nicht zufällig, sondern bezieht sich auf die Grundwerte, die eine Gesellschaft verfolgt. Alle Angehörigen einer Gesellschaft müssen in diese Grundwerte eingeübt werden und ebenso müssen sie immer wieder materiell übersetzt und dargestellt werden. Dies eben meint die Aussage von Mary Douglas: *Culture is licked into shape.*

Körperkonzepte stellen dabei eine zu allen Zeiten gebräuchliche Strategie der Einübung dar. Das meint Michel Foucault mit dem Satz »Die Gesellschaft schreibt sich in den Körper ein.«

Wir können diesen Prozess in unserer eigenen Gesellschaft im Laufe der Geschichte verfolgen: Wenn ein Gesellschaftsmodell in ein anderes übergeht, findet auch eine Änderung in den Körperkonzepten statt. Die Umwandlung der mittelalterlichen Gesellschaft in die neuen Gesellschaften der Zentralstaaten ist von einer deutlichen Änderung des Körperkonzeptes begleitet.[67] Aus dem Körper des schwerttragenden Ritters – schmerzunempfindlich, ungebändigt und unverfeinert durch Zivilisation, jedem Affekt hingegeben – wird durch die Intervention der Renaissance ein geschlossener, glatter und zunehmend zivilisierter Körper.

Ein zweiter Entwicklungsschub unserer Körperkonzepte erfolgt in der Aufklärung: Ab da gilt das Ideal der Autonomie. Jeder ist für sein eigenes Schicksal und dann eben auch für seinen eigenen Körper selbst verantwortlich, er hat ab da »Sorge um sich« zu tragen, entsprechend ist auch an dem Zustand von Körpern die Werthaltung ihrer Besitzer abzulesen.

Die Entwicklung der bürgerlichen Kultur ist von dem Ideal des Maßhaltens begleitet. An der Schwelle zum 20. Jahrhundert entwickelt sich das Konzept des Vitalismus, das dem Körper zum ersten Mal ein Eigenleben zuspricht.

In unserem derzeitigen Körperkonzept finden sich Spuren aller dieser Vorstellungen, es ist aber im Kern von dem Wertekanon einer individualisierten Marktgesellschaft geprägt. Dies hat auf mehreren Ebenen Konsequenzen:

Eine individualistische Marktgesellschaft verfolgt in allen Bereichen die Werte von Autonomie, Wettbewerb, Leistung. Sie braucht Menschen, die ihr Schicksal selbst in die Hand nehmen, die sich bemühen, besser als ihr Nachbar zu sein, die von Leistungsdenken, Perfektion, Innovation beherrscht sind, die diszipliniert sind. Sie eröffnet ih-

67 ELIAS, Norbert: Über den Prozess der Zivilisation. Suhrkamp Verlag. Frankfurt am Main: 1976.

nen, wenn sie sich dieser Ideologie verpflichtet fühlen, Chancen, in der Gesellschaft aufzusteigen und obere Ränge einzunehmen.

Körperkonzepte werden benutzt, um genau diese Ideologie einzuüben: Jeder ist für den Zustand seines Körpers selbst verantwortlich, er hat alles einzusetzen, um den perfekten Körper zu präsentieren. Gleichzeitig wird der Idealzustand des Körpers, den es zu erzielen gilt, außerordentlich hoch angesetzt und die Normen werden laufend verschärft.

### Der ideale Körper

Ein idealer Körper ist prinzipiell jung, makellos, leistungsfähig, beweglich, er ist gesund und zwar chronisch gesund und schön (gesund ist schön, sagt Vichy). Wenige Menschen verfügen über einen solchen Körper von Natur aus, speziell mit fortschreitendem Alter erhält man diesen Körper nur durch eine intensive Körperarbeit, durch Bewegung, Muskeltraining, spezielle Diäten, Produkte und Behandlungen aller Art.

Er erfordert Disziplin, Eigenverantwortung, Askese, Leistungsbereitschaft, den Einsatz von finanziellem, sozialem und kulturellem Kapital. (zum Begriff der Kapitalsorten, vgl. Bourdieu 1984[68]).

Er verspricht allerdings auch eine hohe Belohnung: Ein perfekter Körper ist eine Art von Bioaktie, mit ihm erkauft man sich höheres Prestige als mit materiellen Waren, man zieht die richtigen Partner an und man hat einen Vorteil in dem Wettbewerb um begehrte soziale Positionen.

Ein so hoch besetztes und so rigide ausgeformtes Körperkonzept ist gleichzeitig perfekt für eine Marktgesellschaft, die darauf angewiesen ist, dass Ströme von Waren zirkulieren und aktiv nachgefragt werden: Es gibt ja eigentlich keinen perfekten Körper und schon gar nicht, wenn Gesundheit und Schönheit verschränkt werden. Etwas an einem Körper ist immer zu verbessern, alles ist zu steigern, die Ansprüche können immer höher geschraubt werden.

Große Märkte leben von diesem Mechanismus: Kosmetik, Körperpflege im weitesten Sinn, Gesundheitsprodukte, eine Vielzahl von Dienstleistungen, Tourismus. Dieser Markt ist ein geschlechtsspezifisch ausgeformter Markt, er benutzt die Konzepte von Männlichkeit und Weiblichkeit, die zu großen Teilen auf Vorstellungen des 19. Jahrhunderts beruhen, also keineswegs den modernen Geschlechterdefinitionen folgen.

Körperkonzepte haben immer auch eine ästhetische Komponente: Es geht darum, was als schön betrachtet wird. Dabei spielen drei Vorstellungen eine große Rolle: Makellosigkeit, Glätte, Glanz.

68 BOURDIEU, Pierre: Die feinen Unterschiede. Suhrkamp. Frankfurt am Main: 1984.

Bei allen Produkten rund um den Körper, sieht man von reinen Gesundheitsprodukten ab, geht es auch um den Prozess des individuellen Erlebens, um eine rituelle Verwendung und auch um das Einfügen in die räumliche Lebenswelt des Betrachters. Produkte dieser Art bilden Teil der Ensembles von Badezimmern: Man nimmt sie täglich in die Hand, man sieht sie, man geht mit ihnen um. Diese Produkte kommen sehr nahe an den Benutzer heran, sie treten in seine persönliche Zone ein, interagieren mit seinem Körper, sie werden in spezifischer Weise mit allen Sinnen genossen.

Von dem Anthropologen Leach stammt das Konzept der verschiedenen Raumzonen, die den Menschen umgeben: Die persönliche Distanz, die etwa 30 cm beträgt. Diese Zone wird quasi als Ausweitung des Körpers erlebt, man darf nicht unerlaubt in sie eindringen und sie ist sehr intimen und persönlichen Interaktionen vorbehalten, es folgt die konsultative Zone, etwa ein bis zwei Meter und dann weitere Zonen.[69]

Damit in Zusammenhang steht das Konzept des *extended self*, das von Russell Belk entwickelt wurde. Er versteht darunter Gegenstände, die quasi als eine Ausweitung des Selbst bzw. als ein Bestandteil des Selbst empfunden werden. Objekte und damit auch Produkte, die in dieser Weise aufgefasst werden, können auch das Selbstwertgefühl steigern.[70]

Für jede Region des Körpers gelten spezifische Anforderungen: Gesicht/Haut, Körperform, Haare, Zähne. Jede besitzt unterschiedliche Probleme und Idealzustände, in deren Dienst die Produkte stehen. Dabei werden immer kleinere Partien von Körpern bearbeitet. Diese sind nochmals unterschiedlich nach weiblichen und männlichen Körpern. Summarisch lässt sich als ideales Konzept erschließen:

**Das Konzept des idealen Körpers**

Ein perfekter Körper ist jung, makellos, leistungsfähig, gesund, vital, beweglich, das Gesicht ist faltenlos, Haare und Zähne strahlen. Dies gilt zunächst für Männer und Frauen gleichermaßen. Verschärfte Anforderungen gelten jedoch für den weiblichen Körper, der als prinzipiell mangelbehaftet gedacht wird, der gleichzeitig einen nochmals verschärften Idealzustand zu präsentieren hat – die meisten Kosmetik- und Körperpflegemärkte sind weiblich dominierte Märkte.

## Die ästhetischen Codes von Kosmetik und Körperpflegeprodukten

Aus diesen Gegebenheiten erklären sich die Codes und die spezifische Ästhetik der Packungen dieses Bereiches. Hier geht es nicht um Kraft, um aggressive Problemlösung, um Praktikabilität, wie im Fall der Haushaltsprodukte, und nicht um maximale

---

69 LEACH, E.: Social Anthropology. Oxford University Press: 1992.

70 BELK, R. W.: Journal of Consumer Research. a. a. O.

Anlockung und Genusslegitimation, wie im Fall von Süßigkeiten, sondern hier geht es um Schönheit, um Glanz, um die perfekte Oberfläche, um die Kostbarkeit des Produktes, das auf Besitzer und Raumabschnitt abstrahlt. In vielen Fällen geht es auch um die Vermittlung einer magischen Wirkung. Entsprechend ausgeformt sind die Material-, Farb- und Größencodes.

- Soweit als möglich werden Plastikanmutungen vermieden. Verwendet oder anmutungsmäßig simuliert werden Glas und Edelmetall. Die Farbcodes sind eher zurückhaltend oder geheimnisvoll intensiv. Es dominieren die Farben der Edelmetalle, also Gold und Silber, oder Nichtfarben wie Weiß oder Schwarz.
- Es gibt keine Übergrößen, hier findet eher eine Intensivierung in ganz kleinen Größen statt, wie im Fall der Serums.
- Soweit als möglich werden die Gegebenheiten des elitären Stils und der Nobilitierung beachtet. Nirgendwo wird der elitäre Stil in dieser Intensität verwirklicht. Hier gibt es daher auch Packungen, die alle Anforderungen der Gestaltpsychologie verletzen: Markennamen treten nicht hervor, sondern müssen vom Betrachter gesucht werden, der Nutzen wird nicht plakativ herausgestellt, sondern die Packung scheint gleichsam von innen heraus zu strahlen und ihren Wert zu vermitteln. Die Packungen dieses Bereiches stellen hervorragende Beispiele der ästhetischen Ökonomie dar. Sie stützen sich im Kern auf die Strategie, ein Alltagsobjekt in ein Kunstwerk zu verwandeln, mehr als dies in einer anderen Produktgattung der Fall ist oder glaubwürdig wäre.

Wir wollen im nächsten Abschnitt dazu das Beispiel von Hochpreiskosmetik genauer betrachten.

## Was aber schön ist, selig scheint es in ihm selbst: Hochpreiskosmetik

**Abb. 12 und 13:** Gesichtscreme Guerlain Orchidée Impériale (links) Augencreme White Caviar von La prairie (rechts)

Die Produkte dieses Bereiches werden zu Preisen gehandelt, die meist Erstaunen hervorrufen; sie liegen zwischen 200 und 300 Euro pro Tiegel. Naturgemäß handelt es sich dabei um einen kleinen Markt, aber dennoch ist es erstaunlich, dass Preise dieser Art erzielbar sind. Es wirken hier eine Menge an Gegebenheiten zusammen, die außerhalb der Packungen liegen: Es handelt sich um Marken, die eine hohe Reputation aufgebaut haben, die sie durch viele Narrative immer wieder belegen. Sie werden in speziellen Geschäften verkauft, also nicht im Supermarkt, wo sie ohne begleitende und persönlich erzählte Geschichten auskommen müssten, sondern größtenteils in der Parfümerie. Dennoch zeigen ihre Packungen Besonderheiten, die sich in keiner anderen Produktgattung finden, und diese Besonderheiten unterstützen die Attraktivität und Glaubwürdigkeit der Produkte.

Das *cultural framework*, an das hier angeknüpft wird, sind einerseits Konzepte des Elitären und Kostbaren, andererseits Konzepte der Magie. Betrachten wir sie im Einzelnen.

Beide Produkte werden im Gesichtsbereich verwendet und sie sind für Frauen bestimmt. Das Gesicht ist eine besondere Region des weiblichen Körpers, in dem das weibliche Körperkonzept spezifisch zum Tragen kommt. Die Gesichtshaut altert bei Männern und Frauen, die Alterung der weiblichen Haut wird jedoch als ein Drama inszeniert: Unter der Oberfläche lauert hier immer der Zusammenbruch, die Zerstörung, wie zahlreiche Bilder der Werbung klar machen, die diesen Sachverhalt durch das Mikroskop betrachtet zeigen. Hier sind also hoch wirksame Gegenstrategien notwendig.

Wir werden im nächsten Abschnitt die Hauptstrategien kennenlernen:
- *Cheating the system*: Wissenschaft hebt die Mängel der Natur auf.
- *Cooked nature*: Die Natur stellt ihre Kräfte und Segnungen zur Verfügung.
- Alchemistische Verkochungen: Naturbestandteile werden in höhere Zustände überführt.
- Magische Wirksamkeit.

### Alchemistische Verkochung

Die Packungen der Hochpreiskosmetik wählen in ihren Argumentationen den Ansatz der alchemistischen Verkochung und der magischen Wirkung. Sie behaupten, hoch wirksame Naturbestandteile zu enthalten, die von Wissenschaftlern entdeckt und in die Creme überführt wurden: Orchideen im Fall von Guerlain, Seide im Fall von Kanebo Sensai, weißer Kaviar im Fall von La prairie. Dies ist eine bekannte Strategie, um Wirksamkeit zu behaupten. Wir werden sie im nächsten Abschnitt näher kennenlernen.

Argumentiert wird, dass Wissenschaftler Naturelemente, also Pflanzen und Blumen, in ihre Bestandteile zerlegen, diese wissenschaftlich prüfen und dann zu neuen, wertvolleren Einheiten zusammenfügen. Dies genau war das Vorgehen der Alchemisten: Bei ihrem Vorhaben, Gold zu erzeugen, gingen sie genauso vor. Sie versuchten aus bekannten kleinen Teilen, deren Merkmale sie erforscht hatten, eine neue wertvolle Entität zu schaffen, eben Gold.[71] Diese Argumentation ist im Bereich der Kosmetik weit verbreitet, auch bei Mainstreamkosmetik. Bei den Marken dieses Bereiches erhalten diese kleinen Bestandteile dann wissenschaftliche Namen und werden mit bestimmten Wirkungen verbunden, die je nach Ansatz in wissenschaftlichen Kontexten, zum Beispiel Laborversuchen oder Experimenten mit Verbraucherinnen, überprüft wurden.

Kosmetikmarken des Mainstream-Marktes demonstrieren diesen Vorgang auf der Packung, sie führen auch Problembereich und Wirkungen explizit an. Marken der Hochpreiskosmetik kommen darauf aber nur im beigelegten Begleittext zu sprechen, die Packungen selbst kommunizieren etwas anderes, nämlich den Eindruck von Kostbarkeit. Sie wählen dabei aus dem Paradigma Bestandteile, Farben, Stil, Namen, Material die jeweils hochrangigste Position.

Orchideen gelten als kostbare Blumen. Man verbindet sie auch nicht mit irgendwelchen Wirkungen, also nicht mit etwas Utilitaristischem. Eine *Orchidée impériale* steigert diesen Eindruck, indem der Name mit einer sozialen Klassifikation, nämlich imperial, verbunden wird. Kaviar ist ein kostbares Nahrungsmittel, weißer Kaviar stellt eine weitere Besonderheit dar – wiewohl die meisten Rezipientinnen wohl weder von imperialen Orchideen noch weißem Kaviar gehört haben dürften.

Die begleitenden Bilder der Werbung, die visuelle Zeichenwelt, in die die Packungen beim Verkauf oder am Prospekt eingefügt werden, verdeutlichen diesen Sachverhalt visuell, sie argumentieren nicht, sondern stellen den Wirkstoff ästhetisiert als eine magische und ästhetische Aura rund um die Packung dar. Dies erlaubt die Anknüpfung an ein weiteres kulturelles *Framework*: das der sympathetischen Magie.[72]

### Magische Wirksamkeit

Die sympathetische Magie postuliert eine Art von Ansteckung. Sie geht davon aus, dass durch Berührung oder Kontakt die Eigenschaften eines Quellmediums auf ein Zielmedium übertragen werden. Das Zielmedium muss den Akt der Übertragung dabei gar nicht unmittelbar bemerken.

So werden Krankheiten zum Beispiel durch die Berührung heiliger Steine oder Pflanzen oder Fetische geheilt.

71 SCHIVELBUSCH, WOLFGANG: Das verzehrende Leben der Dinge. Carl Hanser Verlag. München: 2015.

72 DAXELMÜLLER, Christoph: Zauberpraktiken. Patmos. Düsseldorf: 2005.

Weite Teile der alternativen Medizin und der Naturkosmetik in unserer Zeit leben von dieser Vorstellung: Die Passionsblume heilt Kopfschmerzen, weil sie an die Dornenkrone Christi erinnert, die Brennnessel reinigt, weil sie eine brennende und scharfe Pflanze ist, Granatäpfel sind die Pflanzen der Liebe und machen daher eine schöne Haut usw. Diese Bestandteile können dabei durchaus über naturwissenschaftlich nachweisbare Wirkungen dieser Art verfügen, dies wird hier jedoch nicht als Begründung benutzt.

Auch im Fall der Orchidee lebt die emotionale Überzeugung von der hoch ästhetischen Darstellung der Orchidee – ihre Schönheit und Zartheit scheinen sich nach den Gesetzen der sympathetischen Magie unmittelbar auf die Creme und von da auf die Benutzerin zu übertragen. Die Materialien dieser Packungen sind schweres Glas, Metall, die Farbcodes edel, Nichtfarben wie Weiß oder ein tiefes Ultramarin, jeweils mit Gold oder Silber.

Die Produkte sind in äußerstem Ausmaß überverpackt. Vielfältige Hüllen umgeben das eigentliche Produkt. Wir erinnern uns an den Aspekt des Nackten und des Bekleideten (vgl. Kapitel 2.3): Je nackter und unverhüllter das Produkt dargeboten wird, desto eher nähert es sich dem Stil der Notwendigkeit, je mehr Hüllen darum gelegt werden, desto eher entfernt es sich aus dem Bereich des rein Funktionalen und Notwendigen, es nähert sich einem Geschenk oder eben einer Kostbarkeit.

Hier umgibt eine Cellophanhülle die Überverpackung aus Karton, die eine Art von Schuber aufweist, in dem in einer schön gestalteten Schachtel der eigentliche Tiegel liegt. Dieser ist fest verschlossen und das Produkt ist nochmals durch eine dünne Aluminiumauflage geschützt. Diese vielfältigen Hüllen, die der Benutzer beim ersten Kontakt in einem langen Prozess selbst entfernen muss, zeigen ihm auch, dass das Produkt strikt von dem Kontakt mit einer potenziell beschmutzenden Wirklichkeit geschützt wurde, nichts konnte hier eindringen, das Produkt steht ihm rein ganz allein zur Verfügung – es erhält fast sakrale Merkmale zugesprochen. Auch das Sakrale ist ja etwas, das strikt von dem Kontakt mit der Realität geschützt werden muss.

La prairie verstärkt diesen Eindruck durch eine Art von Lichtmetaphorik: weiß, leicht glänzend, silbrig scheinend. Guerlain wählt ein tiefes Ultramarinblau mit goldenen Elementen. Verwendet wird schweres Glas und ein metallisch anmutender goldener Deckel, der oben ein dunkelblaues Glaselement trägt, das das Firmenlogo zeigt, allerdings nur, wenn man es mehrmals dreht, dann taucht es geheimnisvoll aus der Tiefe auf – ein extremer Gegensatz zu den üblichen anspringenden Markennamen.

Der Name der Creme, Orchidée Impériale, ist auf den Deckel geprägt und bedarf ebenfalls Zuwendung, um ihn zu lesen. Der Tiegel hat die Form eines Salbgefäßes.

La prairie verletzt überhaupt jede Forderung nach Prägnanz von Marken- und Produktnamen. Die weißen Aufschriften auf silbernem Grund sind nur nach mehrmaligem Drehen und großer Anstrengung lesbar. Der Rezipient hat hier eine beträchtliche Dekodierungsenergie aufzubringen.

Ähnliches gilt für die Kommunikation der Produktnutzen, die auf den ersten Blick schwer zu erkennen sind. So ist der Nutzen und die Verwendung etwa der Produkte Cellular Power Charge Night, Cellular Power Serum, Cellular Power Infusion, die eine neu herausgekommene Trias bilden, nicht ohne Weiteres ersichtlich.

Dies sind Packungen, die weit entfernt sind von einer Ästhetik des Anspringens, der prägnanten Kommunikation von Markennamen und Produktnutzen, des Praktischen und Funktionalen: Sie präsentieren sich als ein kleines Kunstwerk, dem man sich in Bewunderung zuwenden muss, das zeitlos und schön ist: »Was aber schön ist, selig scheint es in ihm selbst«, wie Mörike[73] in seinem Gedicht sagt.

Und genau dies ist der eigentliche Nutzen des Produktes und dafür zahlt man: Für das Gefühl, etwas unvergleichlich Kostbares in der Hand zu haben, eine Kostbarkeit, die sich auf die Creme überträgt und in magischer Weise auf die Benutzerin, die durch diese Creme zu einer kostbaren Person wird. Ebenso adelt diese Creme jedes funktionale Bad.

Bekannt ist auch, dass Cremes dieser Art in spezifischen Pflegeritualen verwendet werden: Jeweils an den liminalen Grenzen zwischen Tag und Nacht, in einem Pflegevorgang, der sinnlich und erlebnisbetont ist: Man genießt die zarte Färbung, die der Creme etwas Elixierhaftes gibt, den Geruch, die Textur, die ein schönes Gefühl auf der Haut erzeugt, das unmittelbar Frische und Glätte signalisiert. Auch darauf bereiten die Packungen vor.

Diese Packungsgestaltungen machen exemplarisch die Leistungen von Packungen deutlich: Es ist das Arrangement von Materialien, Farben, Formen, Inschriften, die diesen Eindruck des Kostbaren erzeugt.

Wären solche Packungen für Männerprodukte denkbar? La prairie vielleicht ansatzweise, Guerlain sicher nicht. Diesem Punkt wollen wir uns im Folgenden zuwenden. Zum Schluss noch eine Diskussion zum Konzept des Serums.

---

73 MÖRIKE, Eduard: Auf eine Lampe. 1846.

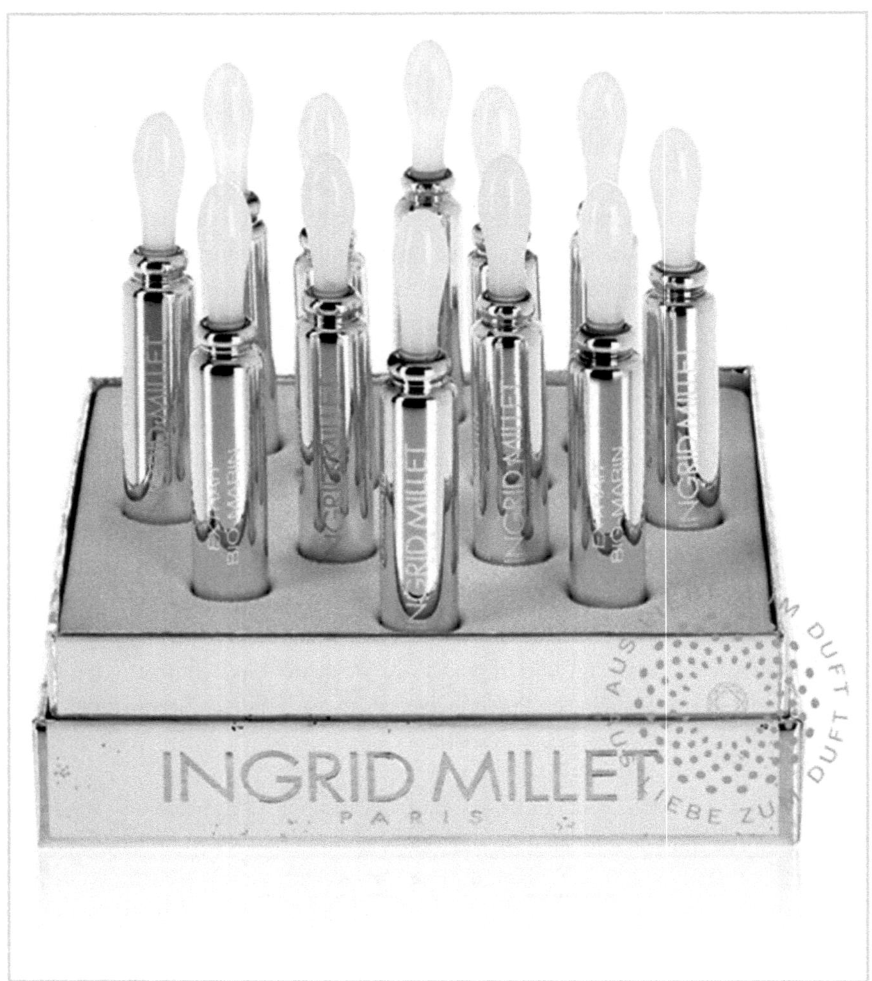


**Abb. 14:** Anti-Aging-Wirkstoffkonzentrat Ingrid Millet

Primär im Bereich von Kosmetik und teilweise von Gesundheitsprodukten werden die Produkte auch in Form eines Serums angeboten. Diese versprechen sensationelle Wirkungen, da sie die Wirkstoffe in gebündelter Form enthalten und frisch, ohne Konservierungsstoffe sind: Man öffnet die Ampulle und trägt das Wirkstoffkonzentrat auf.

Die Variation der Normgröße, die in anderen Produktgattungen sowohl größer wie kleiner sein kann, ist hier ausschließlich in Form einer Verkleinerung ausgebildet. Dies ist eine Konsequenz des Größencodes, den wir in Kapitel 2.4.3 besprochen haben: Eine Ausweitung der Größe, also Großpackungen, signalisieren mehrere Benutzer oder Vorratshaltungen oder ein ökonomisch cleveres Subjekt, das ökonomische Vorteile von dieser Art der Verpackung erwartet.

Diese Bedeutungen wären im Fall von Kosmetik problematisch: Hier geht es um Produkte, die der Selbsterhöhung und Inszenierung einer individuellen Person dienen, um ihre subjektiven Erlebnisse, um ihre Durchsetzung im Wettbewerb mit anderen.

**Abb. 15:** Power-Serum von La prairie

Benutzt werden kann also nur die Position der Verkleinerung, die gleichzeitig Intensivierung verspricht, von den Wirksamkeitsvorstellungen der Medizin profitiert, völlige Frische und Reinheit des Produktes garantiert, ihm also wieder einen sakralen Status verleiht. Diese kleinen Phiolen haben auch etwas magisch Wirksames an sich. So werden zauberische Elixiere propagiert: klein, kostbar, hoch intensiv, einmalig anwendbar. Diesen Aspekt steigert ein Serum von La prairie nochmals durch einen spektakulären Prozess: Es lässt die Benutzerin an der Herstellung des Elixiers teilhaben.

Wenn man dieses Serum kauft und auspackt, so sieht man in der Packung einen durchsichtigen Schacht, der mit goldenen Kügelchen angefüllt ist. Man drückt nun auf einen Knopf und die Kügelchen vermischen sich zu einer milchigen Flüssigkeit – diese stellt das Powerserum dar, dessen Entstehung aus goldenen Kügelchen man eben beigewohnt hat.

Auch im Bereich von Gesundheitsprodukten wird diese Vorstellung manchmal aufgenommen: So versprechen Marken des Gesundheitsbereiches (Nanotechnologiefirmen und Ringana) »Energyshots« und auch in den Mainstream-Gesundheitsprodukten ist Actimel oder Yakult in wesentlich kleineren Größen abgepackt als die Normprodukte.

### Der weibliche und der männliche Code

In keiner anderen Produktgattung finden sich so deutlich sexualisierte Codes wie im Bereich der Kosmetik. Produkte für Männer oder für Frauen werden in ganz unterschiedlich gestalteten Packungen angeboten, wobei als Regel gilt, dass der männliche Code, jedenfalls spezifische Varianten dieses Codes, auch für weibliche Produkte verwendet werden kann, der ausgeprägte weibliche Code jedoch unter keinen Umständen für männliche Produkte.

Wir befinden uns eben im Bereich des Körpers und Körper sind per se weiblich oder männlich, jedenfalls dem tradierten Verständnis nach. Bekanntlich ist dies nicht nur eine biologische Unterscheidung, sondern immer auch eine kulturell aufgeladene. Kulturelle Bewertungen machen sich mit Vorliebe an den unterschiedlichen Körperkonzepten für Männer und Frauen fest. Diese beinhalten fast immer auch Dominanzvorstellungen, die dann als »ganz natürlich« erscheinen.

Unsere zeitgenössische Gesellschaft geht von völliger Gleichheit der Geschlechter aus und diese besteht auch bereits in weiten, wenn auch nicht allen sozialen Bereichen unserer westlichen Gesellschaften. Im Bereich der Alltagskulturen und der Konsumkulturen, und demnach auch in der Präsentation der Waren, finden sich jedoch noch immer Codes, die auf alte Vorstellungen zurückgehen, teilweise sind sie im 19. Jahrhundert entstanden.

Wenn wir die überkommene Vorstellung betrachten, dass Frauen eigentlich defekte Männer sind, so liegen die Wurzeln noch viel weiter zurück. Davon gingen schon antike Theorien der Zeugung aus: Bei günstigen Bedingungen, also wenn die Luft, das Licht, die Feuchtigkeit stimmen, wird ein Mann gezeugt, bei ungünstigen eine Frau, die daher nie von Natur aus die Perfektion eines männlichen Körpers erreichen kann.

Das 19. Jahrhundert entwickelte in vielen medialen Kontexten, so deutlich greifbar in der Literatur, das Konzept des Männerkörpers als das eines Panzers. Der männliche Körper ist stark, gefühllos, unempfindlich. Er stellt eine nach außen fest abgegrenzte Hülle dar, alle Regungen des Innern bleiben auch im Inneren verborgen. Dieser Körper ist nicht unbotmäßig, er gehorcht jederzeit seinem Besitzer, muss aber von diesem nicht spezifisch zur Kenntnis genommen werden.

Die Normen für Gepflegtheit, Schönheit im Sinne von Gefälligkeit sind wesentlich niedriger als die für Frauen gültigen Normen.

Männliche und weibliche Körper werden in strikter Opposition gedacht und das Konzept der hegemonialen Männlichkeit legt fest, dass Männer sich deutlich von weiblichen Verhaltensweisen und Körperkonzepten abgrenzen müssen.

Der weibliche Körper ist hingegen weich, weniger scharf nach außen abgegrenzt, das Innere dringt leichter nach außen, er ist nicht fest und er neigt dazu, ein Eigenleben zu entwickeln und alle möglichen Probleme zu verursachen. Unter der Oberfläche lauern hier immer Gefahren. Dies wird besonders am Gesicht deutlich, wo unter der Haut Einbrüche stattfinden, das Gewebe nachlässt, Falten und Verfärbungen entstehen. Frauen sind permanent zu einer Sorge um ihren Körper angehalten und die Normen für ihr Aussehen liegen deutlich höher als die für Männer.

Auch der vorher beschriebene Gegensatz des Erhabenen und des Lieblichen, der auf Edmund Burke zurückgeht, bestimmt die ästhetischen Konzepte von Männlichkeit und Weiblichkeit: Für Männer gilt das Würdige, die Dignität, die Ernsthaftigkeit, für Frauen das Liebliche und Gefällige. All dies findet sich in der Gestaltung von Packungen des Kosmetikbereiches, die immer noch weitgehend von den traditionellen Vorstellungen ausgehen.

Die oben besprochenen Packungen von Guerlain Orchidée Impériale oder von Biotherm verwenden viel zu akzentuiert weibliche Codes, als dass sie für Männer akzeptabel wären. Guerlain ist zu kostbar, es würde einem Mann eine übertriebene Sorge um sich unterstellen.

## Der männliche Code

Der Markt für pflegende Kosmetik für Männer ist gegenüber dem Markt für Frauenprodukte deutlich kleiner, er wächst jedoch beständig. Angeboten werden nahezu ausschließlich Produkte, die für das Gesicht bestimmt sind, es gibt keinerlei Produkte, die den Körper in der Art formen wie dies Cellulite-Produkte oder Produkte für Hals, Busen bei Frauen tun. Der männliche Körper scheint in dieser Hinsicht perfekt.

**Abb. 16:** Alpecin – ein Haarfärbeprodukt für Männer

Wenn etwas Pflege bedarf, so ist es das männliche Gesicht. Dieses Verhalten kann jedoch für Männer nicht als selbstverständlich vorausgesetzt werden, wie dies bei Frauen der Fall ist, es kann daher auch als weiblich und damit als nicht hegemonial männlich betrachtet werden.

In der Beschreibung und Präsentation der Produkte muss daher sehr sensibel vorgegangen werden. Sie müssen strikt über einen männlichen Code angeboten werden, sie haben durch massive Männlichkeitszeichen jeden Verdacht zu zerstreuen, und wenn möglich, müssen sie sich auch um eine Legitimierung der Anwendung bemühen.

Ein anschauliches Beispiel, das wie wenige Produkte nicht aus dem Bereich der Gesichtspflege stammt, sondern das ein Haarfärbeprodukt für Männer darstellt, ist das Tuningshampoo von Alpecin (Abb. 16).

Haarfärbeprodukte von Frauen nehmen im Supermarkt einen breiten Raum ein: Sie stützen sich auf die Darstellungen von prachtvollen Haaren und entwickeln die differenzierendsten Paradigmen von Farbnuancen: Sonniges Bronze-Rot, Cashmere-Rot, Pure-Purple, Samt-Rot, Mahagoni Satin, Mystisches Rot, Diamant, Schwarz, Violette Wildseide, Grand Canyon Granatrot, Rotbuche, Bernstein, Vanille-Blond, Sahara, Caramel-Blond, Nordic Perlmut. Dies wäre für männliche Färbeprodukte undenkbar.

Alpecin wird schwarzes Shampoo genannt, die begleitende Abbildung zeigt es als motorähnlich schwarze Flüssigkeit, es wird in der begleitenden Anzeige von einer Männerhand mit einem Kraftgriff aus der Flasche in die Hand gepresst. Die Flasche ist in einem rational zurückhaltenden Code gestaltet: Silbrig/Rot, das Material ist Aluminium, es werden keine Bilder gezeigt, der Text verspricht »Power für Ihren Naturton« und es heißt Tuningshampoo, also ein Ausdruck aus der Sprache für Autopflege.

Betrachten wir nun einige exemplarische Packungen der pflegenden Kosmetik für Männer.

**Abb. 17 und 18:** Hyaluron von NIVEA

NIVEA for Men zeigt die Hauptaspekte des männlichen Codes, wenn wir das derzeitige Konzept von hegemonialer Männlichkeit zugrunde legen: Es mutet sachlich, funktional an, ernsthaft, technisch, wissenschaftlich. Dies wird über mehrere Ebenen erzeugt. Der Farbcode stützt sich auf silbrig blaue Töne, wertvoll aber kühl und zurückhaltend, dunkler und reduzierter in den Nuancen als vergleichbare weibliche Produkte.

Das Produkt befindet sich in einer quadratischen Überschachtel aus Karton, die aufgemalte Noppen zeigt. Wir haben in Kapitel 2.4.1 den Eindruck dieses Zeichenfeldes des Gerillten und Genoppten beschrieben, das in Richtung sportlich-gehoben geht.

Die eigentliche Packung ist eine zylindrisch geformte Röhre in einem matten, aluminiumhaft anmutenden, silbrigen Metall, die beim Gebrauch fest mit der Hand umschlossen werden muss. Die Öffnung, die das Produkt entlässt, ist versenkt und kann mit einem kleinen Dreh geöffnet und wieder versenkt werden.

Der Anwendungsvorgang akzentuiert also nicht irgendein lustvolles Öffnen, Eincremen, Genießen von Duft und Konsistenz, sondern er ist schnell, zweckmäßig, funktional. Dem korrespondiert im Übrigen die Tatsache, dass Männer möchten, dass eine Creme ganz schnell und fast nicht wahrnehmbar in die Haut einzieht, während Frauen das Gefühl der Creme auf der Haut genießen und teilweise die Qualität von Cremes anhand dieses Gefühls beurteilen. Wenn man so will, möchten Männer den Pflegevorgang eigentlich vergessen oder jedenfalls auf eine sachlich funktionale Ebene verschieben.

Auch die verbalen Inschriften folgen diesem Muster. Die Creme wird sachlich beschrieben: »Hyaluron, Anti-Age Gesichtspflege.«

Die Ästhetik folgt dem von Burke entwickelten Konzept des Erhabenen und dieser Code der Dignität definiert den männlichen Code, sofern er dem hegemonialen Männlichkeitsbild folgt. Dieses Bild beherrscht fast vollständig den Kosmetikmarkt. Der Mann erscheint hier korreliert mit Rationalität, Technik, Wissenschaft, dem Zurückhaltenden, Sachlichen, minimalistisch Reduzierten. Dies hat jedoch einen großen Nachteil: Die Variationsbreite dieses Codes ist gering, die Produkte schauen relativ gleich aus, sie ermöglichen kaum eine Wahl zwischen mehreren unterschiedlichen Varianten.

Die folgenden Beispiele zeigen zwei Möglichkeiten der Gegensteuerung.

### Strategien gegen die Gefahr der Unmännlichkeit – Bull Dog

Auch Männlichkeitskonzepte weisen Varianten auf. Eine davon ist die Opposition zu dem hegemonialen Typ. Hier ist der Mann nicht zivilisiert, diszipliniert, würdig, technisch orientiert, rational, sondern das Gegenteil: Seinen Affekten hingegeben, auch aggressiv, nicht wirklich zivilisiert, mit einer Unterschichtsanmutung. Nischenprodukte, wie zum Beispiel die Marke Astra Bier, stützen sich inzwischen in einer Reihe von Fällen auf dieses Bild.

Bull Dog, das wir schon kennengelernt haben, folgt diesem Muster, durch seinen Namen, auch durch das Bild der Dogge im Logo. **Dahinter kann auch eine kulturelle Entwicklung im Bereich der Geschlechterkonzeptionen vermutet werden.**

Der Soziologe Walter Hollstein[74], der Gutachter des Europäischen Rates für Männerfragen veröffentlichte 2012 ein Buch mit dem Titel »Was vom Manne übrig blieb«. Darin beschreibt er eine tiefe Krise in den Männlichkeitskonzepten speziell junger Männer. Die zunehmende Fokussierung des öffentlichen Diskurses auf Frauen, die in jeder Beziehung gefördert werden sollten, führt bei jungen Männern zu einer Verunsicherung. Sie haben das Gefühl, weniger gebraucht zu werden, da Entscheidungen zunehmend von Frauen getroffen werden. Ihre Rollenerwartungen sind ambivalent und widersprüchlich und die Anzahl derer, die als Verlierer aus dem Arbeits- und Bildungsmarkt aussteigen, steigt ständig. Wesentlich mehr junge Männer als Frauen scheiden aus dem Ausbildungsprozess aus, sie leben zunehmend allein, in höherem Ausmaß als Frauen. Die amerikanische Soziologin Hanna Rosin[75] spricht gar von einem »Ende der Männer«.

Wenn wir die These für richtig halten, dass erfolgreiche Produkte vor allem die Defizite und nicht erfüllten Sehnsüchte der Gesellschaft kompensieren, so stellen diese Zeichenwelten einer aggressiven archaischen Männlichkeit ein gutes Beispiel dar. Wie Tennessee Williams als Untertitel seiner Glasmenagerie schreibt: *For those wild at heart that are kept in cages.*

Die andere Möglichkeit ist der Versuch, den herrschenden Code interessant zu variieren, wie das folgende Beispiel zeigt.

Und schließlich gibt es bei sehr wenigen Produktgruppen, so bei Nischenparfüms, den Versuch, Männer bzw. Personen, die sich nicht genau auf ein Geschlecht festlegen wollen, durch leicht weibliche Codes anzusprechen (vgl. Kapitel 2.5.1).

74 HOLLSTEIN, Walter: Was vom Manne übrig blieb. Opus-Magnum. Stuttgart: 2012[2].

75 Süddeutsche Zeitung vom 8. Juli 2013.

**Abb. 19:** Hydra energy von l'Oréal expert

### Strategien gegen die Gefahr der Unmännlichkeit – l'Oréal expert

Das Produkt befindet sich hier in einer zylindrischen Röhre und wird durch Druck entnommen, als Material wurde jedoch gläsern anmutender Kunststoff gewählt, der die Farbe durchscheinen lässt. Diese Packung arbeitet mit dem Einsatz von Farbe, mit Orange, was am Regal eine hohe Präsenz garantiert. Orange ist keine primär weiblich anmutende Farbe, jedoch auch keine wirklich im männlichen Code verankerte.

Die Packung steuert der Gefahr der Unmännlichkeit durch den massiven Einsatz von verbalen Behauptungen entgegen. Dieser Text liefert im Kern eine Begründung für die Farbe und sie legitimiert die Verwendung.

Das Produkt heißt »Hydra energy«, und es bietet den Nutzen »24 Stunden Anti-Müdigkeit«. Dieses Produkt wird also verwendet, weil man einen höheren Grad an Energie, Dynamik und Kraft erreichen möchte, nicht etwa weil man Probleme mit der Haut hat.

### Das Konzept der Energie

Wir treffen hier auf ein Konzept, das für die gesamte Produktkultur eine zentrale Bedeutung hat: Das Konzept der Energie. Zahlreiche Produktgattungen versprechen, Energie zuzuführen, zu steigern, zu erhalten: Energy Drinks, Riegel, Nahrungsmittel, Duschbäder, Nahrungsergänzungsmittel usw. Energie ist im gesamten Bereich unserer Gesellschaft ein wichtiges Konzept: Der öffentliche Diskurs beschäftigt sich sehr deutlich mit den Fragen der Energieeffizienz, -gewinnung, -zuteilung usw. Jeder ist angehalten, vernünftig mit Energie umzugehen.[76] Energie wird dabei als eine Kraft gedacht, die die Leistungsfähigkeit eines Systems erhält oder steigert.

76 ULLRICH, Wolfgang: Alles nur Konsum. Verlag Klaus Wagenbach. Berlin: 2013.

Dieses Konzept hat eine ähnliche Zentralität wie es das Konzept der Leitungen im 19. Jahrhundert hatte. Hier wurden ja zum ersten Mal Leitungen in Form von Eisenbahnschienen und dann Telefonleitungen durch die Länder gelegt und auch die Medizin befasste sich bevorzugt mit den Leitungen im menschlichen Körper, zunächst mit dem Blutkreislauf, dann mit den Nerven.

**Abb. 20:** Taft Powergel für Männer

Viele männlich orientierte Produkte behaupten Energie- und Kraftzufuhr. Dies geht bis zu den Ausformungen im Bereich der Haarpflege zum Beispiel bei der Marke Taft Powergel:

Machen wir eine Ersatzprobe: Könnten diese Packungen in ihrer grundsätzlichen ästhetischen Anlage auch für Frauenprodukte gewählt werden?

NIVEA for men mit kleinen Varianten in der Farbgebung sehr wohl, auch L'Oréal, wenn auch mit anderen Produktversprechen, Marathon Man/Power Gel eher nicht und Bull Dog keinesfalls. Dies zeigt einiges:

Der **Code der aggressiven Männlichkeit** ist tatsächlich ein sozial nicht hoch stehender Code, er bringt, wenn er nicht als Männlichkeitskonzept angeboten wird, keinerlei Distinktionsgewinn.

Dass der Code der Dignität aber sehr wohl auch für Frauen benutzt werden kann, ist wieder eine Konsequenz der Tatsache, dass subdominante Gruppen den Code der dominanten Gruppen übernehmen können, nicht jedoch umgekehrt. Viele kosmetische Produkte für Frauen wählen diesen Code der Dignität, vor allem dann, wenn sie sich in ihrer Begründung auf den medizinischen Code stützen, sie stehen jedoch oft in Gefahr einer gewissen ästhetischen Durchschnittlichkeit, da ihnen eben die emotionalen Möglichkeiten des weiblichen Codes verwehrt sind, was am besten Premiumkosmetik und teilweise auch Naturkosmetik vorführt. Dazu der nächste Abschnitt.

## Begründung der Wirksamkeit

Speziell Produkte der pflegenden Kosmetik werden verwendet, weil man sich davon eine bestimmte Wirkung verspricht - sie müssen also einen funktionalen Nutzen signalisieren. Auch wenn die Nutzen dieser Produkte nicht allein in dieser funktionalen Wirksamkeit liegen, ist sie doch unerlässlich, um ihre Verwendung zu legitimieren und zu begründen. Diese Wirkung wird in einem breiten Strom von begleitender Kommunikation, Werbung, Verkaufsgesprächen usw. so attraktiv und überzeugend als möglich beschrieben.

Wir greifen hier wiederum jenen Aspekt heraus, der durch die Packung geleistet wird: Jede Packung kommuniziert eine bestimmte Wirkung und begründet sie. Was inhaltlich versprochen wird, hängt mit den Problemen und den Idealzuständen zusammen, die für die weibliche und männliche Haut propagiert werden - dies haben wir in den vorangegangenen Abschnitten beschrieben.

Hier geht es um die Begründungen, die Packungen liefern. Diese kommunizieren sie verbal aber auch durch ihre Gestaltung, durch Bilder, Farben, Formen, Materialien, Stile. Zu unterscheiden ist die verbale explizite Argumentation und die Umsetzung dieser Argumentation in den visuellen Code der Packung.

Es gibt vier Argumentationsstränge:

### 1. Cheating the system: Wissenschaft korrigiert die Mängel der Natur

Die Natur lässt die Haut altern, die Haare grau werden, Nägel brüchig werden, Zähne schmerzen usw. Die Wissenschaft hebelt dieses System aber aus: Sie forscht, sie erfindet, sie bringt immer neue Innovationen hervor, die diese Mängel korrigieren. Diese Denkfigur besitzt im Bereich von Kosmetik eine weite Verbreitung, sie manifestiert sich in dem Einsatz des medizinisch wissenschaftlichen Codes.

Als Beispiel sehen Sie hier eine Packung der Mainstreamkosmetik, die diesem medizinisch wissenschaftlichen Code folgt:

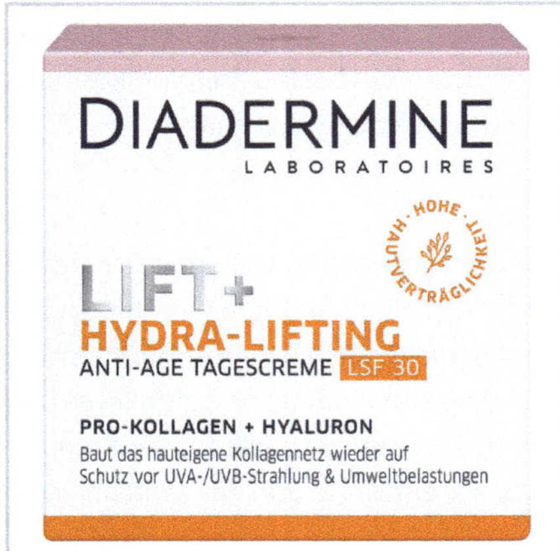


**Abb. 21:** Die Anti-Age-Tagescreme Diadermine

Diese Packung, die beispielhaft für einen weiten Bereich von Mainstreamkosmetik steht, zeigt eine spezifische Ästhetik: eher rational, nüchtern, zurückhaltend im Farbcode, klar in der Form, auf verbale Aussagen gestützt, ohne Bildprogramme. Dies ist eher neutraler Code und es ist ein Code, der eher informativ als verführend auftritt.

Als Wirkstoff werden hier Vitamine genannt: Pro Vitamin B5, was leicht medizinisch anmutet. Weitere Versprechen werden nicht gegeben. Bei anderen Packungen ist es Gelée royale oder Calcium, wieder andere Packungen arbeiten mit Formulierungen, deren Realitätsgehalt für die meisten Rezipienten unverständlich sein dürfte, die aber medizinisch wissenschaftlich klingen, Biocella, Amino-M-Cell, Qu 10.

Extreme Ausformungen dieses Codes finden sich bei den Marken, die sich explizit dem Bereich der medizinischen Kosmetik zuordnen lassen. Sie führen aus, dass sie von Dermatologen entwickelt und in Kliniken getestet wurden und dass sie sehr spezifische, ausgeprägt medizinisch anmutende Bestandteile enthalten.

Eine solche Marke ist zum Beispiel Skinceuticals, die als zentrales Produkt ein Serum anbietet, das in einer gläsernen Ampulle verpackt ist. Diese Ampulle könnte auch ein Medikament enthalten. Sie ist in einem dunklen Farbton gehalten, zeigt keinerlei Bilder, sondern bringt ausschließlich verbale Informationen.

Diese Packungen zitieren den Code der Wissenschaft und in vielen Fällen einen institutionellen Rahmen. In den begleitenden Texten wird ausgeführt, dass die Bestandteile der Cremes von Wissenschaftlern in Labors des Unternehmens entwickelt wurden und/oder dass sie in wissenschaftlichen Untersuchungen von Frauen getestet wurden, die ihre Wirkung bestätigen.

**2. Cooked nature: Die Natur stellt ihre Kräfte zur Verfügung**

Auf der anderen Seite stehen Marken, die sich als Naturkosmetik bezeichnen: Sie führen aus, dass sie natürliche Wirkstoffe enthalten. Dies bedeutet immer pflanzliche Wirkstoffe, nicht tierische. Genannt werden meist Blumen oder Früchte: Olive, Distel, Granatapfel usw., nicht jedoch Gemüsesorten. Natur wird hier mit dem Bereich des Pflanzlichen, im engeren Sinne sogar mit dem Bereich der Blumen und Kräuter gleichgesetzt.

Die Packungstexte erklären, dass diese Pflanzen als ganze Pflanze, also nicht einzelne in ihnen enthaltene Stoffe, wie Eiweiße oder Aminoverbindungen, spezifische Wirkungen für Hautprobleme haben bzw. für einen wünschenswerten Zustand der Haut sorgen, aber auch, dass sie von besonders reiner Qualität sind und durch sorgfältige Herstellungsverfahren gewonnen wurden.

In einzelnen Fällen wird die Herstellung auch ideologisch gerahmt. Besonders deutlich ist dies bei Weleda, das einen anthroposophischen Hintergrund anführt oder bei L'Occitane, das seine Herkunft aus einem besonderen Raum, der Provence, als Kompetenzbeweis anführt, ebenso Bodyshop. Kiehl dagegen stützt sich auf seine Herkunft als Apothekermarke, argumentiert also mit einer spezifischen Art von traditionell verankertem Expertenwisse

Anders als bei den Marken des medizinisch wissenschaftlichen Bereiches, die von Innovationen und Entdeckungen leben, wird hier also Bewahrung, Verankerung in einem bestimmen Zeit-Raum-Kontinuum behauptet. In diesem Bereich der Naturkosmetik sind aber speziell solche Pflanzen günstig, von denen angenommen werden kann, dass sie *Elan vital* (Lebenskraft) übertragen.

Auch wenn die Wirkung dieser Pflanzen naturwissenschaftlich begründet wird, beruht sie doch auf einer anderen Vorstellung. Postuliert wird hier eine Übertragung von Lebenskraft, von *Elan vital.* Die Kraft, die in der Pflanze als lebender Organismus wirkt, wird in der Creme konserviert und überträgt sich auf den Anwender. Es ist daher klug, Pflanzen zu wählen, die unter extremen Bedingungen erstaunliche Leistungen an Überlebenskraft bringen: Die Schneealge etwa oder die Wüstenpflanze Aloe Vera oder Pflanzen aus Skandinavien, die unter ganz kargen Bedingungen gedeihen.

Naturgemäß spielen hier auch magische Komponenten eine große Rolle: Es ist dies die schon besprochene sympathetische Magie, eine Art der Kontaktmagie.

**3. Alchemistische Verkochung: Naturbestandteile werden in höhere Zustände überführt**

Die Prinzipien dieser Argumentation wurden schon oben beschrieben. Sie folgen dem alten alchemistischen Modell: Alchemisten versuchten, Bestandteile der Natur so zu verkochen, dass sie eine neue und wertvolle Entität bildeten, im günstigsten Fall eben Gold.

Wenn man also nicht behaupten will, dass eine Creme nur durch wissenschaftlich medizinisch anmutende Bestandteile wirkt, oder wenn man sich nicht nur auf die Überzeugungskraft von Oliven oder Disteln oder Granatäpfeln stützen will, so ist es günstig, die Vorteile beider Systemebenen durch dieses alchemistische Konzept zu verbinden. Dies ist die Argumentation, die die meisten Premiummarken einsetzen, die sich als Naturkosmetik darstellen.

Exemplarisch führt das immer wieder Sisley aus. Die Marke erklärt, dass es ausschließlich aus pflanzlichen Bestandteilen besteht. Diese haben Wissenschaftler durch Forschungen an Pflanzen gewonnen, sie haben die Pflanze in ihre Bestandteile zerlegt und die wirksamen Substanzen herausgefiltert – diese wurden dann in die Creme überführt. Genau so argumentieren auch Ingrid Millet, Kaviar von La prairie, ebenso organic pharmacie.

**4. Magische Wirksamkeit**

Der vierte Legitimationsstrang ist genau genommen keine explizite Argumentation, sondern die im vorigen Abschnitt geschilderte Anmutung von äußerster Kostbarkeit, die magische Wirkungen verspricht. Dies bedarf, wie wir gesehen haben, großer Anstrengungen bei den Materialcodes, Farbcodes, der gesamten visuellen Umsetzung.

### Die visuelle Umsetzung von Wissenschaft und Natur

Betrachtet man die visuelle Umsetzung der beiden zentralen Begründungen, Wissenschaft und Natur, so fällt auf, dass der medizinisch wissenschaftliche Code überwiegt, auch bei Marken die eigentlich dem Bereich Naturkosmetik zuzuordnen sind.

Zwischen diesen beiden Begründungssträngen steht die sogenannte Apothekerkosmetik.

**Abb. 22:** Das Sortiment von Kiehl's

Dies ist nicht die Kosmetik, die faktisch in Apotheken vertrieben wird, sondern eine, die das Zeichenfeld von alten Apotheken benutzt. Von diesen Apotheken weiß man, dass sie in der Vergangenheit Medizin, Salben und Cremes hergestellt haben, und zwar nach medizinischem Wissen, aber auch nach alten überlieferten Rezepten, die einer Volkskultur entstammten und die von ihnen ganz persönlich mit Erfahrung und großer Expertise kombiniert wurden. Sie vereinen also Wissenschaft, aber auch volkstümliche und naturhafte Überlieferung.

Ihre visuelle Umsetzung speist sich aus den Codes der Vergangenheit und der persönlichen Manufakturen: Handschriften, nostalgische Schriftart, braune Flaschen, informierende Beschreibungen.

Betrachten wir jetzt Marken des Mainstreammarktes für Naturkosmetik (Abb. 23), Marken, die in spezifischen Outlets angeboten werden (Abb. 24), sowie Marken der Premiumkosmetik (Abb. 25).

**Abb. 23:** Das Sortiment von bigood

**Abb. 24:** Das Sortiment von Weleda

Abb. 25: Gesichtspflege von Sisley

Man würde erwarten, dass Marken, die sich als Naturkosmetik positionieren, verführerische Bilder von Pflanzen, von Naturausschnitten bringen, dass sie den emotionalen Eindruck, den schöne Naturelemente vermitteln, ausnutzen, so wie wir das von Säften und Konfitüren gewohnt sind. Sie sollten sich mehr auf Bilder, weniger auf verbale Informationen und Argumentationen stützen.

Dies ist jedoch nur ansatzweise der Fall: Nur einige Marken zeigen Abbildungen von Pflanzen. Diese Marken gehören eher in den Bereich des unteren Preissegmentes und daher besteht auch eine bestimmte gelernte Korrelation zwischen der mimetisch realistischen Darstellung von Pflanzen und dem Niveau der Marke: Je höher im Segment eine Marke steht, die Natur anspricht, desto weniger realistische Abbildungen von Pflanzen finden sich. Sisley etwa bildet keinerlei Pflanzen ab.

Wenn wir noch einmal an die Darstellungskonventionen erinnern, die fast ausschließen, Pflanzen mimetisch realistisch abzubilden, so kommt der verbalen Ebene eine große Rolle zu: In der Bezeichnung der Pflanze muss sich ihre ganze Magie entfalten. Wenn dies gut gemacht ist, können beträchtliche poetische Potenziale entfaltet werden, die verbale Beschreibung übernimmt die Rolle von Bildern.

Die Naturkosmetikmarke Ringana beschreibt zum Beispiel eine ganze Orgie an Pflanzennamen in ihren Produkten: Irische Meerwasseralgen, sibirisches Tigergras, indischer Ginseng, russische Rhodiola rosa, tibetanischer Sanddorn, chinesischer Reishi, Olivenblätterextrakt, Blue-daisy-Extrakt.

Pflanzen über visuelle Codes darzustellen, ist also nur bei einer Minderheit von Packungen anzutreffen – erst im Bereich der Duschgels treffen wir dann auf eindrucksvolle Pflanzendarstellungen.

Schon Weleda differenziert sich ausschließlich über einen sehr intensiven Farbcode, der jeweils auf einen Pflanzenbestandteil abgestimmt ist, die Pflanzen werden aber nur verbal angeführt.

Die Marken des Premiumbereiches bei Naturkosmetik, Sisley und Organic pharmacie, die beide ausführen, dass sie aus ausschließlich natürlichen Pflanzenbestandteilen bestehen, verwenden in einer fast extremen Form einen rationalen medizinisch wissenschaftlich anmutenden Code.

Das System der Wissenschaft erscheint also als das privilegierte und dies wohl deshalb, weil es die derzeit hegemonialen Werte enthält: Fortschritt, Innovation, Spezialisierung und Partikularisierung, auch institutionelle Größe.

Das System der Natur, das mit Bewahrung, Ganzheitlichkeit, Zurückführen an einen temporalen, regionalen oder persönlichen Ursprung verbunden wird, ist demgegenüber das weniger wirksame.

Natur, die von sich aus keine Innovation hervorbringt, erhält hochgradige Effizienz dann, wenn sie von Experten in ihre Bestandteile zerlegt und bearbeitet wird – es geht also weitgehend nicht um den natürlichen Stoff, sondern um den wissenschaftlich entdeckten Stoff. Genau dies scheint der Grund zu sein, warum Kosmetik sich in ihrer visuellen Umsetzung sehr viel mehr auf den Code der Wissenschaft als auf den Code der Natur stützt.

Für den gesamten Bereich der Packungen für Körperpflegeprodukte ist immer mitzudenken, dass sie eine besondere Relation Konsument/Produkt beinhalten: Man ist tagtäglich in Kontakt mit ihnen, man nimmt sie immer wieder in die Hand, man öffnet und schließt sie – man unterhält also einen sehr engen Kontakt zu ihnen.

Die taktilen Reize, die ein jeweiliges Material bietet, die Erlebnisse beim Öffnen und Schließen, die Produktentnahme können, wenn sie gut geplant sind, die Bindung des Benutzers an ein jeweiliges Produkt steigern.[77]

Ebenso bilden diese Packungen einen Bestandteil des häuslichen Ensembles, vor allem des Badezimmers – es geht bei ihnen also nicht nur darum, einen Effekt am Regal zu erzielen, sondern auch darum, angenehm im häuslichen Bad zu wirken.

## 3.3 Der Traum von ewiger Jugend – Nahrungsergänzungsmittel

In letzter Zeit hat sich ausgehend von der in Abschnitt 3.2 angesprochenen Körperfixierung ein weiterer Markt entwickelt: der Markt der Nahrungsergänzungsmittel. Dieser Markt ist ein profitabler und wachsender Markt. Im Jahr 2021 wurden in Deutschland 202.000 Tonnen Nahrungsergänzungsmittel im Wert von 1,2 Milliarden

77 HARTMANN, O./HAUPT, S.: Touch! a. a. O.

Euro produziert (+13,1 %).[78] Die Inhaltsstoffe, die vielen dieser Produkte zugrunde liegen, kosten minimale Beträge, die Preise für das fertige Produkt sind beträchtlich.

Nahrungsergänzungsmittel werden vom Gesetz her nicht als medizinische Produkte angesehen, sondern als Lebensmittel. Es ist ihnen also verboten, mit gesundheitlichen Argumenten im expliziten Sinn zu werben. Wir werden sehen, dass die Auftritte dieser Produktgattung stark von diesem Sachverhalt geprägt sind: Was ihnen im verbalen Code verboten ist, können sie sehr wohl im visuellen Code behaupten.

Wie immer muss man sich fragen: Was wird hier eigentlich verkauft? Und: Mit welchen Codes arbeiten die Packungen, um diesen Nutzen klarzumachen?

Nahrungsergänzungsmittel umfassen entweder Einzelinhaltsstoffe wie Magnesium, Vitamin C, Zink, Selen etc. oder Kombinationen, die dann einem bestimmten Zweck dienen wie Stärkung des Immunsystems, Einschlafhilfen, Energiebooster, Leistungssteigerung, Gedächtnisunterstützung etc., aber auch kosmetische Nutzen wie die Hilfe gegen Haarausfall, Hautverjüngung.

Summarisch umfasst ihr Nutzenspektrum vielfältige Leistungen – im Kern verspricht die Packungsgestaltung einen Körper, der frei von allen Mängeln ist, der immer und jederzeit bestens funktioniert, in letzter Zeit wird auch eine positive Wirkung auf die Psyche versprochen: Man kann gut schlafen, man ist guter Laune, man kann sich maximal konzentrieren, man hat immer Energie zur Verfügung.

Der Körper wird hier als eine Maschine gedacht: Führt man ihr die richtigen Stoffe zu, so funktioniert sie optimal. Zugleich wird das Gefühl der Selbstwirksamkeit gefördert: Ich selber habe es in der Hand, dass diese Maschine gut läuft, und es ist ein sehr einfacher Vorgang: Ich muss keine Diät halten, mich nicht sportlich anstrengen, nicht nur Gemüse essen – ich kaufe einfach diese kleinen Kügelchen und werfe sie ein.

Zur Zielgruppe, die diese Produkte kauft, gehören verschiedene Gruppen: sehr gesundheitsbewusste Personen, oft mit einem spezifischen Lifestyle, sportlich Interessierte, ältere Personen.

Dass dieser Markt so wächst, ist möglicherweise auch diesem Phänomen geschuldet: Bekanntlich sind wir eine stark alternde Gesellschaft, hängen aber weiter dem Mythos der Jugendlichkeit an. Definitionen, ab wann man eigentlich alt ist, variieren beträchtlich, in jedem Fall kennen wir eine Lebensphase, die man das »dritte Alter« nennt. Dies ist eine Phase, in der Personen aus dem aktiven Erwerbsprozess ausscheiden oder in

78 Zeit Online: Produktion und Absatz von Nahrungsergänzungsmittel. 23. August 2022.

dem sich ihre Lebenssituation ändert, aber in der sie alles daransetzen, um noch aktiv und lustvoll am Leben teilzunehmen. Diese ältere Generation ist auch tatsächlich fitter und leistungsfähiger als die Generationen zuvor. Erst dann beginnt die vierte Lebensphase, also die Phase, in der man gebrechlich und vergesslich wird – ein Zustand, der keineswegs zwingend erreicht werden muss, der aber außerordentlich gefürchtet wird.

Selbst Demografen gehen dazu über, nicht die tatsächliche Lebensdauer zu zählen sondern die »years of good life«.[79] Diese so verstandene Longevity (Langlebigkeit) zählt zu unseren hoch relevanten Konzeptionen des Wünschenswerten. Betrachtet man die Argumentationen, die in diesem Bereich vorherrschen, so fällt auf, dass ein Großteil von ihnen aus dem Kosmetikdiskurs stammt: die Legitimation der Wirkung von Inhaltstoffen, die Absenderinstanzen, die Qualitätsbehauptungen – sie werden dort ausführlich geschildert.

Sehr viel anders als im Bereich der Kosmetik sind jedoch die Codes, die die Packungen der Nahrungsergänzungsmittel verwenden. Diese sind extrem einfach und sie machen von vielen Möglichkeiten des Kosmetikfeldes keinen Gebrauch – so die Faszination von ästhetisch raffinierten Auftritten, die Andeutung von Magie, die Premiumstrategien, die Markeninszenierung etc.

Es scheint, als ob der Zwang zu einer seriösen, quasi wissenschaftlich-medizinischen Anmutung voraussetzt, dass von Visualität sehr sparsam Gebrauch gemacht wird. Dies eben hängt wohl mit unserer Bewertung von visuellen und verbalen Codes generell zusammen, wie ich in dem Buch *Bildmagie* in Kapitel 5 ausgeführt habe. Das Verbale scheint uns das Seriöse, das Visuelle das Verführerische und Manipulative.

Das wichtigste Narrativ auf dem Gebiet der Nahrungsergänzungsmittel ist die Erzählung über die außerordentliche Wirksamkeit eines Inhaltsstoffes, sein spezifischer Nutzen für ein bestimmtes Problem, für eine Prävention oder Optimierung. Magnesium braucht man für ein reibungsloses Funktionieren der Muskeln, Vitamin C zur Immunabwehr, Hyaluronsäure für die Festigkeit der Haut etc. Manche dieser Zuschreibungen sind gelernt und bekannt, manche unbekannt, sie müssen erst kommuniziert werden, so bei Selen oder B-Vitaminen.

Bei Kombinationspräparaten spielt dann auch die Kompetenz, mit der die Einzelstoffe miteinander verbunden werden, also das »Rezept« eine Rolle.

79 LUTZ, Wolfgang: Advanced Introduction to Demography. Edward Elgar Publishing. 2021.

Rational überlegt, könnte man zu diesen Stoffen auch gelangen, indem man sie in billiger Form in der Apotheke kauft, so zum Beispiel Ascorbinsäure, oder noch einfacher, indem man sie mit der Nahrung zuführt. So gibt es ja durchaus Ärzte, die erklären, dass ein normal und gut ernährter Mensch die meisten dieser Stoffe mit der Nahrung aufnimmt. Auf dieses Argument gehen die Anbieter im Übrigen oft ein: Sie erklären, dass jemand, der viel, außerordentlich viel Gemüse und Obst isst, diese Nahrungsergänzungsmittel nicht brauche – aber wer tut das schon?

Die meisten Käufer von Nahrungsergänzungsmitteln sind sich da eben nicht sicher, und sie haben auch in vielen Fällen gar nicht festgestellt, dass sie einen wirklichen Mangel haben. Die wichtigste Motivation auf diesem Gebiet ist es, vorsorglich alles zu tun, um für das optimale Funktionieren des Körpers zu sorgen bzw. einen winzigen Mangelzustand, den man bemerkt, sofort zu korrigieren. In vielen Fällen braucht es allerdings gar keinen konkreten Anlass: Gerade engagierte Nutzer haben das Gefühl, sie müssten einfach alles tun, um gesund und schön zu bleiben und länger zu leben.

Auf diesem Gebiet geht es darum, sicher zu sein, dass man die richtigen Stoffe zur Verfügung hat – Stoffe, die wirksam und ungefährlich zugleich sind. Die primäre Inszenierung ist also eine Inszenierung der Wirkstoffe. Dies stellt besondere Herausforderungen an die visuelle Inszenierung: Die Wirkstoffe selbst lassen sich kaum darstellen, und es gibt auch keine Versuche, sie in irgendeiner Form visuell zu übersetzen. Sie können nur verbal beschrieben werden und in diesem Aspekt sind auf den Packungen enge Grenzen gesetzt.

Die Strategie, Wirkstoffen eine besondere Wirksamkeit zuzuschreiben, wurde schon für den Bereich der Kosmetik geschildert (vgl. Kapitel 3.2). Viele dieser Verfahren werden hier übernommen.

Die Wirkstoffe lassen sich im Wesentlichen drei Gruppen zuordnen:

- Wirkstoffe, die dem Arsenal der Chemie zu entstammen scheinen: Sie deuten dies zumindest ihrem Namen nach an: Magnesium, Selen, Zink, Eisen, Collagen, Kreatin, Liponsäure, Spermidine etc.
- pflanzliche Stoffe: Ingwer, Kurkuma, Pilze, Algen, Bitterstoffe
- Vitamine: Vitamin C, D, B

Bei manchen Wirkstoffen verlässt man sich auf die Bekanntheit der Wirkung, so wie bei Vitamin C, bei vielen anderen muss sie aber irgendwie beschrieben und legitimiert werden. Diese Legitimation erfolgt im Wesentlichen über zwei Verfahren: Es werden naturwissenschaftliche Studien angeführt, die in Versuchen eine bestimmte Wirkung nachgewiesen haben, oder man verweist darauf, dass dieser Wirkstoff entweder vom Körper selbst produziert wird oder dass er in pflanzlichen Substraten vorkommt, so findet man ihn eben auch in Nüssen, in Hefe, in bestimmten Nahrungsmitteln. In beiden Fällen wird postuliert, dass man davon aber nicht ausreichende Mengen zu sich nimmt. Diese Argumentation ist insofern wichtig, als viele Menschen sich scheuen, »chemische« Bestandteile aufzunehmen, natürliche aber wohl: Ascorbinsäure sicher nicht, Zitrone schon – was dem Körper vermutlich gleich ist.

Schließlich gibt es auf dem Gebiet der quasinatürlichen Wirkstoffe auch Stars, die allerdings wechseln. Derzeit sind es Ingwer oder Kurkuma, ein wenig verblasst ist die Reputation von Weizengras. Sehr oft bildet der Hinweis »far away and long ago« eine wichtige Legitimationsstrategie: Schon die alten Inder oder Chinesen wussten um die Wirkung des Schlafhormons Ashwagandha, Ginko etc., auch Hildegard von Bingen wird oft bemüht.

Um für die Qualität der Wirkstoffe zu argumentieren, werden insgesamt drei Aspekte angeführt, die alle drei die Verbindung von Wirksamkeit und Ungefährlichkeit glaubhaft machen und der Furcht entgegenwirken, dem Körper etwas Körperfremdes, Chemisches zuzuführen:

Der Wirkstoff hat im Kern eine natürliche Herkunft, wenn er auch chemisch anmutet. Der Wirkstoff liegt in ganz reiner Form vor, er wurde mit großer Sorgfalt gewonnen. Nicht selten wird darauf verwiesen, dass er hier im Lande produziert wurde, nicht im Ausland. Wir finden hier wieder die lange bestehende Parallele: Die Grenzen des Körpers sind den Grenzen des Nationalstaates vergleichbar, nichts »Fremdes« darf in ihn eindringen. Dieses Bild liegt etwa dem Erfolg der Marke Pure zugrunde, die dieses Versprechen im Namen trägt. Auch der Hinweis, dass kein anderes Präparat eine so hochkonzentrierte Menge enthält, findet sich auf vielen Packungen von Nahrungsergänzungsmitteln.

Der Wirkstoff hat eine lange und ehrwürdige Geschichte, die durch den Verweis auf Hildegard von Bingen, Klostertraditionen oder den Aspekt »long ago and far away« geleistet wird. So wird sichergestellt, dass er nicht aus dem Gebiet der »Industrie« stammt. Diese Hinweise wenden sich an eine spezielle Gruppe von Konsumenten, die davonüberzeugt sind, dass unser moderner, durch Industrie und Leistungsgesellschaft geprägter Lebensstil für viele Übel verantwortlich ist, die unsere Körper angreifen: »Die Industrie vergiftet uns« , »Die Pharmakonzerne wollen nur verdienen« etc.

Bei den Kombinationspräparaten, die einem speziellen Zweck gewidmet sind, so zum Beispiel besserer Schlaf, die Förderung von Konzentration oder Stärkung der Immunabwehr, kommt noch ein weiterer Gesichtspunkt hinzu: Der Hersteller behauptet, dass nur er über ein Rezept verfügt, das diese spezifische Kombination hoch wirksam macht. Diese Leistung wird oft durch eine umfangreiche Aufzählung aller Bestandteile verdeutlicht, die den Charakter einer Namensmagie annimmt, einer »Anrufung und Evokation der Wirkstoffe«.

Ein sehr hochpreisiges Produkt, Biogena Diamonds, führt zum Beispiel minutiös folgende Produktbestandteile an:

| Inhaltsstoffe: | pro Tagesdosis (3 Kapseln) | % NRV** |
|---|---|---|
| Vitamine: | | |
| Vitamin C (Ester-C®) | 120 mg | 150 |
| Niacin (mg NE) | 48 mg | 300 |
| Vitamin E (mg α-TE) | 18 mg | 150 |
| Pantothensäure | 15 mg | 250 |
| Riboflavin (Vitamin B2) | 4,2 mg | 300 |
| Vitamin B6 | 4,2 mg | 300 |
| Thiamin (Vitamin B1) | 3,3 mg | 300 |
| Folsäure (Quatrefolic®) | 300 µg | 150 |
| Biotin | 150 µg | 300 |
| Vitamin K (K2VITAL®) | 30 µg | 40 |
| Vitamin D3 (2000 I. E.) | 50 µg | 1000 |
| Vitamin B12 (MHA-Formula) | 9 µg | 360 |
| Mineralstoffe & Spurenelemente: | | |
| Kalium | 300 mg | 15 |
| Biogena Viersalz®-Komplex | 300 mg | - |
| daraus Magnesium | 90 mg | 24 |
| Zink | 9 mg | 90 |
| Eisen (Ferrochel™) | 6 mg | 43 |
| Mangan | 1 mg | 50 |
| Kupfer | 1 mg | 100 |
| Jod | 150 µg | 100 |
| Selen | 30 µg | 55 |
| Molybdän | 30 µg | 60 |
| Chrom | 30 µg | 75 |
| Pflanzenextrakte: | | |
| Pinienrinden-Extrakt (Pycnogenol®) | 100 mg | - |
| Phytogena®-Blend | 155 mg | - |
| daraus Polyphenole | 43 mg | - |
| daraus Epigallocatechingallat | 15 mg | - |
| daraus Bioflavonoide | 18 mg | - |
| daraus Glucoraphanin | 3 mg | - |
| daraus Pterostilben | 2,3 mg | - |
| Carotinogena®-Blend | 125 mg | - |
| daraus Lutein (Lutemax®) | 6 mg | - |
| daraus Beta-Carotin | 4 mg | - |
| entspricht Vitamin A (µg RE) | 667 µg | 83 |
| daraus Zeaxanthin (OmniXan®, Lutemax®) | 1,4 mg | - |
| Sonstige Stoffe: | | |
| Ubiquinol CoQ10 (KANEKA Ubiquinol™) | 60 mg | - |
| trans-Resveratrol (Ver-ite™) | 23 mg | - |
| Quercetin | 20 mg | - |

** % der Referenzmenge nach EU-Verordnung 1169/2011.

Verzehrsempfehlung:
Täglich 3 x 1 Kapsel mit viel Flüssigkeit zu einer Mahlzeit verzehren.

Ester-C® and Ester-C® Logo are registered trademarks of The Ester-C Company. Quatrefolic® is a registered trademark of Gnosis S.p.A. KANEKA UBIQUINOL™ is a registered trademark of KANEKA Corp. K2VITAL® is the registered trademark of Kappa Biosciences AS. Ferrochel® is a trademark of Albion Laboratories, Inc. Ver-ite® is a trademark of Evolva. Pycnogenol® is a registered trademark of Horphag Research. Use of this product may be protected by one or more U.S. patents and other international patents. Lutemax® Free Lutein and OmniXan® RR-Zeaxanthin are registered trademarks of OmniActive Health Technologies Ltd. Vcaps® Plus is a trademark of Lonza or its affiliates, registered in the USA.

**Abb. 26:** Aufzählung aller Produktbestandteile – Biogena Diamonds

Da nun weder die Wirkstoffe visuell faszinierend dargestellt werden noch ihre Wirkung verbal erschöpfend auf der Packung dargelegt werden kann, muss an eine weitere Möglichkeit gedacht werden, um ihre Wirksamkeit überzeugend zu vermitteln. Diese findet sich in der Ausformung spezifischer Absenderinstanzen:

Stoffe dieser Art können nicht von Industrieinstanzen hergestellt werden, wie sie sich in den glanzvollen Namen von Weltkonzernen finden, ebenso wenig von dezidiert wissenschaftlich-medizinischen Instanzen, auch kleine unbekannte Produzenten sind nicht glaubwürdig. Sie stehen also vor viel schwierigeren Problemen als zum Beispiel Kosmetikprodukte, die sowohl von Konzernen wie Ärzten hergestellt werden können und die in Nischenprodukten auch auf kleine Alternativhersteller zurückgreifen.

Bei der Packungsgestaltung von Nahrungsergänzungsmitteln wird oft nicht erkannt, dass die Frage des Herstellers sehr wohl relevant ist. Nahrungsergänzungsmittel gehen also in ihren Packungen gar nicht auf diesen Aspekt ein und erscheinen neutral anonym.

Wenn das Problem erkannt wird, so wird auf eine Erzählung gebaut, die eine Person oder Personengruppe beschreibt, die aus einem persönlichen Leidensdruck oder weil sie für ein Problem keine adäquate Lösung fand, diese Produkte entwickelte, aus eigenem Wissen heraus oder wie bei Apothekern auf Grund ihrer wissenschaftlichen Ausbildung.

Stellvertretend für viele sei hier Biogena genannt, die immer dichtere Erzählungen über ihre wissenschaftlichen Verbindungen aufbaut, oder Spermidine Life, die sich auf ihre Forschungsergebnisse in Zusammenhang mit der Universität Stanford bezieht. Eine besondere Rolle spielen dabei Apotheker als Absender und Hersteller. Dies ist tatsächlich eine gut geeignete Instanz: Die Apotheke befindet sich in einer Mittelstellung zwischen strikt medizinischen Instanzen wie etwa eine Arztpraxis und normalen Einkaufsmöglichkeiten. Moderne Apotheken nähern sich fast Drogeriemärkten. Dennoch sind sie eng mit dem Gebiet der Medikamente verknüpft.

Tatsächlich gibt es viele Apotheken, die selbst Nahrungsergänzungsmittel herstellen und vertreiben, was aber noch wichtiger ist: Zu den wenigen Codes, die etwas Differenzierung in das eintönige Erscheinungsbild der Packungen von Nahrungsergänzungsmitteln bringt, zählt der Apothekercode.

**Abb. 27:** Produkte von Saint Charles

Die andere Strategie ist die Andeutung einer ärztlich anmutenden Herstellerinstanz. Dies ist etwa der Fall bei den Produkten von Dr. Böhm (Abb. 28).

**Abb. 28:** Mariendistel von Dr. Böhm

Der Konsument weiß eigentlich nicht, ob dieser Dr. Böhm ein realer Arzt ist oder nicht, er tritt auch persönlich nie in Erscheinung. Im Fernsehen agiert eine weibliche Peron in einem weißen Arztkittel, die sich als: »Wir von Dr. Böhm« vorstellt.

Der Code dieser Packungen ist weitaus sinnlicher als die sterilen Auftritte anderer Marken. Er ist jedoch vergleichsweise einfach und basiert eher auf der Ebene populärer Ästhetiken, zugleich besitzt er aber eine leicht medizinische Anmutung.

Neben diesem Aspekt der Herstellerautorität haben Packungen auch die Aufgabe, Wert und Wirksamkeit zu vermitteln. Sie müssten also die bekannte Argumentation benutzen und inszenieren, mit der man Wert behaupten kann:[80]

- *prime value*
- *labor value*
- *symbolic value*

80 KARMASIN, Helene: Produkte als Botschaften. mi-Fachverlag. Landsberg am Lech: 20074.

Bleiben wir bei diesem letzten Gesichtspunkt: *symbolic value* – also das, was diese Produkte eigentlich verkaufen. Insgesamt gesehen ist dies die Idee bzw. der Wert des perfekten, des idealen Körpers. Das aber unterscheidet die Marken noch nicht. Sie müssen noch weitere Konzeptionen des Wünschenswerten signalisieren.

Als Beispiel dafür wollen wir einen Wirkstoff näher besprechen, der derzeit zu sehr hohen Preisen gehandelt wird: Spermidine. Spermidine ist ein Stoff, der in allen menschlichen Zellen vorkommt, dessen Produktion aber im Alter nachlässt. Er wurde 1970 in der männlichen Samenflüssigkeit entdeckt, daher der Name.

Er findet sich in einer Reihe von Nahrungsmitteln, so Weizenkeimen, Soja, Pilzen etc., und er wird speziell beim Fasten vermehrt produziert. Dieser Stoff liegt in den Präparaten aber in extrahierter und konzentrierter Form vor, wobei diese Entwicklung durch wissenschaftliche Forschung ermöglicht wurde. So bezieht sich Spermidine Life auf Forschungsarbeiten von Prof. Madeo an der Universität Graz.

Der Wirkstoff Spermidine reklamiert für sich, dass er Energie gibt, kognitive und physische Prozesse optimiert, beim Abnehmen hilft, Alterungsprozesse verzögert. Man muss nicht die Mühe des Fastens auf sich nehmen und man muss auch nicht große Mengen von Weizenkeimen essen – man schluckt einfach Spermidine.

Betrachtet man seinen Wirkmechanismus im Einzelnen, so schildert er aber eigentlich einen Prozess, der laufende Zellerneuerung verspricht und damit im Kern ewige Jugendlichkeit, »ewiges« Leben. Dies ist ein uralter Menschheitstraum: Zu allen Zeiten wurden Arzneien, Wundermittel, Präparate nicht selten magischer Natur angeboten, die genau dies leisten sollten.

Heute ist die Debatte um Longevity (Langlebigkeit) eine ganz zentrale Debatte, die selbst in der Demografie Eingang gefunden hat: Man zählt nicht die erreichten Jahre, sondern die »years of good life«[81]. Auch populäre Serien wenden sich diesem Aspekt zu, so zum Beispiel die 2022 erschienene Serie *Das Netz – Prometheus*.

Dies wird über den Mechanismus der Autophagie geleistet: Der Wirkstoff Spermidine setzt einen Selbstreinigungsprozess des Körpers in Gang: Er hilft dabei, abgestorbene Zellen zu vertilgen und neue zum Wachstum anzuregen – ein Vorgang, der Konsumenten naturgemäß schwer verbal nahegebracht werden kann.

81 LUTZ, Wolfgang: Advanced Introduction to Demography. Edward Elgar Publishing. 2021.

Gewaltige Herausforderungen, vor der die Packungsgestaltung steht: Es ist klar, dass sie ihre Versprechen in irgendeiner Form durch Anmutungen, Vergleiche, Zitieren spezifischer Codes signalisieren müssen, da sie es weder verbal noch visuell explizit darstellen können. Sie könnten also zum Beispiel den Code der Magie benutzen oder auf die Lebenskraft als solche anspielen, also den Élan vital – ein seit der Jahrhundertewende relevantes Konzept (vgl. Kapitel 3.2). All das tun sie aber nicht – selbst führende Hersteller verharren in dem einfachen, nüchternen, rationalen und völlig unsinnlichen Code der Produktgattung (vgl. Abb. 29).

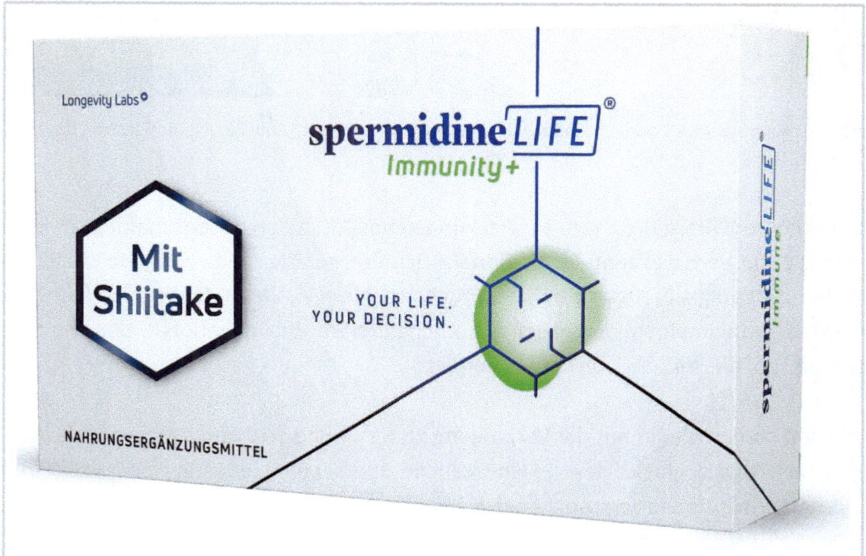


**Abb. 29:** Spermidine Live

Das Aussehen dieser Packung (Abb. 30) mag Gestaltungsschwächen geschuldet sein – der Auftritt an sich aber führt uns in das Gebiet der Codes, die dieses ganze Gebiet beherrschen.

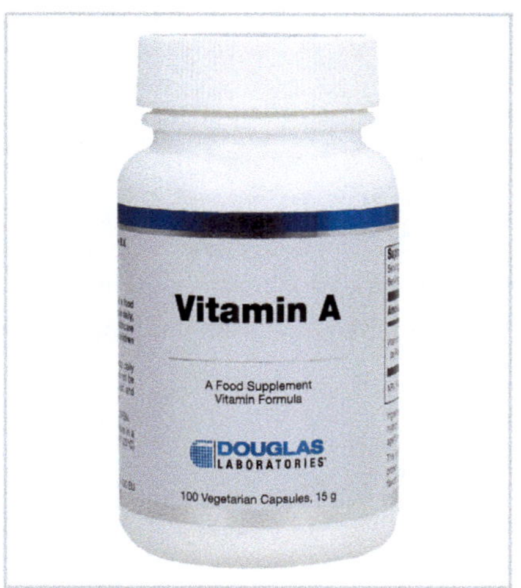


**Abb. 30:** Vitamin A von Douglas

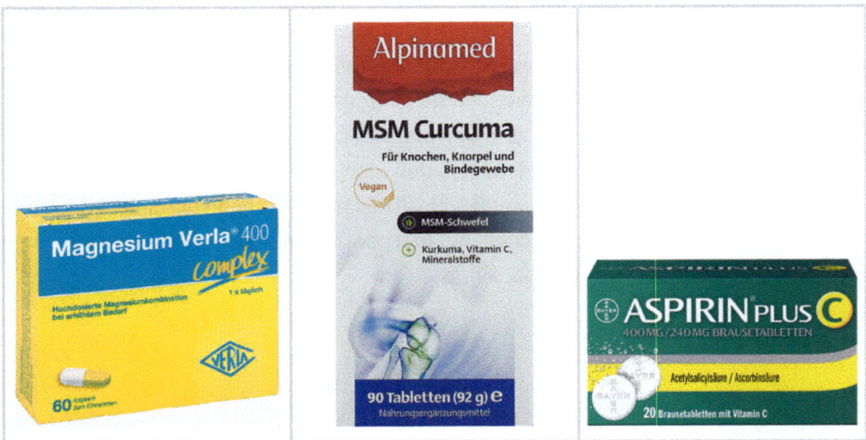


**Abb. 31:** Magnesium 400 von Verla

**Abb. 32:** MSM Curcuma von Alpinamed

**Abb. 33:** Aspirin Plus von Bayer

Der primäre Code, den nahezu alle Packungen zeigen, ist der wissenschaftlich-medizinische Code: Verbal akzentuiert, rational, nüchtern, geradezu bewusst jede Visualität, Farbe, Lebendigkeit aussparend, anspruchslos in der Ästhetik. Selbst Medikamente werden heute in einem ästhetisch ansprechenderen Code angeboten, der sich zum Beispiel auf die Wirkung von Farben verlässt.

Obwohl immer wieder mit der Verbindung zu Natur und zu wundersamen Welten argumentiert wird, gibt es davon keine visuelle Übersetzung, ebenso wenig wie Bilder aus dem Umkreis des versprochenen Nutzens.

Dieser Code signalisiert zweierlei:

- Verbal wird keine gesundheitsorientierte Wirkung behauptet, aber die Packungen folgen einem sehr nüchternen rationalen medizinisch-wissenschaftlichen Code. Sie sind faktisch keine Arzneimittel, aber durch ihren visuellen Auftritt vermitteln sie diesen Eindruck.
- Wenn es wirklich um etwas geht, so kann nur eine Dimension helfen: die der Wissenschaft, der Rationalität, sie garantiert im Kern die Wirksamkeit. Natur erscheint hier nicht wirkungsvoll genug.
  Und:
- Hier kommt es nicht auf den schönen Schein an, auf eine glänzend schöne, hedonistische Oberfläche, sondern nur um den ernsthaften Inhalt um das Wort, nicht das Bild.

Wir finden hier wieder eine Denkfigur, die ich in meinem Buch *Bildmagie* (Haufe-Lexware 2022) näher beschrieben habe.

Wir besetzen den verbalen und den visuellen Code mit sehr verschiedenen Bedeutungen und Bewertungen, der verbale gilt als das Seriöse, Rationale, der visuelle als der Verführerische, aber auch Manipulative. Diese Grundüberzeugung, die das Gebiet beherrscht, führt nun freilich dazu, dass die Packungen des Gebietes von großer Gleichförmigkeit und einer reizlosen Eintönigkeit sind – die einzelnen Auftritte sind weder eigenständig noch entfalten sie irgendeine Faszination.

Auch die Verpackungsformen sind fast identisch: Es handelt sich meist um zylindrische Döschen aus Kunststoff, manchmal Karton oder Aluminium. Selten finden sich runde Schachteln wie bei Ringana oder Kartonschachten, aus denen man in Blistern Tabletten herausdrücken kann, wie bei Dr. Böhm.

Auch der verbale Code bleibt im rein Beschreibenden: Man sieht den Namen des Wirkstoffes oder der Kombination, in einzelnen Fällen gibt es Zusatzbezeichnungen, so Spermidine Life oder Beyond Spermidine und den Namen der Marke oder des Absenders – auch dies nicht selten völlig ohne Logo oder mit sehr einfachen Gestaltungen.

**Abb. 34 und 35:** Spermidin Plus (links) und Beyond Spermidin von Ringana (rechts)

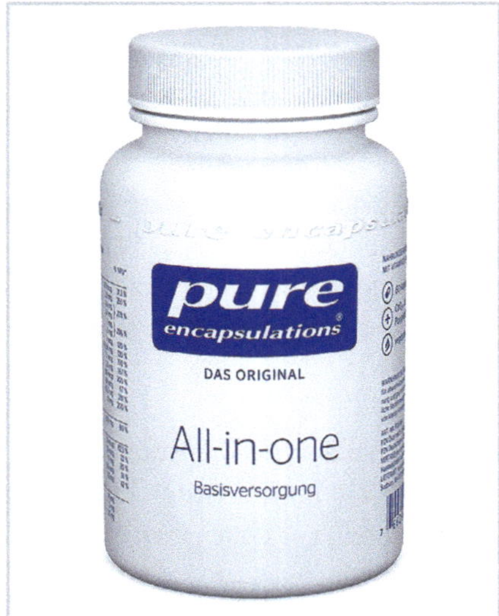


**Abb. 36:** Verpackungsgestaltung von Pure – Der blauweiße Farbcode verweist auf Reinheit

In diesem Punkt hebt sich nur die Verpackung von Pure deutlich ab, da es in seinem Namen bereits einen wichtigen Wert des Feldes kommuniziert: pur.

Dieses Konzept wird auch durch den Farbcode blau-weiß, der ja auf Reinheit verweist, unterstrichen.

Nur sehr wenige Marken realisieren in diesem Gebiet ein *Codebreaking*. Angeführt seien zwei gelungene Beispiele:

- Lyma Life und
- Athletic Greens

## Glaube an Magie

Lyma Life (Abb. 37 und 38) macht in seinem visuellen Auftritt einen Aspekt deutlich, der in diesem ganzen Gebiet mitschwingt: der **Aspekt der Magie**. Obwohl im Auftritt der Packungen eine strikt rationale Haltung signalisiert wird, ist doch nicht zu übersehen, dass der Glaube an die Wirksamkeit nicht ohne magische Komponenten auskommt. Dies machen auch Tiefeninterviews deutlich, die wir zu diesem Gebiet geführt haben. Kaum jemand versucht rational zu überprüfen, welche Beweise faktisch für die Wirksamkeit vorliegen oder ob wirklich eine Wirkung eingetreten ist. Man glaubt einfach daran, weil man wünscht, dass es so sein möge. Wäre es nicht wunderbar, wenn die Wissenschaft oder die Natur Stoffe bereithielte, die es uns ermöglichen, einen perfekten Körper zu haben, lange zu leben – ganz ohne eigene Anstrengung, einfach indem man diese Stoffe kauft und verzehrt?

**Abb. 37:** Lyma Life – Verpackung in einem Kupfergefäß

Abb. 38: Lyma live – Inszenierung als Hostie

Genau dies ist der Glaube an Magie: Dinge treten auf wundersame und rational unerklärliche Weise ein, indem man die richtigen Beschwörungsworte rezitiert oder die richtige Handlung ausführt. Lyma Life (Abb. 38) übersetzt diesen Gedanken visuell:

Lyma Life befindet sich nicht in einem Karton oder dem üblichen Döschen, es benutzt vielmehr die Semantik kostbarer Gefäße, indem es eine Verpackung in einem Kupfergefäß wählt.

In seinen Anzeigen folgt es dem sakralen Code, den ich in meinem Buch *Bildmagie* in Kapitel 6.1 beschreibe. Wenn wir auf diesen Code treffen, so haben wir den Eindruck, dass hier etwas Wunderbares, nicht Profanes vorliegt. Dieser Code arbeitet stark mit Lichteffekten.

Abb. 39: Athletic Greens

Ein anders Beispiel ist Athletic Greens (Abb. 39). Athletic Greens beeindruckt zunächst durch seinen *labor value*: Hier sind 94 Wirkstoffe mit höchster Kunstfertigkeit vereint. Athletic Greens agiert im Bereich der Nahrungsergänzungsmittel, die für Sportler bestimmt sind, aber natürlich nicht nur von Leistungssportlern verwendet werden, sondern von Personen, die einen Körper haben wollen, der sonst nur durch sportliche Leistungen erzielt werden kann.

Athletic Greens ist eine der wenigen Marken, die in ihrer Packung einen Farbcode verwenden, der auch zu dem Markennamen führt: Die Packungen sind grün und die Marke heißt Greens. Dieser Aspekt wird im Übrigen exzellent auf der Website weitergeführt. Das Produkt verspricht im Kern pulsierende Vitalität und die Website zeigt Felder, die grün pulsieren. Sie macht von dem verbalen Code nur sehr sparsam Gebrauch.

Athletic Greens zitiert ferner ansatzweise auch den elitären Code, eine Darstellung, durch die Objekte wertvoll und hochstehend erscheinen. Für diesen Code spielt die Raumaufteilung eine spezifische Rolle.[82]

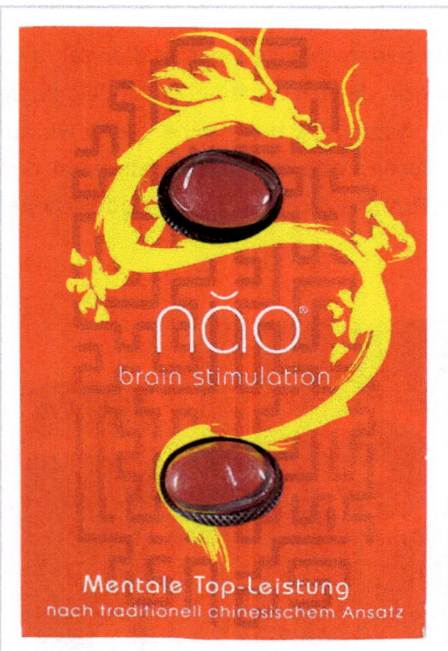


**Abb. 40:** Die Marke Nao

Ein dramatisches *Codebreaking* führt die Marke Nao vor:

Nao (Abb. 40) ist ein Präparat zur Steigerung der geistigen Leistungsfähigkeit und Konzentration, ein Nutzen der von vielen Marken angesprochen wird. Der übliche Code dafür findet sich zum Beispiel in den Produkten der Marke Dr. Böhm (oben Abb. 28).

Nao wirbt damit, Koffein und chinesische Wunderkräuter zu enthalten, aber es weicht demgegenüber dramatisch ab, indem es – als eine von wenigen Marken – Zeichen zeigt, die dem anzitierten Raum entstammen. Bei dieser Packung ist allerdings fraglich, ob sie sich nicht zu stark von dem Gattungscode entfernt.

Bei allen diesen Beispielen wird noch ein weiterer Aspekt deutlich: In wichtigen zeitgenössischen Gebieten, so bei Nahrungsergänzungsmitteln und auch Nachhaltigkeit, stehen Packungen vor großen Herausforderungen: Sie müssen einerseits den gängigen Packungscode wahren, sonst sind sie keine »richtigen« Produkte dieses Bereichs, sie müssen andererseits innerhalb diese Codes Eigenständigkeit aufbauen, was Lyma

82 KARMASIN, Helene: Bildmagie. Die Codes der visuellen Kommunikation: Bilderwelten und ihre Sprache entschlüsseln. Haufe-Lexware, 2022.

Life und Athletic Greens gut gelingt. Sie müssen aber schließlich sehr komplexe Sachverhalte kommunizieren. Im Falle von Spermidine zum Beispiel das Phänomen der Autophagie oder im Falle der Nachhaltigkeit den Aspekt des tatsächlichen ökologischen Fußabdrucks. Für so komplexe Themen steht auf der Packung kein Raum zur Verfügung, wenn man sie verbal ausführen möchte, und es gibt keine Beispiele, die eine visuelle Lösung dafür gefunden haben.

Wie wir in dem Kapitel 5.6 sehen werden, muss die Packung daher mit anderen Kommunikationskanälen verbunden werden.

## 3.4 The experience economy – Körperpflege

**Abb. 41:** Duschgel der Marke Greenland

Ein Duschgel der Firma Greenland führt auf seiner Packung an: *Scent has the power to transform your emotions.* Die Duschgels dieser Firma riechen tatsächlich sehr intensiv und sie versprechen auf der Packung nichts anders als Duft. Dieser wird über die pflanzlichen Inhaltsstoffe des Produktes vermittelt. Eine Variante heißt lime vanille und die Packung führt keinerlei Argumentation, sondern zeigt nur eine aufgeschnittene Limone in sehr ästhetischer Darstellung.

### Das Gestaltungsprinzip der Produktgattung Duschgels

Damit ist das Gestaltungsprinzip der Produktgattung Duschgels im Wesentlichen benannt: Kein Duschgel würde heute mehr den funktionalen Nutzen der Produktgattung zur Basis seiner Kommunikation machen. Duschgels beschreiben wohl auch funktionale Nutzen wie Frische oder Pflege, aber im Wesentlichen präsentieren sie sich als Stimulantien für Stimmungen, Gefühle, Erlebnisse. Sie stellen damit ein charakteristisches Beispiel für die sogenannte *experience economy* dar.

Dieses Konzept wird in einem bekannten Buch von B. Joseph Pine II und James Gilmore[83], vorgestellt. Die Autoren gehen von der an sich bekannten Tatsache aus, dass in den gesättigten Märkten von heute, die viele von ihren Leistungen her ähnliche Produkte aufweisen, Produkte eben sehr viel mehr vermitteln können und müssen als auf die Basisnutzen hinzuweisen, für die man sie kauft. Eine dieser Möglichkeiten ist es, dass sie versuchen, Erlebnisse zu stimulieren. Dies ist auch deshalb wichtig, weil die Bedeutung immaterieller Werte zunimmt und große Gruppen von Konsumenten materielle Güter im Überfluss besitzen. Auch lassen sich viele Produktgattungen in ihren funktionalen Leistungen nicht mehr steigern oder verbessern.[84] Es geht also um das Herstellen interessanter Varianten.

Hier setzt das **Konzept des Erlebnisses** als eine wichtige Strategie der Wertsteigerung an. Phil und Gilmore sprechen von *staging memorable experiences*, die bis hin zur Selbsttransformation gehen. Sie legen dies primär an Serviceleistungen, Tourismus, Einkauf dar, aber im Kern gilt es für viele Güter.

Die Gattung der Duschgels stellt dafür in ihren Packungsgestaltungen charakteristische Beispiele bereit. Duschgels sind eine vergleichsweise junge Produktgattung. Die ersten Duschgels kamen nahezu zeitgleich mit Deos auf den Markt. Beide stehen im Dienst der Aufgabe, einen gepflegten und zivilisierten Körper zu erzeugen, der geruchlos ist, bei dem jede Art der Körperausscheidung restlos getilgt ist – ein Resultat, das man nur erreichen kann, wenn man jeden Tag Reinigungsvorgänge vornimmt. Diese lösen das alte Konzept des wöchentlichen Bades ab.

Die Reinigungsleistung allein könnte natürlich auch von Seifen erbracht werden und vor dem Auftreten von Duschgels knüpften sich viele interessante Kommunikationskonzepte an Seifen, so bei der Seife Fa oder bei Dove. Duschgels jedoch lösten die starre Seifenkonsistenz auf – sie traten in flüssiger Konsistenz auf, liquid modernity ist eben nicht nur ein soziokulturelles Konzept, sondern transformiert auch eine Reihe von Produktfeldern. Unter dem Nachhaltigkeitsdiskurs verwandeln sich diese Produktfelder allerdings derzeit zumindest in Ansätzen wieder zurück: So werden Duschprodukte jetzt wieder in fester Form als Seife angeboten. Dies verbindet sich aber selten mit interessanten Gestaltungskonzepten, die weiterhin an die flüssigen Gels anknüpfen.

Die flüssige Konsistenz kann spezifische Reize in der Verwendung entfalten: sofort wirksam, einfach anzuwenden, sofort duftend – sie kann verschieden gefärbt, mit leuchtenden Partikeln versehen werden, sie kann von cremig milchig bis schimmernd flüssig gestaltet werden.

83 PINE II, J./GILMORE J. H.: The experience economy. Harvard Business Review Press. Boston: 2011[2].
84 SCHULZE, Gerhard: Die beste aller Welten. a. a. O.

Ebenso ist der Vorgang des Duschens weit mehr als ein Reinigungsvorgang: Er stellt einmal eine Transformation dar und einmal die Erschaffung eines eigenen Raumes und einer eigenen Zeit: *a time out of time* – in diese taucht man in Form einer Auszeit ein und genießt in ihr ein besonderes Erlebnis.

Durch das Duschen verwandelt man sich von schmutzig zu frisch, von abgespannt zu munter, von gestresst zu entspannt, man wäscht gewissermaßen den »Seelenschmutz« ab und zieht sich für eine kurze Zeit aus seinem normalen Alltag zurück, meist an den liminalen Schwellen des Morgens und des Abends und tritt in die Zone ein, in der man zahlreiche sinnliche Reize genießt: das Wasser auf der Haut, die Temperatur, die Selbstberührungen, das Erleben von Duft und schäumenden Substanzen, das Gefühl der gepflegten und gereinigten Haut.

Dieser Vorgang ist über die verbalen und visuellen Codes der Packung als ein besonderes Erlebnis ausgeformt: Meeresfrische, happy time, luxurious moments usw. Und all dies erfolgt in einer ganz kurzen Zeit, schnell und mühelos.

Auf dem Weg von einer Industriegesellschaft, die nützliche und praktische Produkte kennt, hin zu einer Erlebnisgesellschaft stellen Duschgels eine wichtige Etappe dar. Gleichzeitig gehorchen sie auch den Anforderungen der ästhetischen Ökonomie: ihre Packungen bemühen sich, ästhetisch ausgeformt zu sein, sie sind ja auch Elemente in einem häuslichen Ensemble, dem Bad, in dem man sich mit schönen Dingen umgeben möchte.

Auch von hier aus wird ersichtlich, was wir als Gesellschaft aufgeben müssen, wenn wir den Regelungen für Nachhaltigkeit und Energieersparnis folgen wollen: Diese Erlebnisse sollten wir eigentlich aufgeben, wir sollten weniger duschen, kürzer duschen, nur feste Produkte benutzen. Allerdings: Diese festen Produkte könnten dann doch wenigstens eine faszinierende Zeichenoberfläche bieten – was sie nur sehr selten tun, wie wir in Kapitel 5.6 über Nachhaltigkeit sehen werden.

Flüssige Duschgels inszenieren in ihrer Werbung, aber in erster Linie in ihren Packungen, die ja unmittelbar vor dem Verwendungsvorgang stehen, die *cues* und Rahmungen, durch die man den Duschvorgang wahrnimmt. Sie haben dazu zur Verfügung: ihre Formen, Materialien, Bilder, Texte, ihre Farbcodes, das Signalement von Duft, auch das Versprechen von Wirkungen.

Variiert wird kaum in der Größe: Es gibt weder Großpackungen noch serumartige Minipackungen. Das Material ist bis auf wenige Ausnahmen Kunststoff. Alle besitzen Vorrichtungen, so dass sie sich mühelos mit einer Hand öffnen lassen und sie praktisch zu dosieren sind.

Es muss entschieden werden, ob das Material der Packung durchsichtig oder undurchsichtig sein soll, ob also das Produkt gezeigt wird oder ob es hinter einer undurchsichtigen Fläche verschwindet, die dann natürlich mehr Raum für visuelle und verbale Codes liefert. Beide Möglichkeiten haben ihre Vorteile.

Die Konsistenzen von Duschgels können reizvolle Farbwirkungen zeigen und als kostbare Flüssigkeiten, zum Beispiel mit eingebauten kleinen Leuchtpartikeln, gestaltet werden, sie erlauben dadurch sehr lustvolle Wahlen.

Andererseits verringert sich dadurch die Fläche, auf der markenspezifische Elemente demonstriert werden. Der Code der Marke wird dann zugunsten eines Produktcodes aufgegeben.

Wird ein undurchsichtiges Material gewählt, geht diese unmittelbare Farbwirkung verloren, aber der Markencode kann eingebracht werden und die spezifische Eigenart des einzelnen Produktes kann umfangreich visuell und verbal beschrieben werden.

Produkte für Frauen oder für Männer folgen, wie bei allen Produkten, die nah am Körper verwendet werden, einem strikt anderen Code: ein männliches Duschgel wäre nie in dem Code weiblicher Duschgels denkbar. Wir haben diesen Punkt bei der Etablierung von weiblichen und männlichen Codes beschrieben.

- Produkte für Frauen weisen runde, weiche Formen auf, sie stützen sich auf ein breites Spektrum an Farben, von pastelligen bis hin zu leuchtenden und intensiven Farben, sie können die Semantik der Frische verwenden, aber auch die des Verwöhnens, Pflegens, Nährens, sie können die Konnotationsräume von kostbaren Substanzen ausnutzen: Cashmere, Seide, Diamanten.
- Produkte für Männer zeigen eckige harte Formen, den Code der Dignität in ihren Farbwahlen: metallisch grau, dunkelblau, schwarz. Sie versprechen Frische, Energie, Effizienz, sie zitieren im Allgemeinen das Feld des Sports.

Varianten für Duschgels für Männer spielen ansatzweise mit verschiedenen Konzepten von Männlichkeit. Einmal wird das archaische Konzept des »wilden Kerls« zitiert. Wir haben dies schon bei Bull Dog beschrieben. Der Mann erscheint hier als nicht angekränkelt von weiblicher Zivilisation, wild, gefährlich, mutig, archaisch stark. Einige Varianten von Old Spice stützen sich auf dieses Bild. So heißt eine Sorte Wolfthorn und zeigt auf der Etikette kämpfende Wölfe.

Männliche Duschgels können auch mit sexueller Energie verbunden werden. Fa Attraction Force spielt das im Namen an. Die Marke Axe nimmt diesen Gedanken der sexuellen Anziehungskraft auf, aber in weit poetischerer Form, im Sinne eines Liebeszaubers.

Auch die Duschgels folgen dem Markenkonzept von Axe, das über Jahre schildert, wie der Duft, der in einem Axe Deo enthalten ist, magisch und unwiderstehlich Frauen über weite Distanzen anlockt.

Die Packungen dieser Duschgels folgen dem parfümistischer Produkte: eigenwillig geformt, eindrucksvoll in ihrem Design, auf den Farbcode schwarz mit einigen kräftigen Farben festgelegt. Sie tragen Namen, die Erlebnis- und Parfümwelten signalisieren: Wild Green Mojito, Ice chill, Cold Temptation, Gold, Dark Temptation, Black Body Wash, Wasabi & Fresh Body wash, Skateoard & Fresh Roses, Anti-Hangover, Axe Vibes, Axe Unplugged, Africa, Alaska, Epic Fresh, Apollo, Bright looking Tattoos, Fresh Alman Style. Das Produzieren immer wieder neuer Varianten treibt dieses Feld der Duschgels voran.

Der Begriff des Erlebnisses bringt es mit sich, dass man sich auch an ein faszinierendes Erlebnis gewöhnt und dass man immer wieder nach einer neuen Stimulation sucht. Die Wahl vor dem Regal erfolgt daher meist nach dem Prinzip: Welches lustvolle Erlebnis nehme ich denn heute mit nach Hause? Diese Erlebnisse sind im Wesentlichen durch das Versprechen und dann die konkrete Erfahrung von Duft getragen. Es ist bei diesen Packungen also sehr wichtig, ein Dufterlebnis zu vermitteln. Dies geschieht über eine Vielzahl von Strategien:

- über die Nennung und Abbildung konkreter Inhaltsstoffe, die man mit einem starken Duft verbindet: Limetten, Pfirsich, Kokos, Minze
- über Benennungen, die Duftkonzepte abrufen: oriental, Meeresfrische, sensual
- über Farbcodes
- über Konsistenzen

Die Erlebnisse/Stimmungen/Gefühle, die über die Packungsgestaltung versprochen werden, stammen aus den zwei Grunddimensionen Morgenstimmung und Abendstimmung:

**Morgenstimmung**

- hell, leicht, fröhlich, frisch
- Wassermetaphorik
- Nähe zu Sport/Aktivität
- intensiv

**Abendstimmung**

- Semantik des Kostbaren
- Semantik des Verwöhnenden
- Romantisches
- Nähe zu Pflege

Dies wird durch Farben, Inhaltsstoffe, Düfte, Nutzenbeschreibungen signalisiert. Dabei kann auch an bekannte Diskursfelder angeschlossen werden, die über *cues* abgerufen werden, so zum Beispiel der Gesundheitsdiskurs oder das Feld der Thermen bis hin zu Spiritualität.

Sehen wir uns diese Felder anhand von einigen Beispielen an:

## Der Code der Frische

Dies ist ein Wertefeld, das die Marke Fa etabliert hat und das zu ihren Stammwerten zählt. Fa installierte dieses Feld bereits für ihre Seife und zwar von Anfang an als ein Erlebniskonzept.

**Abb. 42:** Luxurious Moments der Marke Fa

Die Seife wurde mit dem Bild eines sportlichen und gleichzeitig erotischen Mädchens verbunden, das in einem weißen Bikini einem wogenden Meer entstieg – signalisiert wurde das Frischeerlebnis, das man durch die Seife Fa erhielt. Fa führte den Aspekt der Frische dann aber über lange Jahre in seinem Duschsortiment fort und auch heute gibt es in dem Fa-Sortiment zahlreiche Varianten, die auf dem ursprünglichen Zeichenfeld aufbauen.

Frische ist ein Wert, der nahe an Sauberkeit liegt, er ist jedoch nicht dasselbe – Frische ist mehr – es kann ein physischer und psychischer Zustand sein und es ist auf jeden Fall etwas sinnlich Erfahrbares. Frischeerlebnisse können und müssen daher auch zeichenhaft inszeniert werden.

Anhand dieser Achse werden bestimmte Farbcodes, meist die des Wasserspektrums: blau/grün, leichte Konsistenzen, frische Gerüche, bestimmte Pflanzen eingesetzt. Die Stimmungen, die zitiert werden, sind fröhliche Stimmungen, durch visuelle und verbale Codes werden Morgen, Frische und Energiewelten kommuniziert, als Bestandteile werden auch gesunde Stoffe wie Joghurt gewählt. So gibt es von Fa die Variante Blueberry Yoghurt.

Nahezu alle Marken haben eine Sportvariante.

Alle Marken weisen Frischevarianten auf. Selbst Marken wie NIVEA, die im Kern auf Pflege, Sanftheit angelegt sind, verlassen bei ihren Frischevarianten den eher nüchternen blau-weißen Markencode und zeigen durchsichtige Flaschen mit leuchtend farbigen Flüssigkeiten.

Die gegensätzliche Dimension, die »Nachtdimension«, findet sich in vielfältiger Ausformung. Auch Fa bietet eine solche Variante und verlässt hier ganz seinen Markencode.

Die Marke Fa ist noch über ihren Schriftzug und das grüne Blatt vertreten, aber diese Variante steht in äußerster Distanz zu der ursprünglichen Frische und Wasserwelt von Fa. Vom Farbcode her geht sie in eine dunklere, satte Farbe, ein violettblau, das offenbar geheimnisvoll wirken soll. Auch ihre Kappe ist rötlich dunkel gefärbt. Dieser Aspekt wird durch die verbale Ebene verstärkt: Die Variante heißt Luxurious Moments und sie enthält eine Pflegeformel und den Duft der pinken Viola – Blumen, die auch abgebildet werden. Das Produkt wird also in eine Nachtwelt integriert, die tief und geheimnisvoll ist, voll von seltenen Blumen, der Duschvorgang erlaubt ein Eintauchen in diese kostbare und geheimnisvolle Welt.

Auch das Produkt selbst wird nicht als Gel, sondern als Duschcreme bezeichnet, das ein sanftes Hautgefühl verspricht, womit eine weitere sinnliche Komponente angesprochen wird.

Fa bietet weitere Varianten dieser magisch-kostbaren Erlebnisse: Divine Moments und Paradise Moments.

**Abb. 43 und 44:** Duschcremes der Marke Fa – Paradise Moments (links) und Divine Moments (rechts)

Diese »Nachtrichtung«, die den Ausstieg aus dem Alltag und das Eintauchen in eine geheimnisvolle kostbare Welt signalisiert, stellt eine derzeit sehr beliebte Dimension dar, deren Codes allerdings unterschiedlich gehandhabt werden.

Kneipp, das ja als Marke wenig Voraussetzungen für diese Nachtwelten mitbringt, stellt diese Welt viel expliziter und naiver dar: Die Farbe des Duschgels ist zwar violett, aber keinesfalls in der Tiefe von Fa, die Variante heißt Aroma Pflegedusche, Glückliche Auszeit und sie enthält Hanf und roten Mohn, also durchaus drogenähnliche Stoffe, die allerdings nicht abgebildet werden.

Auch die Wirkung des Pflegeprodukts wird explizit und damit ein wenig platt beschrieben: Entspannendes Duscherlebnis bei Stress im Alltag. Damit wird der eigentliche

**Abb. 45:** Bade-Essenz »Glückliche Auszeit« von Kneipp

Nutzen dieser Varianten genau bezeichnet, jedoch nicht in der gebotenen poetisch ästhetischen Sprache.

Stress ist jedoch ein wichtiges Konzept. Viele Produktgattungen stützen sich auf diese Befindlichkeit moderner Menschen, die sich, so wird in einem breiten Diskurs signalisiert, diesem Problem stellen müssen: Von ihnen wird pausenlos Energie verlangt, die ihnen viele Produkte zuführen, und dadurch entsteht Stress, den wiederum viele Produkte abbauen helfen. Diese Figur findet sich exemplarisch auch bei Duschgels.

Luxurious Moments, die glückliche Auszeit dienen dazu, in einem Moment aus der Welt der Leistungsanforderung, des energievollen Handelns auszusteigen und Stress abzubauen. Konsequent wird daher ein dem Tag und seiner Energie entgegengesetzter Code verwendet: dunkle geheimnisvolle Farben des Blau- und Violettspektrums, seltene Blumen, drogenähnliche Stoffe, Öle, die die Haut einhüllen.

Eine andere Variante dieser Gefühlsdimension ist der Code der Pflege, der einmal kosmetische Pflege bedeutet, indem das Produkt verspricht, Feuchtigkeit oder in der Tiefe wirksame Stoffe bis hin zu Anti-Aging-Wirkungen zuzuführen, der aber auf der Ebene der Gefühle das Erlebnis signalisiert, sich etwas luxuriös Verwöhnendes zu gönnen.

Hier werden kostbare Nährsubstanzen zitiert: Öle, Balsam, kostbare Stoffe wie Cashmere, Seide, Blumen wie Orchidee, Rose. Die Oberflächen zeigen silberne oder schimmernde Elemente, das Produkt selbst ist perlmuttartig, cremeähnlicher, die Düfte sind schwerer, blumiger, exotischer.

**Abb. 46:** My coconut island – Duschgel der Marke Treacle Moon

Eine Marke, Treacle Moon, akzentuiert diese ästhetische Überhöhung, indem sie auf ihrer Packung weder Bilder noch konkrete Düfte anführt, sondern nur eine poetische Beschreibung. So für die Variante Kokos – My coconut island: Ich verschwinde für eine Weile – auf eine entfernte Insel … ich vergrabe meine Zehen im warmen Sand, lausche dem Lachen der Möwen und spüre den Wind in meinem Gesicht.

Auf der Rückseite der Verpackung wird ausgeführt: »Unsere herrlichen Rezepturen werden deine Haut und deine Seele streicheln.« Duschgels zitieren auch einige zeitgenössische Erlebnisse und Wertefelder:

- Gesundheit
- die Welt der Spaß- und Wellnessoasen
- den Zauber der Natur

Gesundheit wird einmal im Sinn eines medizinischen Codes versprochen wie bei Sebamed, meist aber in Verbindung mit anziehenden Pflanzenelementen. Dies ist die Position von Tetesept. Ursprünglich ein Erkältungsbad bietet Tetesept nun Gesundheitsduschen mit ätherischen Ölen: Eine Variante für Muskel- und Gelenkschmerzen, eine zur Aktivierung, für Kraft und Energie, jeweils mit sehr schönen Bildern der Pflanzen, die diese Wirkung herbeiführen sollen.

**Abb. 47:** Das Duschgel »Ayurituel energy« von Palmolive

Palmolive nennt eine Sublinie Thermal Spa und verspricht ein Spa-Erlebnis für zu Hause. Palmolive geht am weitesten in dem Anschluss an zeitgenössische Wertefelder: Es schließt unmittelbar an den Trend zur Spiritualität und zu der Attraktivität asiatischer Welten an.

Diese Packung wird von dem Narrativ des Exotisch-Indischen getragen: Der Name des Produktes lautet Ayurituel, die Bestandteile sind indisches Sandelholz und Ingwer, die Schrifttypen lassen an indische Schriftzeichen denken, zusätzlich werden alle verbalen Aussagen in Sanskrit und der dazugehörigen Schrift wiederholt. Der Farbcode geht in ein goldiges Braun, die Muster nehmen das Motiv der Lotosblüte auf.

### Naturinszenierungen

Diese Produktgattung führt vor, wie differenziert ausgeformt der Code der Natur sein kann. Im Bereich der Kosmetik, die sich in ihren verbalen Argumentationen sehr umfangreich auf Naturbestandteile stützt, finden sich auf den Packungen kaum Darstellungen, die Naturelemente zeigen, also derjenigen Pflanzen, die die Wirkung des Produktes ausmachen. Die begleitende Argumentation stellt allerdings auch dar, dass diese Pflanzen erst dann wirksam sind, wenn sie zuvor von Wissenschaftlern in ihre Einzelbestandteile zerlegt wurden, die dann eben als Einzelelement neu kombiniert und zusammengestellt in die Creme überführt wurde. Die Argumentation lautet also eigentlich: Natur ist gut, sie ist aber erst dann wirksam, wenn sie durch die Bearbeitungsverfahren der Wissenschaft gegangen ist: Wissenschaft, also Kultur, ist der Natur überlegen. Genau dies zeigen die Packungen.

Hier jedoch im Bereich der Duschgels wird wenig funktionale Wirkung erwartet, hier geht es um Erlebnisse, Duft, Wohlgefühl und hier können Pflanzen dann in ihrer verführerischen Ästhetik abgebildet werden. Dabei werden fast ausschließlich Blumen, vereinzelt Obst gewählt, Gemüse sind abwesend. Diese sind offenbar in zu hohem Umfang mit gesunder Ernährung, also Rationalität verbunden.

Man kann also als zugrunde liegendes Naturkonzept (der Werbung) erschließen: Natur ist uns zur Bearbeitung anheimgegeben: Wir erschließen und zerstören sie durch unsere kulturelle Überlegenheit, durch den Einsatz von wissenschaftlichen Bearbeitungsverfahren, die uns ihre Wirkkräfte zugänglich machen. Unzerstörte Natur hat dann ihre Berechtigung, wenn sie uns Genuss und Erlebnisse schenkt, wenn wir sie als ästhetisches Phänomen wahrnehmen. Natur wird also gezeigt, wenn es quasi »um nichts geht«.

Grundsätzlich wird Natur in fast allen Fällen mit dem Bereich des Pflanzlichen gleichgesetzt. Es gibt so gut wie keine Darstellungen von Tieren, sieht man einmal von dem WC-Spüler Ente oder der Marke Frosch ab, die als metaphorische Konzepte auftauchen. Sie enthalten ja keinerlei Bestandteile dieser Tiere, sondern sollen eine Argumentationsfigur verdeutlichen, die lautet, dass sich diese Tiere über den Einsatz des Produktes freuen, weil es umweltfreundlich ist, oder dass das Produkt wie ein Entenschnabel unter den Rand des WCs fährt.

## 3.5 Fein bleiben – Süßigkeiten

Die Abteilung für Süßigkeiten nimmt im Supermarkt einen breiten Raum ein. Sie umfasst eine Vielzahl von Produktkategorien. Dennoch besitzt dieser Bereich eine charakteristische Ästhetik, die sich von der der anderen Abteilungen abhebt. Hier treffen wir auf einen Bereich, in dem es farbig leuchtet, glitzert, in dem uns appetitliche Stimuli anspringen, in dem nicht argumentiert wird, in dem alles auf Anlockung und Verführung angelegt ist. Der Code der Natur oder der Code der Wissenschaft ist in diesem Gebiet völlig abwesend.

Ganz selten werden die Produkte als nackte Produkte gezeigt. Es gibt auch selten Fenster, die die Sicht auf das Produkt erlauben, wenn dies ausnahmsweise doch der Fall ist, sieht man wie bei Papillon eine spektakulär verpackte Praline. Die Packung für Schwedenbomben bildet hier eine der wenigen Ausnahmen – sie lässt den Blick auf das hoch beliebte Produkt frei.

Viele Produkte sind überverpackt wie bei edler Kosmetik: Eine Cellophanhülle, dann die eigentliche Schachtel bzw. Schutzschicht, und in ihr nochmals eingewickelt das Produkt. Wir sehen: Es herrscht ein hoher Grad an Bekleidung, an Zivilisiertheit.

Die Produkte werden fast immer medial überhöht auf der Packung dargestellt: Sei es in ihren glänzenden Kleidern/Metallverpackungen, sei es umringt von ihren appetitlichen Bestandteilen, sei es angeschnitten, um einen Blick auf ihre Konstruktion zu erlauben oder unmittelbar das Abbeißen erlebbar zu machen. Sie sind also stets als medial vermitteltes Konstrukt gegenwärtig, im Kern also in der Art eines Kunstwerks.

Ebenso wie die Ästhetik von Waschmitteln oder die von Kosmetik die Kernwerte dieser Produktkategorie aufnimmt, ist auch die von Süßigkeiten nicht beliebig, sondern folgt der kulturellen Logik des Gebiets.

Wie verschieden die Produktgattungen, Kekse, Schokolade, Pralinen usw. auch sein mögen, sie teilen als gemeinsames Merkmal, dass sie süß sind. Süß nimmt in unserem kulinarischen Code eine spezifische Stellung ein. Unter dem kulinarischen Code verstehe ich die Sprache unserer Küche.

Die Selektion, Kombination und Präsentation von Lebensmitteln und Speisen ist nach Art einer Sprache geordnet und erlaubt es daher, differenzierte Bedeutungen mitzuteilen. Wir alle kennen diese Bedeutungen, wenn wir sie auch meist nicht explizit benennen können, ebenso wie die Regeln, die das Gebiet strukturieren.

Dass es solche impliziten Regeln gibt, lässt sich aber daran erkennen, dass wir etwas sofort als Fehler registrieren, wenn dagegen verstoßen wird. Würde zum Beispiel das Dessert am Anfang einer Mahlzeit serviert, wären wir höchst irritiert.[85]

### Die Hauptachsen des kulinarischen Codes

Die grundlegenden Achsen, die diesen kulinarischen Code konstituieren, sind die des Fleisches und des Nicht-Fleisches. Fleisch nimmt im traditionellen Code immer noch eine dominante Stellung ein: Es ist obligatorisch in den Hauptspeisen von formellen Menüs, es bildet das Zentrum in der Komposition am Teller, der Bereich des Pflanzlichen ist dagegen den Nebengelegenheiten vorbehalten, am Teller stellt es die Beilage dar.

Fleisch wird mit Kraft assoziiert, mit Energie, es hat auch eine blutige aggressive Seite, Pflanzen dagegen sind mit Friedlichkeit, Gesundheit, Sättigung verbunden. Nach Fleisch kann man eine Gier entwickeln, nach Gemüse weniger. Fleisch stellt die männ-

85 KARMASIN, Helene: Die geheime Botschaft unserer Speisen. a. a. O.

liche Seite der Nahrung dar, es signalisiert eher Männern zugeschriebene Werte, Pflanzen repräsentieren dagegen die weibliche Seite.

Zwischen diesen beiden Hauptachsen befindet sich die Zwischenkategorie: Fett, Zucker, Milch, die beide Hauptkategorien verbindet und begleitet, zur Gänze bei dem Bereich des Pflanzlichen, nur in Form von Fett bei Fleisch.

### Wie eine Packungsgestaltung aus »Industriezucker« ein feines Nahrungsmittel machte

Der Hauptträger für die Geschmackskategorie süß ist Zucker. Zucker wird bei uns aus Zuckerrüben gewonnen, ist also ein pflanzliches und durch bäuerliche Produktionsweisen hergestelltes Nahrungsmittel, gehört von daher eigentlich zu der Gruppe der geschätzten Nahrungsmittel. **Dies ist jedoch nicht im Image von Zucker verankert.**

### Alte Zuckerpackungen

Von ernährungsbewussten Menschen wird Zucker misstrauisch betrachtet, man versucht, Zucker zu reduzieren, weil er dick machen und die Zähne angreifen soll, und Zucker geriet als eines der ersten Nahrungsmittel unter den Verdacht, irgendwie »industriell« zu sein. Dieser Eindruck wurde durch die alten Zuckerpackungen weitgehend gefördert. Sie wirkten anspruchslos einfach, lieblos, unpersönlich – dies war tatsächlich der Code, in dem wir ein maschinell und industriell gefertigtes Nahrungsmittel erwarten würden.

**Abb. 48:** Beispiele für alte Zuckerpackungen

**Abb. 49:** Beispiel für neue Zuckerpackungen: Wiener Zucker

Schauen wir uns dagegen eine Packung nach der Umgestaltung des Zuckersortiments an.

### Neue Zuckerpackungen

Diese Gestaltung macht aus Zucker ein sympathisches und wertvolles Nahrungsmittel, ein Element der feinen Küche. Sie zitiert die Welt der sorgsam und liebevoll vorgehenden Hausfrauen.

Die Strategie, über die ganze Packung lose kleine Naturelemente zu streuen, gibt der Packung und damit dem Produkt etwas Leichtes und stellt es als Element dieser Klasse von Naturelementen und feinen Nahrungsmitteln dar.

Zucker wurde im Übrigen auch dadurch im Niveau gehoben, als die Produktlinie inzwischen sehr differenziert aufgebaut ist: Es gibt Packungen für alle möglichen Formen von Würfeln, Rohrzucker, brauner Zucker, verschiedene Sorten von Gelierzucker, Backzucker usw. Wir werden dies dann als das Prinzip der Aufschwellung bei der Etablierung des elitären Stils kennenlernen.

Die Kombination süß und fett selbst verbinden wir mit dem Weiblichen und dem Kindlichen. Man verspeist sie ohne Zahneinsatz, also eine frühe kindliche Art der Nahrungsaufnahme. Speisen, die aus diesen Bestandteilen komponiert sind, bilden im Allgemeinen nicht die Hauptmahlzeiten, sondern sie werden zwischendurch, also nicht zu den regulären Essenszeiten konsumiert. In der Abfolge des Menüs stehen die Süßspeisen, das Dessert immer an letzter Stelle, jedenfalls nach dem Hauptgang. Eine andere Abfolge, also der Beginn einer Mahlzeit mit der Süßspeise würden wir als schweren Fehler beurteilen. Physiologisch spricht nichts gegen diese Anordnung, von der kulturellen Logik dagegen alles.

Speisen, die durch das Merkmal des Süßen gekennzeichnet sind, kommen deshalb an letzter Stelle in der Speisenabfolge des Menüs, weil sie die Position der unfunktionalen Lust darstellen: Wenn wir durch die Vorspeisen stimuliert und die Hauptspeise gesättigt sind, sind wir eigentlich satt. Die Speise, die dann kommt, brauchen wir in einem funktionalen Sinn gar nicht mehr, wir essen sie ausschließlich, weil sie uns Lust und Genuss verschafft – und bewusste Esser haben nicht selten ein schlechtes Gewissen dabei.

Diese Speisen sind im Kern »weibliche« Speisen: Ihre Konsistenzen ähneln oft den Körperauffassungen von weiblichen Körpern: Ein bisschen schwabbelig, feucht, »saftig«, der Aspekt des Lustspendens ist ein mit klassischen Weiblichkeitskonzepten leicht zu verbindender Aspekt. Man isst sie ohne die Anstrengung des Kauens und aktiven Zubeißens. Sie haben oft eine dekorative ästhetische Komponente: Verziert, in mehreren Schichten angelegt, mit Farb- und Materialkontrasten – insgesamt also ein dekorativer und verführerischer Speisetyp, dem wir unterliegen, auch wenn wir uns sträuben gegen etwas, was auf rationalen Überlegungen aber auch puritanischer Lustfeindlichkeit beruhen kann. An diese kulturelle Logik ist das Feld der Süßigkeiten angeschlossen. Es ist ein prinzipiell auf Verführung angelegtes Gebiet und es behält immer in gewissem Ausmaß den Aspekt des Unfunktionalen bei. Akzentuiert finden sich auch die Kategorien des Weiblichen und des Kindlichen – eine »männliche« Süßigkeit zu konstruieren, erfordert einige Anstrengung.

### Einkauf von Süßigkeiten

Der Einkauf von Süßigkeiten ist im Allgemeinen ein Impulskauf: Die Packungen müssen also in jedem Fall Signale aufweisen, die Begehrlichkeiten wecken. Ebenso muss daran gedacht werden, immer neue Zeichen zu erfinden, da Impulse immer wieder angeregt werden müssen. Dies scheint in weitem Umfang zu glücken.

Charakteristisch ist auch, dass es in diesem Feld viele Anstrengungen gibt, den Genuss zu legitimieren. Man muss das nicht tun, man kann sich auf die Verführungskraft der eingesetzten Zeichen allein verlassen, man kann aber auch Legitimierungsstrategien entwickeln, von denen wir im Folgenden einige kennenlernen werden:

- Nobilitierung
- »zum Essen«/Energieträger
- Gesund
- Geschenk

Beginnen wir mit einer Strategie, die zentral für das Gebiet ist:

### Die Strategie der Nobilitierung bzw. Ästhetisierung

Nobilitierung bzw. Ästhetisierung wird heute in vielen Produktfeldern eingesetzt. Wir haben schon eine Reihe von Beispielen kennengelernt. Dies hängt mit der Entwicklung der ästhetischen Ökonomie zusammen, die für die heutige Produktkultur essenziell ist. In keiner anderen Produktgattung stellt diese Strategie jedoch den zentralen Code dar: Ein Großteil der Süßigkeiten benutzt in der Packungsgestaltung diesen Code und dies ist nicht zufällig so, sondern es folgt aus den zentralen Wertefeldern dieser Produktgattung, die eben etwas Unfunktionales darstellt, das wir nicht »brauchen«, das reine Lust repräsentiert, die wir offenbar im Gewand des Schönen am ehesten akzeptieren können.

Dies zeigt sich deutlich, wenn wir die Hauptachsen betrachten, die dieses Gebiet gliedern. Es sind zwei Achsen:

- Herstellungsverfahren: »Backen« oder »Kochen«, zum Beispiel Kekse vs. Schokolade.
- Nähe oder Ferne zum Zweck des Essens: Kekse vs. Riegel, Flakes vs. Pralinen.

Dies korreliert meist mit dem Umfang des Getreideanteils.

Die Positionierung auf der zweiten Dimension bestimmt das Ausmaß der eingesetzten Ästhetik und Verführung: Je näher am Bereich der Notwendigkeit, desto geringer die Ästhetik der Verführung. Da Backen und der Einsatz von Getreideanteilen vor allem bei Produkten vorkommt, die man eher zum Essen verwenden kann, die man auch nicht einschlabbert, d. h. ohne Zahneinsatz lutscht, nähern sie sich eher dem Code der Zweckmäßigkeit – die höchsten Grade der eingesetzten Ästhetik und Verführung finden sich bei Produkten mit einem hohen Zucker- und Fettanteil, die man ohne Zahneinsatz zu sich nimmt und die deutlich die Position eines unfunktionalen Genusses verkörpern.

Betrachten wir dazu ein Beispiel aus der ersten Dimension und ein Beispiel aus der zweiten Dimension.

**Abb. 50:** Butterkekse von Leibniz

Diese und ähnliche Packungen (Abb. 50) sind auf den Farbcode Gelb festgelegt, den man leicht mit Getreide assoziieren kann. Dazu trägt auch die Abbildung von Ähren bei. Diese Getreide-Butterkekse sind harmlos und natürlich, sie stellen gewissermaßen die unterste Stufe auf der Skala des Genusses dar – man kann sie nehmen, wenn man einen kleinen Genuss »zum Essen« braucht.

Auch im Bereich der gebackenen Produkte, also bei Keksen, ist es natürlich möglich, stärker die Funktion des Genusses zu akzentuieren, dann jedoch wird der Code geändert, vor allem der Farbcode. So nennt Messino eine neue Variante »dark temptation« (Abb. 51).

**Abb. 51:** Messino dark temptation

Die Packung weist stärker Zeichen auf, die in Richtung Genuss/Verführung gehen. Dennoch werden bei Keksen nicht die Grade an ästhetischer Überhöhung erreicht wie bei Schokoladen und Pralinen. Die Produktgattung, die im Bereich der Süßigkeiten am stärksten durch Nobilitierung/Ästhetisierung gekennzeichnet ist, sind folgerichtig Pralinen. Pralinen sind von der Konstruktion her kleine Kunstwerke, kleine süße Skulpturen. Sie folgen in Konstruktion und Aufbau dem elitären, kulinarischen Code:

Prinzip der Miniaturisierung: klein gegenüber dem Standard der üblichen Verzehreinheiten der Gattung wie Kekse oder Riegel.

- **Besondere Formen:** Kugeln, die von Hand gefertigt scheinen wie bei Rocher oder Raffaello, nachgeahmte Meeresfrüchte Guylian, Schmetterlinge (Papillon).
- **Besonderer Aufbau:** Schichten, die übereinander gelegt sind (Raffaello). Kugel, die einen betonten Mittelpunkt hat: Mon Chéri.
- **Kontraste:** Härtere Schokoladenhülle mit flüssigem Kern, Abwechslung von Creme- und Knusperschichten.

### Verzierung der Oberfläche

Auch die Oberfläche der Produkte weist oft kunstvolle Verzierungen auf. Schon diese Konstruktion legt für den Konsumenten den Gedanken nahe, dass man hier nicht giergetriebenes Süßes in sich hineinstopft, sondern dass man fein bleibt und kultiviert ein kleines Kunstwerk zierlich zu sich nimmt: eben nicht Pornografie, sondern Kunst. Die Aufmachung und Verpackung ist ganz diesem Gedanken gewidmet.

Am deutlichsten führt dies das Konzept Einzelpraline vor, das eine Spezialität der Firma Ferrero ist. Die Marken Rocher, Raffaello, Mon Chéri stellen sehr bekannte und beliebte

Beispiele für dieses Konzept dar. Ferrero ist es gelungen, drei distinkte Marken in diesem Feld zu schaffen, die sich durch die Konstruktionen der Produkte und durch die Wertefelder der Marke und damit auch durch ihre Packungen deutlich unterscheiden.

Jede dieser Marken inszeniert ein für das Feld der Süßigkeiten wesentliches Motiv: Rocher den intensiven Genuss, Raffaello den leichten Genuss, eine lässliche Sünde gewissermaßen, Mon Chéri die Verbindung zweier legitimer Drogen: Alkohol und Süßes.

Die Produktkonstruktionen folgen den oben beschriebenen Prinzipien. Durch die Zeichenkonstruktionen ihrer Werbungen und Packungen werden die Produkte aber mit sehr unterschiedlichen Wertewelten aufgeladen.

### Einzelkugel und Packung

Rocher von Ferrero ist von seiner Aufmachung her auf das Feld des Kostbaren und Elitären festgelegt und zwar in einer konservativ traditionellen Variante. **Dominant ist die Semantik des Goldenen**. Ferrero stellt das Produkt als »goldener Genuss« vor. Die Praline hat die Form einer goldenen Kugel, die rund ist und eine irregulär geformte Oberfläche hat. Durch diese Oberfläche wirkt die Kugel so, als ob sie mit einer gehämmerten Goldfolie überzogen wäre – so würde etwas handwerklich Gefertigtes aussehen.

Rocher bietet auch das Auswickelerlebnis, das Geschenke haben. Um zu dem Produkt zu kommen, muss man es aus seiner metallisch goldenen Hülle befreien.

Obwohl die einzelne Praline explizit an den Gedanken des Einzelgenusses und des Einzelmomentes geknüpft ist – jede Kugel wird als ein goldener Genussmoment vorgestellt (was auch eine Legitimierungsstrategie ist: Einen Moment wird man sich wohl erlauben dürfen) –, ist der Hersteller naturgemäß daran interessiert, mehrere Produkte auf einmal zu verkaufen. Rocher wird daher auch in Packungen angeboten, die jedoch nicht mehr darstellen als einen durchsichtigen Container, der den Blick auf das Produkt erlaubt. In diesen Containern sind die Kugeln harmonisch und ordentlich in einer Reihe angeordnet, sie bilden Rechtecke und Quadrate, also strenge, disziplinierte, geometrische Formen.

Selbst wenn – wie in Displays – auf eine opulente Fülle von Produkten hingewiesen werden soll, sind diese nicht chaotisch, »hingeworfen« präsentiert, sondern sie sind zu einer Pyramide geformt. Diese stellt eine durch Strenge und Disziplin bestimmte Anordnung dar, die ästhetisch ist, die aber auch gewisse magische Komponenten hat. Die Schachtel wird durch ein rotes Band zusammengehalten, das an ein Ordensband erinnert.

Der Name des Produktes klingt französisch, was mit der feinen französischen Küche oder der feinen französischen Lebensart assoziiert werden kann.

Anders als bei einfachen Süßigkeiten, die prägnant ihre Bestandteile abbilden und sich auf deren Verführungskraft verlassen, stellt Rocher auf der Schachtel nur ganz klein eine Nuss dar sowie ein ästhetisches kleines grünes Blatt, gewissermaßen als Dekoration – es argumentiert also nicht visuell.

Insgesamt wird hier eine Semantik entfaltet, die die Süßigkeit zu einem kleinen, kostbaren, handgefertigten Juwel macht, das in eine noble, adelige, eigentlich vergangene Welt gesetzt wird, die geordnet und diszipliniert ist, die aber auch die Magie des Goldes ausnutzt: das Strahlen, das Kostbare, Magische. Edle Pralinen führen diesen Aspekt immer wieder vor.

So tragen Pralinen der Firma Neuhaus neben filigranen Verzierungen an der Oberfläche auch die Initialen des Patissiers, der die Praline geschaffen hat. Ähnliches leistet eine Verbindung mit dem Aspekt der Frische und der Verfügung nur zu bestimmten Zeitpunkten.

**Abb. 52:** Semantik des Goldenen und das Dreieck bei Ferrero Rocher

So wurde Mon Chéri lange im Sommer nicht verkauft und seine Wiederkehr mit den frisch geernteten Kirschen wurde mit Filmen gefeiert. Eine andere Süßigkeit, Suzanns Sweet Secret, konzentriert sich auf frische Erdbeeren, die auf einen Schokolade-Champagner-Sockel platziert sind und nur gekühlt im Frühjahr angeboten werden. Diese sind im Übrigen durchsichtig verpackt, da das nackte Produkt hier bereits als ein Kunstwerk gestaltet ist.

Rocher hat sein Produktsortiment inzwischen erweitert: Es gibt Tafelschokolade und Eis. Das Zeichenfeld der Marke – die Semantik des Goldenen und das Dreieck – wird dabei konsequent auf die anderen Produkte übertragen.

Wie wir in Kapitel 6 weiter ausführen werden, erhalten Zeichen ihre Bedeutung durch ihre Stellung in einem Feld, durch ihre Verbindung zu anderen Zeichen.

### Raffaello – leichter Genuss

Dieses Prinzip führt Raffaello deutlich vor: Es erhält seine Bedeutung durch die jeweils gegensätzliche Ausformung seiner Merkmale zu Rocher bzw. zu dem Typ des schweren und intensiven Genusses: Es ist auf den Farbcode weiß, mit einem kleinen Anteil von Rot festgelegt, was automatisch den Gedanken des Leichten nahelegt. Raffaello ist ebenfalls eine kleine Kugel mit einer unregelmäßigen Oberfläche aus Kokosflocken. Das Produkt ist in einem länglichen weißen Umschlag verpackt, auf dem Raffaello noch einmal abgebildet ist. Dieser Umschlag ist wieder mit einer Art weißen Ordensbandes umgeben bzw. verschnürt.

Raffaello ist wesentlich leichter in der Konsistenz als Rocher und folgt dem Schema: verschiedene Schichten umhüllen einen Kern, der oppositionell in der Konsistenz ist. Diesmal ist es eine kleine weiße Mandel, auf die man in einem aktiven Knackvorgang stößt, was das legitimierende Kaugefühl erlaubt (zu diesen Konstruktionsprinzipien vgl. Karmasin 2001[86]).

Die durchsichtige Packung zeigt wieder die Einzelpralinen in ordentlichen Reihen. Als zentrales visuelles Element erscheint eine rote Hibiskusblüte. Von dieser kann nicht angenommen werden, dass sie ein Bestandteil des Produktes ist, wir kennen keine Hibiskuspralinen – sie stellt vielmehr synekdotisch (vgl. Kapitel 6.3 über rhetorische Figuren) ein Element der Markenwelt dar. Synekdoche ist eine rhetorische Figur, bei der ein Teil das Ganze bezeichnet (Beispiel: »ein getreues Herz«. Herz als Teil der Person, »auf diese Steine können Sie bauen« – Steine als Bestandteil des Hauses).

Raffaello stützt sich in seiner Markenkommunikation mit großer Kontinuität auf ein Modell der Gegenwelt. Es ist die eskapistische Welt des Meeres, der Luxusstrände. »Strahlend weißer Sandstrand, türkisblaues leuchtendes Wasser, weiß gekleidete Damen und dabei die leichte Praline« – so beschreibt Raffaelo selbst seine Welt. Es verspricht ein Erlebnis, das eine solche Welt bieten kann: »Erlebe den Sommer mit allen Sinnen« lautet der Claim.

86 KARMASI, Helene: Die geheime Botschaft unserer Speisen. a. a. O.

**Abb. 53:** Raffaello – paradiesische Welt der Südsee

Auf der Packung dominiert die Semantik des Weißen und als visuelles Zeichen eine Hibiskusblüte (Abb. 53). Diese Hibiskusblüte fungiert zum einen als Zeichen für die paradiesische Welt der Südsee, zum anderen als Zeichen für Leidenschaft. Diese Semantik wird zudem über den Farbcode des Roten unterstützt, aber auch über den Konnotationskreis der Sinnlichkeit, der freien Liebe und Leidenschaft, die wir konventionellerweise mit der Südsee verbinden. Als Blüte, also als etwas funktionslos dekorativ Schönes, stellt sie aber auch ein sehr verhaltenes Zeichen für diese Leidenschaft dar, fein und kultiviert. Auf der verbalen Ebene ist es der Bestandteil Kokos, der in die Südseewelt führt, aber er ist ungleich weniger prägnant als die Blüte.

Auch Raffaelo hat inzwischen sein Sortiment um Tafelschokolade und Eis ergänzt, die sich beide auf dieses Zeichenensemble stützen, das die Marke repräsentiert.

Die dritte der bekannten Ferrero-Pralinen ist Mon Chéri und diese leitet zu einer anderen wichtigen Funktion dieses Gebietes über: Süßigkeiten als Geschenke.

## Mon Chéri – Süßigkeiten als Geschenke

Mon Chéri besteht aus einer Schokoladenschicht, in deren Inneren sich eine in Likör getränkte Kirsche befindet. **Das Konstruktionsprinzip ist also wieder das von Schale und Kern, deren Konsistenz sich in maximaler Opposition befindet.**

Die Produktkommunikation konzentrierte sich lange Jahre zentral auf die Kirsche, die mit *prime value* versehen wird, der also als Bestandteil besondere Qualitäten zugeschrieben werden. Es handelt sich um eine Piemontkirsche, deren Ernte und Qualitätsprüfung in vielen Filmen gezeigt wurde.[87] Der Alkoholbestandteil wird völlig ausgeblendet. So geht auch die Packung vor.

87 Zu dem Konzept *prime value* siehe Kapitel 5 »Zentrale Codes«.

Die Schachtelpackung ist in einem leuchtenden Rot gehalten, was an das Rot der Kirsche anschließt, aber auch die Konnotationen des Leidenschaftlichen und Festlichen ausnutzt. Die einzelne Praline wird dagegen von einem metallisch glänzenden altrosa Papier umschlossen, das einen deutlichen Auswickelvorgang erlaubt, wie wir ihn von Geschenken kennen.

Gewählt wird ein elitärer Stil mit viel freiem Raum, mit einem zentralen Element: Das Produkt in einer dynamischen Darstellung. Abgebildet wird der Prozess, wie die Kirsche mit einem Aufspritzen in die Flüssigkeit fällt.

Dieses Motiv: Ein fester Bestandteil (ein Stück Schokolade, Nuss, Knusperbestandteil usw.) fällt von oben in eine Flüssigkeit (Milch, Schlagsahne, Creme usw.), die daraufhin aufspritzt, ist ein zentraler Bestandteil vieler Spots, die Süßigkeiten vorstellen. Er löst bei Betrachtern fast immer eine intensive Genuss- und Geschmackserwartung aus: Man schmeckt gleichsam die wunderbare Verbindung dieser beiden Konsistenzen. Gleichzeitig wird Frische signalisiert und entfernt ist dies auch ein Zeichen für das paradiesische Land, in dem Milch und Honig fließen. Diesen Moment hält Mon Chéri auf der Packung fest. Gleichsam die ewige Wiederkehr dieses aufregenden Augenblicks.

Mon Chéri wird sehr oft als Geschenk gewählt: Man bringt sie jemandem mit, bedankt sich damit etc. Diese Funktion ist eine wesentliche Funktion von bekannten und schön verpackten Pralinen, aber im Grunde überhaupt auch eine von Süßigkeiten generell. Sie können eingesetzt werden, um Beziehungen zu ermöglichen und zu vertiefen.

### Produkte und zwischenmenschliche Beziehungen

Dies ist eine wichtige Funktion von Süßigkeiten, sie sind mehr als andere Produkte in Beziehungen zwischen Menschen eingebunden: Sie ermöglichen und vertiefen liebevolle Beziehungen. Man kann sich mit ihnen bedanken, jemand beglücken, jemand anerkennen usw. Viele Marken und ihre begleitende Kommunikation sind in diesem Wertefeld angesiedelt:

Merci (Dank, Anerkennung, Begleitung durch wichtige biografische Stadien), Werthers Echte (liebevolles Band zwischen der Welt der Großväter und Enkel), Storck Riesen (Kontinuität von Beziehungen über viele Jahre), Milka Herzen, Baci, also Küsse usw.

Dieses Wertefeld konzentriert sich in dem Konzept des Geschenkes. Man kann Süßigkeiten als Geschenk einsetzen, ähnlich wie Blumen, was mit vielen funktionalen, leistungstragenden Produkten nicht möglich ist – man kann etwa keine großen Waschmittelpackungen zu einer Einladung der Gastgeberin mitbringen. Geschenke erfüllen eine wichtige soziale Funktion. Sie intensivieren Beziehungen zwischen Menschen, schaffen aber auch Verpflichtungen – sie sind ein Teil der Strategien, die Gemeinschaft und Gesellschaft ermöglichen. Machen wir daher einen kleinen Exkurs in das Konzept der Geschenke.

### Das Konzept der Geschenke

Im Fall des Geschenkes wechseln Güter den Besitzer, ohne dass dieser dafür einen Preis entrichtet. Wenn ein Geschenk angenommen wird, entsteht für den Beschenkten aber die Obligation, dieses zu erwidern, was meint, dass nicht unbedingt ein Gut derselben Kategorie zurückgegeben wird, sondern etwas anderes, aber Äquivalentes. Geschenke sind also kostenlos, aber nicht gratis.

Dieser Zyklus von Geben, Nehmen, Zurückgeben ist in fast allen Gesellschaften auf jeder Form der Entwicklung und allen historischen Zeiten bekannt. Es gibt Gesellschaften, deren ökonomische Basis fast gänzlich aus solchen Geschenkzyklen bestehen. Am bekanntesten sind die Gesellschaften des Kula Ringes, die von Marcel Mauss in seiner Theorie der Gabe beschrieben wurden.[88]

Das Zustandekommen dieser Tauschzyklen wird durch ein diffiziles soziales Reglement ermöglicht, das von allen eingehalten wird – wer also wem etwas schenken darf, wie kostbar das Geschenk ist, wer es unter welchen Umständen annehmen oder verweigern kann, zu welcher angemessenen Gegengabe wer in welchem Zeitraum verpflichtet ist, wird durch Regeln bestimmt, die man als Angehöriger dieser Kultur weiß, die jedoch nie explizit kodifiziert sind.

Die Basis dieses Zyklus', die unbedingte Verpflichtung, ein Geschenk zu erwidern – ohne die diese Vorgänge nie glücken würden – wird strikt eingehalten, ansonsten droht der soziale Ausschluss. Diese Gesellschaften funktionieren nach dem Mechanismus von Scham und Ehre und Geber und Beschenkter sind nicht anonym.

Unser primärer Gütertausch ist dagegen durch Geldwerte geregelt, alle Tauschzyklen erfolgen anonym. Dennoch kennen wir zahlreiche Vorgänge, die dem Modell dieses Gabenzyklus' folgen: Die Güter und Dienstleistungen in einem Haushalt werden nicht gegen Geld erbracht, die Gefälligkeiten, die man sich im Alltag oder im Unternehmen erweist, folgen diesem Modell, das riesige Geschäft mit Weihnachtsgeschenken basiert darauf – ohne diese Gaben würde wohl keine Gesellschaft funktionieren.

Wenn wir uns nun dem Konzept der Gabe zuwenden, also den Merkmalen, die ein Objekt oder ein Vorgang haben muss, damit es als ein Geschenk angesehen wird, finden wir als universelles Merkmal das der Kostbarkeit bzw. Werthaftigkeit. Was als kostbar und wertvoll betrachtet wird, unterliegt erheblichen kulturellen Schwankungen,

88 MAUSS, Marcel: Die Gabe. a. a. O.

jede Gesellschaft definiert Wert bekanntlich gemäß den Prinzipien, die sie zu ihrem Funktionieren braucht – dass ein Geschenk aber etwas Besonders sein muss, ist universell verbreitet. Dies muss im Übrigen nicht ein dem Objekt selbst innewohnendes Merkmal sein.

Im Kula Ring zirkulieren Muscheln, die an sich keinen besonderen Wert darstellen. Sie werden wertvoll durch die Tatsache, dass sie von berühmten Personen gehandelt wurden, lange Zeit im Besitz einer Familie waren, mehrere Tauschzyklen durchlaufen haben – ihr Wert ergibt sich aus den Kontexten, mit denen sie verbunden sind.

Auch in unserer Gesellschaft gibt es eine große Bandbreite von Objekten und Handlungen, die als Geschenke dienen können, und naturgemäß können wir auch auf Märkten Güter kaufen, die wir als Geschenke einsetzen. Dafür gelten bestimmte Prinzipien: Alle diese Güter müssen so weit als möglich von dem Reich der Notwendigkeit (dem Funktionalen) entfernt sein und sich dem Reich der Schönheit (dem Unfunktionalen, dem Luxus, dem Besonderen) nähern: Wir verschenken nicht Konserven und Waschmittel, sondern Parfüm, Blumen, Kaviar, edlen Wein und eben auch Süßigkeiten.

### Die Marke Merci – Einsatz des Produktes als Geschenk

Wir haben oben beschrieben, dass Süßigkeiten eine Produktgattung sind, die man nicht unbedingt haben muss, und dass sie immer eine gewisse Nähe zu Ästhetik, zu Kunstwerken, zu dem Edlen und Besonderen haben. Am deutlichsten ist dies bei Pralinen, die schon von der Konstruktion her kleine Kunstwerke sind und die in ihren Packungen dem Prinzip der Nobilitierung folgen.

Theoretisch können daher alle Produkte als Geschenke eingesetzt werden, aber manche Marken positionieren sich besonders prägnant über diesen Aspekt. Der bekannteste Vertreter ist die Marke Merci, die diesen Aspekt schon im Namen trägt und den Einsatz des Produktes als Geschenk, als Danksagung, Glücksbringer, Beziehungsintensivierer in vielen Kampagnen zeigt.

Merci wird nicht als Einzelpraline inszeniert, sondern die Einheit ist hier immer die Packung. Diese Packung ist gemäß den Prinzipien des elitären Stils gestaltet, sie erreicht keine besonderen ästhetischen Höhen, aber sie macht klar, dass etwas Wertvolles angeboten wird. Sie zeigt viel leeren Raum, weist nur wenige prägnante Elemente in klaren geometrischen Formen auf, ihr Farbcode ist auf weiß, rot, gold festgelegt.

Die Produkte werden als *finest selection* beschrieben und das Herz als Punkt deutet die emotionale Beziehung an, in die die Marke eingebunden ist.

Merci besteht aus kleinen Schokoladestäbchen, die acht unterschiedliche Mischungen aufweisen: Auch hier werden wieder keine spektakulären, aber sehr ansprechende Sorten wie Edelnougat, Marzipan, Praline, Dunkle Mousse usw. angeboten.

Diese Stäbchen sind in metallisch glänzendes Papier verpackt, was das Auswickelerlebnis ermöglicht. Auf der Packung nehmen die Stäbchen eine zentrale Stellung ein. Die Packung fokussiert auf ein Glas, in dem die Stäbchen ordentlich nebeneinander gestellt präsentiert werden – so würde man in einem bürgerlichen Haushalt Gästen in zeremonieller Form Süßigkeiten anbieten.

Dieses Prinzip der feinen Auswahl von Pralinen, die in einer Schachtel angeordnet sind, führen dann auch Bonbonieren vor. Die Schachteln weisen zwar viele Elemente von Geschenken auf: Schleifen, Blumen, ornamentale Verzierungen, die meisten von ihnen folgen aber nicht dem elitären Stil, sondern wenden sich eher an einen Geschmack, den höher gestellte Gruppen deutlich ablehnen, im Übrigen auch, weil sie diese streng vorgegebene Auswahl nicht sehr reizvoll finden.

Moderne Bonbonieren wie etwa Lindt Excellence zeigen dagegen ausgefallene, kostbar wirkende Farben mit intensivem Metallglanz und ungewöhnlichen Nuancen wie ein interessantes Grün oder Bronze.

### Schokoladenspezialitäten

Ein anderes Gebiet, das viele Nobilitierungsstrategien zeigt, ist das Feld der Schokoladespezialitäten, die Schokolade als etwas ganz Besonderes und Kostbares inszenieren. Zunächst ist festzulegen, gegen welches Niveau Nobilitierungsstrategien gesetzt werden. Dies ist in diesem Feld die Marke Milka, die gewissermaßen die Standards festsetzt.

Milka fällt in jedem Regal durch seinen prägnanten Farbcode sowie das zentrale visuelle Element, die Kuh, auf. Es okkupiert mit seinen zahlreichen Sorten und Unterproduktkategorien weite Regalstrecken.

Nahezu alle Nobilitierungsgrundsätze laufen über eine Inszenierung von Zusatzbestandteilen: Das Produkt wird differenziert, indem es nicht nur den Bestandteil Schokolade enthält, sondern Füllungen, oder indem die Ingredienzien, aus denen die Schokolade gemacht wurde, im Sinne eines *prime value* gesondert inszeniert werden. Dies ist jedoch die viel seltenere Strategie.

Füllungen oder besondere Mischungen von Bestandteilen ermöglichen es, die Konnotationsumkreise dieser Bestandteile auszunutzen, sie mit spezifischen Farbwelten in Verbindung zu bringen, fantasievolle Namen zu platzieren, immer wieder reizvolle innovative Varianten zu bringen. So entwickelte Milka sehr frühzeitig Finessa, das Sorten wie Marzipan, Mandel-Honig, Cocos, Butter-Karamell, Minze) aufweist und darstellt. Lindt verfügt über ein sehr breites Sortiment, es bietet mehrere Produktlinien an: Gefüllte Tafeln mit alkoholischen Füllmengen, solchen, die auf dunkler, bitterer Schokolade beruhen oder auf Mousse au chocolat usw. Jede dieser Subranges zeigt wieder mehrere Varianten, oft zehn Varianten.

Als zentrale Positionierungsstrategie benutzt dieses Spiel mit ungewöhnlichen Varianten der Schokoladenhersteller Zotter. Er inszeniert sowohl *labor value*, handgeschöpfte Schokolade, wie *prime value* über den Reiz des Überraschenden und Ungewöhnlichen. So gibt es Schokolade mit Chili und zwar bird eye, also eine sehr bekannte, sehr scharfe Sorte von Chili, mit Hanf und Mocca usw.

In der Gestaltung der Packungen weicht Zotter weit von dem elitären Stil der Mainstreammarken ab und benutzt den kindlichen Code: Die Bilder der Packungen sind in naiver Manier gezeichnet, der Farbcode ist blass und zurückhaltend. Zotter stellt also in gewisser Weise eine Gegenwelt dar, die Welt des Ursprünglichen, Naiven, Unschuldigen, die man leicht mit handwerklicher Kunst und Tradition verbinden kann.

Eine weitere Abweichung von dem zeremoniell ernsten Stil des Feldes, eine Art Verjüngung und Modernisierung, erscheint in letzter Zeit: Die sprechende Packung. So nennt Lindt eine Subrange Hello und das Hauptmerkmal dieser Varianten ist es, dass die Schokoladentafeln selber sprechen. Das Etikett zeigt wenig Bildelemente, sondern verlässt sich ganz auf einen spezifischen verbalen Code. Das Etikett ist von Aufschriften beherrscht: »Like a salty kiss« – »I'm like a kiss« – »I'll make your tummy yummy« – »You want a piece of me?« – »Pleased to meet you« – »Every bit makes Grum Grum Grum.«

Sowohl das Feld Wissenschaft wie im Wesentlichen auch das Feld Natur ist bei Süßigkeiten abwesend.

**Auch Natur kommt höchstens bei gesunden Snackriegeln als Bestandteil vor.** Die zentrale Strategie dieses Feldes, nämlich die Ansiedlung im Bereich der Kultur, die Überformung von Natur durch Kunst zeigt sehr anschaulich die belgische Schokoladenmarke Guylian, die kleine Meeresfrüchte aus Schokolade anbietet: Kultur als in Schokolade gegossene Natur.

### Nobilitierungsstrategien

Fassen wir die Codes zusammen, die dieses Feld benutzt, um ein breites Feld von nobilitierten Produkten zu erzeugen:

- Verbindung mit dem Bereich der Kunst durch Namensgebung: Raffaello, Mozartkugeln, Giotto
- vergangene Welten, adelige Welten und ihre Zeichen: Ordensbänder, Kronen wie bei Rocher, gezeichnete Personen der Vergangenheit

- französische Namen: Rocher, Merci, Mon Chéri
- spezifische Farbcodes: Nichtfarben, Schwarz, Gold
- strahlende Materialien, Metallisches
- überverpackte Produkte, die das nackte Produkt mit vielen Hüllen umkleiden und lustvolle Auswickelerlebnisse ermöglichen
- Zitate von handwerklichen Kulturen: gehämmertes Gold, handgeschöpfte Schokolade, Verplombungen

Wie am Anfang ausgeführt: Eine der Funktionen dieser Nobilitierung liegt darin, ein giergetriebenes Verhalten als fein zu deklarieren, und ein anderes darin, diese Produkte in Kostbarkeiten zu verwandeln, die in den Prozess des Schenkens einbezogen werden. Die Packungen leisten einen umfangreichen Beitrag zu dem Gelingen dieses Prozesses, indem sie ganz spezifische Codes ausbilden.

Diese Codes basieren einmal auf Zeichenfeldern, die Vergangenheit und Ferne zitieren, vergangene Lebensweisen, einmal im weitesten Sinn das Feld des Kostbaren: Glanz, spezielle Farben, Materialien, Überverpackungen.

### Gegenpositionen zur Welt der feinen Kostbarkeiten

Der entgegengesetzte Pol zu dieser Welt der feinen Kostbarkeiten bildet das Feld der Riegel: Es ist einfach, laut, kraftvoll, eher männlich als weiblich konnotiert. Riegel sind etwas, das man isst, wenn man Hunger hat, sie bringen Energie und Kraft. Sie treten gleichförmig auf, alle in rechteckigen Packungen, die eine Portion vorgeben. Ihre Packungen zentrieren sich auf eine prägnante Darstellung des Markennamens, der sich wie ein Grundprinzip drastisch abhebt.

Sie argumentieren weder visuell noch verbal. Der Farbcode ist weit entfernt von dem Code der Dignität und enthält sehr auffällige, kraftvolle, eher einfache Farben. Die Namen spannen ein männliches und englisch-bestimmtes Feld auf: Mars, Lion, Snickers…

In unserem Schema der kulturellen Topografie (vgl. Kapitel 2.5.4) befinden sie sich in dem Quadranten Ferne und Zukunft, Pralinen dagegen in dem der Vergangenheit und Ferne.

### Gesundheitlich unbedenkliche Süßigkeiten

Inzwischen gibt es auch in dem Feld der Riegel eine Reihe von neuen Entwicklungen. Die wichtigste davon ist von dem Bedürfnis getragen, gesundheitlich verantwortbare Bestandteile zu sich zu nehmen – sehr wohl in der Portionsgröße von Riegeln, aber entfernt von den kalorienreichen und durch Zucker bestimmten Rezepten der klassischen Riegel. Dies äußert sich zum einen in Riegeln, die für Sportler bzw. sportlich interessierte Personen bestimmt sind, die permanent nach Eiweißquellen suchen. Dies sind die Proteinriegel:

**Abb. 54 und 55:** Proteinriegel der Marke Foodspring (links) und PowerBar (rechts)

Die Proteinriegel stehen im Supermarkt in eigenen Abschnitten und sie weisen einen Code auf, der nicht auf Hedonismus und Genuss hinweist, sondern auf eine Art von medizinischer Notwendigkeit.

Gegen die beiden Pole genuss- und kalorienreiche, gesundheitlich anfechtbare Riegel sowie gesundheitlich akzentuierte Proteinriegel hat sich eine dritte Gattung von Riegeln etabliert, wie sie in Form von Neoh und Nexxxt vorliegen. Beide Marken haben wir durch semiotische Analysen begleitet.

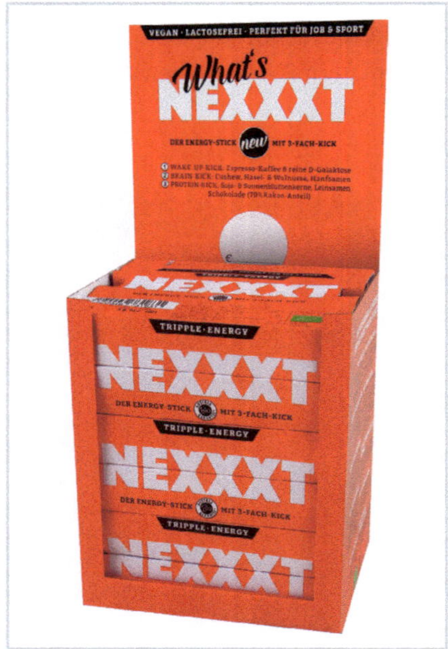


**Abb. 56:** Nexxxt – »Energy-Stick mit dreifach Kick«

Beide Produkte weisen eine spezifische Produktrealität auf: Sie bemühen sich um guten Geschmack und gesundheitlich gute Bestandteile.

Nexxxt (Abb. 56) konstruiert ein Produkt, das durch seine Zusammensetzung drei Nutzen verspricht: Brain-Kick (durch Nüsse), Wake-up-Kick (durch Kaffee und Galaktose), Protein-Kick (Bio Soja, dunkle Schokolade). Es wird als der »Energy-Stick mit dreifach Kick« vorgestellt. Diese drei Nutzen werden durch das dreifache X ausgedrückt, das die Packung dominiert und das Produkt eingängig, wiedererkennbar macht. Der Energy-Kick wird durch die Farbe Orange kommuniziert.

**Abb. 57:** Neoh – »Das neue Naschen«

Neoh (Abb. 57) übernimmt von den klassischen Riegeln die Gestaltung des Logos: kraftvoll, dominierend, aufstrebend, von links unten nach rechts oben, also in die Zukunft weisend, setzt es aber in einen hoch attraktiven visuellen Kontext: Es verwendet das im Beispiel Farina besprochene Strahlenmotiv. Auch hier geben die Strahlen dem Logo eine außergewöhnliche Souveränität, signalisieren aber gleichzeitig den Kraft- und Energieschub, der von diesem Produkt ausgeht. Das visuelle Muster dieser Anlage erlaubt es zudem, die verschiedenen Sorten des Produktes durch andere Farben zu kommunizieren. Der gesundheitliche Nutzen wird verbal kommuniziert: »Zero Sugar added / low Carb high Protein«.

Neoh gelang es durch diese Gestaltung von einem reinen Proteinriegel, als das es am Anfang gesehen wurde, zu einem genussorientierten Produkt, zu einer neuen Generation von Riegeln zu werden. Es nennt sich selbst »Das neue Naschen«.

Bei dieser Entwicklung wurde auf den größeren Packungen noch ein weiteres wichtiges visuelles Element eingesetzt: Der Riegel bricht auseinander und lässt eine Explosion kleiner Teilchen frei. Diese verkörpern das Crunchige des Produktes. Knuspern ist ein hoch attraktives Produkterlebnis: Es steht zwischen einschlabbern und beißen. Menschen lieben es, ihre Zähne in etwas zu schlagen, das einen leichten Widerstand entgegensetzt (vgl. dazu mein Buch *Die geheime Botschaft unserer Speisen*, S. 67).

# 4 Die Funktion des Geschmacks für die Verpackungsgestaltung

Wir haben in den einleitenden Kapiteln ausgeführt, dass Packungen auch unter dem Gesichtspunkt der ästhetischen Ökonomie betrachtet werden können. Dies bedeutet zunächst, dass sie Zeichenfelder in kreativer und origineller Weise einsetzen, um die Einzigartigkeit und den Mehrwert einer Marke darzustellen. Es bedeutet jedoch auch, dass sie darauf abzielen können, wenn auch nicht müssen, ein Konzept des Schönen abzurufen. Sie müssen das nicht, es gibt Produktgattungen, zu deren Kern es gehört, nicht »schön« zu sein, zum Beispiel Wasch- und Reinigungsmittel. Wir haben in Kapitel 3.1 »*The idea of a home* – Haushaltsprodukte« beschrieben, dass die Effizienz von Basisreinigungsprodukten beeinträchtigt werden würde, wenn sie allzu schön sind, wenn sie sich also allzu weit von dem Reich der Notwendigkeit entfernen. Andererseits gehört bei Kosmetikprodukten eine gewisse Ästhetik immer zu ihrem Auftritt, ebenso bei Süßigkeiten.

Bei der Besprechung der Packungen dieses Gebietes haben wir gesehen, dass hier sehr unterschiedliche Strategien gewählt werden können, um eine Packung schön oder edel erscheinen zu lassen. Es gibt also offenbar Varianten der Schönheit. Dies zeigt sich auch in der Tatsache, dass Schönheit für maskuline Packungen ganz anders definiert ist als für feminine Packungen. Diese Unterschiede sind nicht beliebig, sie beruhen auf verschiedenen Definitionen von Weiblichkeit und Männlichkeit und deren gesellschaftlicher Bedeutung.

Diese Unterschiedlichkeit trifft nun auf das gesamte Gebiet des Geschmacks zu. Geschmack scheint zunächst eine höchst subjektive Kategorie zu sein: dem einen gefällt das, dem anderen jenes, »über Geschmack lässt sich nicht streiten«.

## 4.1 Sozialisation von Geschmacksvorlieben – Pierre Bourdieu

Von dem französischen Soziologen Pierre Bourdieu stammt die Einsicht, dass die Ausbildung bestimmter Geschmacksvorlieben keineswegs ein rein zufälliger Prozess ist, sondern dass er in engem Zusammenhang mit der sozialen Stellung einer Person steht: Obere soziale Kader einer Gesellschaft definieren, was guter Geschmack ist, und sie entwickeln Techniken, die ihnen erlauben, diesen Geschmack zu demonstrieren und sich dadurch von den unteren abzugrenzen. Die unteren Schichten wiederum machen keine Anstrengungen, um diesen oberen Geschmack zu erwerben, da sie ihn als zu anstrengend und reizlos empfinden, sie kultivieren ihren eigenen Geschmack und demonstrieren genau dadurch ihre untere Stellung. Durch Geschmack wird also jeder freiwillig an seinem Platz gehalten.[89]

Nach Bourdieu ist Geschmack ein umfassendes Phänomen. Er betrifft nicht nur Urteile über das Schöne, sondern Geschmack zeigt sich auch an körperlichen Praktiken, an der Art zu gehen, zu stehen, seinen Körper zu behandeln, er zeigt sich in kulinarischen Stilen, in Freizeitaktivitäten, in der Art sich zu kleiden. Er schreibt sich gewissermaßen in den Körper ein und wird zu einer Art von Habitus, der die ganze Person durchdringt und ihre soziale Stellung deutlich macht.

### Geschmack – das Scharnier zwischen Individuum und Gesellschaft

Bourdieu beschrieb, auch durch empirische Untersuchungen gestützt, diese Phänomene an der französischen Gesellschaft in den 80er-Jahren, die eine wesentlich starrere und durch bürgerliche Wertvorstellungen bestimmte Gliederung kannte, als wir dies heute beobachten. Bourdieu ging ferner davon aus, dass man diesen Habitus durch seine primäre Sozialisation erwirbt, er wird also von Eltern auf ihre Kinder vererbt. Man gehört durch Herkunft einem bestimmten sozialen Milieu an und vererbt dieses weiter.

Unsere Gesellschaft hat sich naturgemäß weiterentwickelt und wir sehen diese Gliederungen heute weniger starr, ebenso haben bestimmte Elitestile ihre Gültigkeit verloren. Die grundlegenden Prinzipien haben aber auch heute Gültigkeit. Wenn man die Bildungs- und Karrierewege von Kindern aus verschiedenen sozialen Herkunftsmilieus verfolgt, so gilt immer noch die Tatsache, dass Kinder aus oberen Milieus verstärkte Aufstiegschancen haben, und dies ist keineswegs nur eine Frage des ökonomischen Kapitals.

### Der Kapitalbegriff von Pierre Bourdieu

Bourdieu unterscheidet verschiedene Formen von Kapital:

- das ökonomische Kapital
- das soziale Kapital (also die Chancen, die sich aus sozialen Beziehungen ergeben)
- das institutionelle Kapital (die Chancen, die sich an Titel und Ränge knüpfen)
- das kulturelle Kapital (die Demonstration des jeweils richtigen »Wie man es macht«, also die Beherrschung der verschiedenen Kulturtechniken)

Speziell das kulturelle Kapital ist eng an die Herkunft und die Sozialisation geknüpft, es äußert sich in dem Geschmacksniveau (hoch oder niedrig) und in einem Geschmack für verschiedene kulturelle Produkte.

89 BOURDIEU, Pierre: Die feinen Unterschiede. a. a. O.

Alle diese Kapitalsorten können ineinander umgewandelt werden. So bedingt die Zugehörigkeit zu einem Yachtklub ökonomisches Kapital. Man muss eine Yacht besitzen, dadurch erhält man sehr wertvolle Beziehungen, also soziales Kapital. Man muss sich in einem Yachtklub aber auch entsprechend benehmen, also kulturelles Kapital besitzen. Man muss überhaupt wissen, dass eine Vorliebe für Yachten sozial höher geachtet wird als eine Vorliebe für das Kegeln. Die Zugehörigkeit zu einem Kegelklub bringt relativ wenig im Sinne eines sozialen Kapitals, das Aufstieg ermöglicht.

## 4.2 Gliederung der Gesellschaft nach Geschmacksvorlieben

Zu dieser Art der **vertikalen Gliederung** treten nun aber in unserer Gesellschaft verstärkt **horizontale Gliederungen:** Man demonstriert einen Habitus, der eine bestimmte ideologische oder interessengeleitete Orientierung verkörpert, nicht unbedingt ein soziales Oben und Unten. Ein Lebensstil, der sich strikt an umweltorientierten Kriterien orientiert, oder der Lebensstil der Computerfreaks, der Nerds oder der Hipster wäre eine solche Orientierung.

Dieses Phänomen tritt besonders in Gruppen auf, die sich im Gegensatz zu der offiziellen Gliederung der Gesellschaft befinden: Sei es, dass sie wie marginalisierte untere Gruppen eine sehr schlechte Stellung in der Gesellschaft einnehmen, sei es, dass sie in bestimmter Weise dagegen protestieren wie Jugendkulturen.

### Fragmentierte Gesellschaften lösen die Hochkultur ab

Ebenso verliert das Konzept der Hochkultur als das maßgebliche Konzept für Eliten zunehmend an Gültigkeit. Es handelt sich also im Wesentlichen um Subkulturen oder Stämme in der Terminologie von Michel Maffesoli, die einen eigenen Habitus entwickeln und sich in ihrem Lebensstil durch eigene Zeichenrepertoires abheben, die nur noch wenig mit den Definitionen der Hochkultur zu tun haben. Maffesoli[90] beschreibt in seinem Buch »The Time of The Tribes« dieses Phänomen, das er als ein typisches Merkmal der Postmoderne betrachtet. Die Gesellschaft erscheint hier fragmentiert und gegliedert nach Geschmacksvorlieben, Interessen und daraus folgenden Lebensstilen. Er vergleicht dies mit der Organisationsform von Stämmen. In diesen Gruppen spielt vor allem das Konzept des kulturellen Kapitals eine besondere Rolle, also das Verfügen über spezifische Kulturtechniken und Kenntnisse, »wie man das macht«, welchen Geschmack man durch welche Zeichen demonstriert.

Damit endet natürlich die Analogie zu traditionellen Stämmen, was Maffesoli selbst diskutiert: *Neotribes* im Sinne von Maffesoli bilden sich über Geschmacksvorlieben

90 MAFFESOLI, Michel: The time of the tribes. Sage. London: 1996.

und die Demonstration bestimmter Konsumobjekte oder Stile. Sie kennen keine formalen Aufnahmeregeln oder Ausschlusskriterien wie traditionelle Stämme. Es gibt dazu inzwischen eine Reihe von Beschreibungen dieser Subkulturen, die im Übrigen zeigen, dass auch Klassen, die man als homogen zu betrachten gewohnt ist, wie etwa Unterschichtskulturen, sehr differenzierte Gliederungen aufweisen können.

Dass kulturelles Kapital immer dann eine Rolle spielt, wenn es um Reputation in bestimmten Subgruppen geht, zeigt auch das Feld der Blogger, in denen es nur wenigen Personen gelingt, große Gefolgschaften zu mobilisieren, nämlich denen, die ganz präzise das kulturelle Kapital demonstrieren, um das es in diesem Feld geht. Ein Artikel aus dem *Journal of Consumer Research* beschreibt das Phänomen des Modeblogs und analysiert, über welche Fähigkeiten erfolgreiche Modeblogger verfügen – unter anderem gehört dazu das effektive Zurschaustellen von kulturellem Kapital auf dem Gebiet der Mode.[91]

## 4.3 Geschmacksgruppen zeitgenössischer Gesellschaften – *taste regimes*

Gerhard Schulze hat in dem Buch »Erlebnisgesellschaft« im Wesentlichen den Ansatz von Bourdieu zu der Beschreibung verschiedener Segmente der deutschen Gesellschaft benutzt, ergänzt um Konzepte der horizontalen Gliederungen.[92] Wir haben diesen Ansatz für Österreich adaptiert, dazu auch eine »Itembatterie« entwickelt und wir können so vier verschiedene Segmente oder *taste regimes* unterscheiden: In jedem dieser Segmente hat man einen anderen Geschmack und einen anderen Lebensstil: Man richtet seine Wohnungen anders ein, hat andere Freizeitinteressen, kocht anders, zieht sich anders an, konsumiert auch anders und bevorzugt andere Medien, Marken und Produkte.

Wir gelangen so zu vier verschiedenen Geschmacksgruppen:

- das Niveaumilieu
- das Selbstverwirklichungsmilieu
- das Harmoniemilieu
- das Unterhaltungsmilieu

---

91 Journal of Consumer Research, Vol. 40. Nr 4. Dezember 2013. S: 692: Bige/Saat/Cioglu and Ozanne: Moral Habitus and Status Negotiation in an Marginalized Working Class Neighbourhood.

92 SCHULZE, Gerhard: Die Erlebnisgesellschaft-Kultursoziologie der Gegenwart. Campus. Frankfurt am Main: 1992.

**Welche Bedeutung hat die Ausbildung von unterschiedlichen Geschmacksgruppen für die Packungsgestaltung?**
Sicher nicht die zunächst naheliegende, dass etwa Angehörige höherer Klassen, also etwa Angehörige des Niveaumilieus, Packungen wählen, die das spezifische Zeichenrepertoire des Niveaumilieus aufweisen, oder Angehörige des Harmoniemilieus entsprechende Packungen.

Bei allen Konsumakten ist zu bedenken, dass man mit einem Konsumakt heute eine beliebige Zeichenwelt wählen kann, die gerade eben punktuell attraktiv erscheint – der Supermarkt stellt eine riesige Schaubühne dar, in der jedermann beliebig wählen kann und in der jede Zeichenwelt im Sinne einer Simulation erscheint. Konsumenten sind gewissermaßen kulturelle »Allesfresser« wie das Cecilia Lury nennt.[93]

Es gibt dennoch einige Einschränkungen: Zum einen begrenzen ideologische Überlegungen die Wahlen, zum anderen zeigt sich in manchen Fällen sehr wohl eine Gliederung im Sinne eines Oben und Unten.

Untere soziale Gruppen, denen es an finanziellem Kapital mangelt, haben auch eingeschränkte Wahlmöglichkeiten: Sie werden im Allgemeinen nicht Packungen wählen, die den vollen elitären Stil zeigen und diesen mit einem hohen Preis kombinieren (vgl. z. B. Guerlain). Etwas anderes gilt für obere soziale Gruppen: Sie haben die Möglichkeit, alles zu wählen. Obere soziale Gruppen einer Gesellschaft haben immer sehr viel weniger eingeschränktes Handlungspotenzial als untere: Sie können sich im Dialekt oder in der Hochsprache äußern, untere sind eben sehr oft nur im Stande, Dialekt zu sprechen.

Ideologische bzw. moralische Überzeugungen führen ebenfalls zu Präferenzen auch auf der Ebene der Packungen. Ein umweltbewusster oder sozialverantwortlicher Käufer wird sehr wohl nach Packungen Ausschau halten, die das Zeichenrepertoire dieses Standpunktes zeigen.

Der Hauptvorteil dieses Ansatzes liegt auf der Ebene der Positionierung. Erinnern wir uns: Die realen Produkteigenschaften reichen in vielen Fällen nicht zur Differenzierung der Produkte aus. Die Differenzierung beruht vielmehr auf einer Differenzierung durch Zeichenwelten. Diese wirken umso attraktiver und sie werden umso leichter rezipiert je mehr sie an bestehende *frames* anknüpfen, also an kognitive Gliederungsprinzipien und Konzepte, die im kollektiven Bewusstsein verankert sind. Diese Gliederungsprinzipien zeitgenössischer Gesellschaften stellen einen solchen *frame* dar.

93 LURY, Celia. Consumer Culture. a. a. O.

Die Packungen lassen sich gewissermaßen als eine Gesellschaft von Objekten betrachten, die nach denselben Prinzipien gegliedert ist wie die Gesellschaft der Menschen, für die sie bestimmt sind. Insofern finden wir Packungen, die mit den vollen Zeichenrepertoires des Niveau-, des Selbstverwirklichungs-, des Harmonie- und des Unterhaltungsmilieus ausgestattet sind und die dadurch Prägnanz gewinnen.

Das folgende Diagramm zeigt vier unterschiedliche Codes.

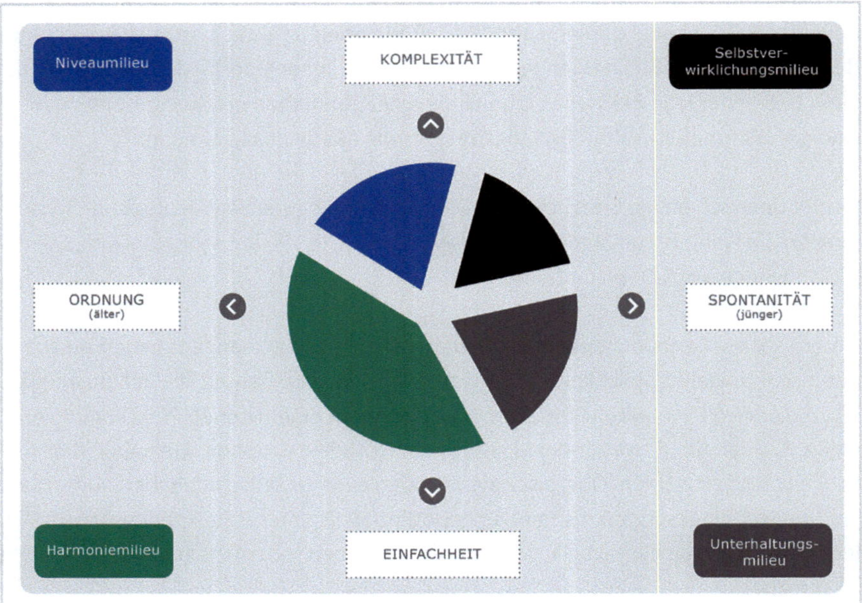


**Abb. 1:** Vier Milieus – vier unterschiedliche Codes

## 4.3.1 Niveaumilieu

Zeichen, die Tradition abrufen, Vergangenheit, Verbindung mit Autoritäten, Verlässlichkeit, Kontinuität, adelige oder herrschaftlich hierarchische Welten. Dazu gehört ein dezenter Farbcode, Zurückhaltung, Erhabenheit, Würde, ein klassisch, zeitloser Stil. After Eight etwa stellt ein gutes Beispiel für diesen Code dar.

### NIVEA – der Stil der Mitte

Eine wichtige Variante dieses Auftritts ist: Der Stil der Mitte. Die Marke NIVEA verkörpert perfekt diese Variante, nämlich den Stil der Mitte oder einen bürgerlichen Stil. Franco Moretti definiert den Bürger, der als soziologisches Konzept im 18. Jahrhundert aufkam, als eine Figur, deren Wertewelt – verkürzt ausgedrückt – durch die Maxime gekennzeichnet war: Mehr als das Lebensnotwendige, aber noch kein Luxus.[94] Dies ist in vielen Bereichen die Position der Marke NIVEA, die sich als »positive Normalität« gegen das einfache Untere aber auch gegen das glamouröse Obere abgrenzt und die immer die Prinzipien großer Kontinuität, Beständigkeit, Verlässlichkeit, Ordnung, Klarheit, Harmonie verfolgt.

In der kreisrunden Nivea-Dose mit ihrer Geschlossenheit, perfekten Einfachheit, Ruhe, Friedlichkeit, deren Gestaltung über Jahre beibehalten wurde, verkörpert sich diese Position.

Diese Position kann man im Übrigen nur einnehmen, wenn wirklich eine lange Markengeschichte vorliegt, eine Tradition, bei der ein kontinuierlicher Auftritt beibehalten wurde. Dies ist dann ein Bestandteil des kulturellen Wissens. Tradition in diesem Sinn kann man sich nicht kaufen.

### 4.3.2 Selbstverwirklichungsmilieu

Der Stil des Selbstverwirklichungsmilieus betont auch das Hochrangige, Niveauvolle, setzt sich entschieden gegen das Triviale, Einfache ab. Er hat aber wenig Affinitäten zu dem Traditionellen, Ruhigen und Gediegenen. Hier geht es um Zeichen mit der Semantik des Besonderen, Trendigen, des Aufregenden, um Dynamik, Internationalität, Modernität, Selbstverwirklichung, all das in einer interessanten und hochrangigen Ästhetik. Dieses Milieu hat ganz eigene Ästhetiken entwickelt, die sich in verschiedenen Produktfeldern finden.

94 MORETTI, Franco: Der Bourgeois. Eine Schlüsselfigur der Moderne. Suhrkamp. Berlin: 2014.

## Das Beispiel Oatly

**Abb. 2:** Hafer- und Mandelmilch – urbane Ästhetik und Selbstverwirklichung

Bekanntlich entwickelt sich derzeit ein stark besetzter Markt für pflanzenbasierte milchähnliche Produkte. Die ehemals so gesunde Milch wird in manchen Gruppen geradezu zum Feindbild, sie scheint dem Menschen und der Umwelt zu schaden und wird als ein Produkt der Agrarlobby betrachtet. Da Milch aber in vielen Speisen unverzichtbar ist, wird nach Alternativen gesucht, die als pflanzenbasierte Getränke erscheinen, als Hafermilch, Mandelmilch, Sojamilch. Allerdings dürfen sie sich nicht mehr Milch nennen, sodass sie das Milchartige anders zum Ausdruck bringen müssen. Sie sind in bestimmten sozialen Gruppen inzwischen obligatorisch: der Latte Macchiato mit geschäumter Hafermilch ist geradezu ein Erkennungszeichen für das Selbstverwirklichungsniveau. Die Marke Oatly (Abb. 69 in Kapitel 5) hat diesen Ansatz perfekt verstanden und visuell umgesetzt. Sie verwendet eine sehr moderne urbane Ästhetik, die nichts mit der klassischen Milch zu tun hat, aber auch nichts mit der Reformhausästhetik, wie sie Alpro zeigt.

### 4.3.3 Harmoniemilieu

Abb. 3: Weizenmehl von Fini‹s Feinstes

Zum Harmoniemilieu gehören Zeichen, die das Häusliche signalisieren, das Familiäre, Gemütliche, Warme, Geborgene, Einfache, auch Nostalgische. Hier geht es nicht um das Schöne, Elitäre, sondern um das Gefühl, sicher und geborgen zu sein, zu einer Gemeinschaft zu gehören, an Traditionen anzuschließen, die nostalgisch, idyllisch sind. Die Maxime dieses Milieus: »Nur nichts Fremdes, nur nichts Anstrengendes« muss sich deutlich in den Gestaltungsprinzipien zeigen.

### 4.3.4 Unterhaltungsmilieu

Abb. 4: Energy Drink der Marke Monster Energy

Hier geht es um das Schrille, Laute, Grelle, um punktuelle Stimulation, um schnell wechselnde Reize, um die deutliche Abhebung gegen »langweiliges« Erwachsensein, Ruhe und Gediegenheit. Dieses Milieu liebt die Provokation, extreme Abweichungen. Ihr Feindbild ist die Hochkultur und das Spießbürgerliche.

Als Beispiel führen wir die Marke Monster Energy an.

# 5 Zentrale Codes – Gestaltungs- und Inszenierungsmöglichkeiten für Verpackungen

Wir haben in Kapitel 3 vier Produktfelder im Detail beschrieben, die jeweils eine bestimmte kulturelle Konzeption durch Packungen übersetzen: Die Idee eines Haushalts, die Definition des perfekten Körpers, Körperpflege als Erlebnis, erlaubter und verbotener Genuss. Dies hätte noch über eine ganze Reihe weiterer Produktfelder weitergeführt werden können: Getränke, Milchprodukte, technische Produkte usw.

Wir wollen nun aber versuchen, Gestaltungs- und Inszenierungsmöglichkeiten herauszufinden, mit denen Packungen ganz allgemein operieren, um Bedeutungen zu kommunizieren. Diese Muster wiederholen sich, sie finden sich in vielen Produktfeldern. Sie können im Einzelnen sehr verschieden umgesetzt werden, aber es lässt sich doch erkennen, dass sie einem gemeinsamen Code angehören.

Wie weit sie in einem Produktfeld verbreitet sind und wie sie dort inhaltlich ausgeformt sind, sagt daher auch etwas über die Wertewelten eines jeweiligen Produktfeldes aus. Es signalisiert damit aber auch wieder etwas über unsere Art zu denken.

Diese Codes beziehen sich jeweils auf eine unserer Konzeptionen des Wünschenswerten oder auf die *tacit myths*, wie sie Roland Barthes nennt, also auf das, von dem wir in dieser Gesellschaft überzeugt sind, dass es wünschenswert ist, wichtig, erstrebenswert, lustvoll, und dass dafür bestimmte Bedingungen gegeben sein müssen.

Die sechs zentralen Codes lauten:
1. Nobilitierung: Der elitäre Code
2. Der Code der Gegenwelten
3. Der Code der Natur
4. Der Code der Wissenschaft
5. Der Code der staatlichen Institutionen
6. Der Code der Moral und Verantwortung

## 5.1 Der elitäre Code

### Nobilitierung

Wir haben bei den einzelnen Punkten eine Reihe von Packungen kennengelernt, die diesem Code folgen. Die eindrucksvollsten stammen aus dem Bereich der Hochpreiskosmetik. Hier soll dieser Code in seiner Gesamtheit dargestellt werden. Dieser Code ist in vielen, wenn auch nicht allen Produktfeldern möglich und es ist auch zunehmend üblich, eine solche Position zu entwickeln, die eine Marke oder ein Produkt mit dieser Bedeutung auflädt. Dabei gibt es mehrere Varianten, die auch laufend zunehmen, da immer mehr Produkte diese Position anstreben, was eine Differenzierung auf dieser Ebene inzwischen schwer macht.

### Die Gegenposition zum elitären Code

Da sich Bedeutung immer auch aus der Stellung in einem Feld ergibt, müssen wir daher auch die beiden anderen Positionen betrachten. Zunächst die Opposition dazu: nicht edel, nicht besonders, profan. Diese Position kann formal zwei Formen annehmen. Die Semiotik kennt zwei Arten von Gegensätzen bzw. semiotischen Oppositionen: die logische Opposition und die antonymische Opposition.

Die **logische Opposition** bedeutet den logischen Gegensatz, also zum Beispiel »warm, nicht warm« – »nicht warm« kann dabei bedeuten lau oder kalt oder eiskalt usw. Die antonymische setzt einen sprachlichen Term als Gegensatz: warm/kalt. Im Fall des elitären Hochstehens kann also einmal ein betonter (antonymischer) Gegensatz entwickelt werden, dann wird die Bedeutung vermittelt: ganz unten, ganz profan, »prolo« gewissermaßen. Möglich ist auch ein unbetonter (logischer) Gegensatz: Weder ausgeprägt nach oben oder unten, sondern Mitte, Mainstream.

Damit dieser Code überhaupt zur Anwendung kommen kann, muss in einer Produktgattung eine Normalstufe existieren, gegenüber der abgewichen werden kann. Bedeutung ergibt sich bekanntlich durch das Mitgedachte aber nicht Realisierte.

Dabei sind auch differenzierte Stufen möglich, die nach dem Paradigma essen/fressen/speisen funktionieren:

- essen – Mittelposition: weder oben noch unten
- fressen – Abweichung nach unten
- speisen – Abweichung nach oben[95]

Das Feld der abgepackten Tees oder das von Salz, das wir später kennenlernen werden, funktioniert nach diesem Modell.

Die Denkfigur, die der Etablierung einer oberen Variante zugrunde liegt, kann nach mehreren Modellen gedacht sein:

1. alltäglich/profan vs. nicht alltäglich/sakral
2. notwendig/funktional vs. nicht notwendig/künstlerisch
3. sozial unten – in der Mitte – oben

95 Vgl dazu Kapitel 6 »Exkurs in die Semiotik: Wie kommunizieren wir?«.

Pierre Bourdieu unternimmt in diesem Zusammenhang eine Aufgliederung von Geschmacksstilen: oberer legitimer Geschmack, mittlerer Geschmack, populärer Geschmack.

Die Ausbildung des elitären Codes, der die kostbare Position signalisiert, bezieht sich immer auf eine Standardposition, gegen die abgewichen wird. Dies ist eine weit verbreitete Praxis in vielen Gesellschaften. In Begriffen der Kulturanthropologie wird dabei immer ein Gegensatz zwischen dem Alltäglichen und dem Sakralen aufgebaut. Jede Gesellschaft kennt Objekte, die der Sphäre des Alltäglichen und Profanen entzogen sind und die der Sphäre des Sakralen/Rituellen/Magischen angehören. So kennen Stammesgesellschaften Zeremonialdolche, die nicht als Waffe eingesetzt werden, besondere Ritualgefäße, Kleider, Behälter usw., die in spezifischer Weise gestaltet sind und die für alle Betrachter klar machen, dass dieser Gegenstand nicht profanen/funktionalen Zwecken dient.

Auch wir kennen diese Anmutung von Sakralität, auch im Bereich der Verpackungen, im Allgemeinen ersetzen wir sie jedoch durch einen anderen Gegensatz, nämlich den zwischen einem Gebrauchsgegenstand und einem Kunstwerk.

**Beachten Sie**

Die zentrale Strategie des elitären Codes besteht darin, durch Zeichenselektion und -kombination zu kommunizieren, dass hier etwas ganz Besonderes vorliegt, das weit von der Sphäre des rein Funktionalen entfernt ist. Verlassen werden muss »das Reich der Notwendigkeit zugunsten des Reichs der Freiheit«. Nach Kant ist dies die Definition eines Kunstwerkes, und viele der Verfahren, die Packungen anwenden, um einen elitären Eindruck zu erzielen, lassen sich diesem Prinzip zuordnen.[96]

Betrachten wir die wichtigsten Nobilitierungsstrategien:

### Strategie 1: Aufbau von Distanz zwischen Produkt und Benutzer

Elitäre Verpackungen sind sehr oft überverpackt: Über dem nackten Produkt befinden sich viele Lagen einer »zivilisierten Bekleidung«. Die hochpreisige Kosmetikcreme befindet sich in einem Glastiegel, der mit einer Silberfolie im Inneren abgedeckt ist, wenn wir ihn öffnen. Dieser Tiegel steht in einer mit blauem Samt ausgeschlagenen Kartonverpackung, die an der Seite einen kleinen silbernen Löffel zur Entnahme der Creme enthält (wir sollten die Creme nicht direkt berühren). Diese wiederum steht in einem Überkarton, der von einer Cellophanhülle umgeben ist.

96 KANT, Immanuel: Werkausgabe im Inselverlag. 1960.

Manche Luxuspackungen sind mit Bändern umhüllt, die Verplombungen zeigen. Diese Überverpackung dient auch dazu, das Produkt rein, also fern von jeder Kontamination zu halten, es in einem eigenen Raum einzuschließen, nicht sofort seinen Gebrauch anzudeuten: Sakrale Objekte sind immer rein von Befleckung und sie werden nie profan verwendet. Ebenso fordern Kunstwerke zur Adoration, nicht zum Gebrauch auf: *appreciate me, don't use me.*[97]

Dies ist im Übrigen auch die Strategie, die wir anwenden, wenn wir ein Geschenk präsentieren: Die profane Schachtel wird in ein schönes Geschenkpapier eingepackt. Dahinter steht möglicherweise auch ein sehr altes Denkmodell. Auf antiken Reliefwerken und mittelalterlichen, frühchristlichen Darstellungen ist jemand, der etwas von Kaiser oder Gott empfängt, mit bedeckten Händen gezeigt, d. h. über seinen Händen liegt ein Schleier, ein Vellum, er darf das Objekt nicht direkt berühren.[98]

### Strategie 2: Unfunktionale Verschwendung/minutiöse Ausdifferenzierung

Dies ist eine Eigenheit des elitären Stils in vielen sozialen Feldern. Wenn ein Tisch alltäglich gedeckt wird, zeigt er Gabel, Messer, Löffel, wird er für ein besonderes Menü hergerichtet, gibt es drei Gabeln, eine für die Vorspeise, eine für den Fisch, eine für den Fleischgang, ebenso bei Messern und Löffeln. Es gibt nicht ein Glas, sondern jeweils spezifische für Weiß-, Rot- oder Dessertwein. »Verschwendet« wird hier also Geschirr. Das ist die Strategie der differenzierten Aufgliederung.

Ähnliches gibt es bei der Zubereitung von Menüs: Dem Eintopf stehen die differenzierten Speisenfolgen eines mehrgängigen Menüs entgegen. Genau dies finden wir auch bei Verpackungen. Die differenzierte Aufschwellung findet sich vor allem im Bereich der Sorten und Varianten.

### Differenzierte Aufgliederung von Inhaltsstoffen

Nehmen wir Inhaltsstoffe. Die einfache Variante bei Tee etwa nennt Pfefferminz als Bestandteil, oder Fixminze, die mittlere Peppermint und die elitäre marokkanische Minze.

Ebenso Marille gegen Rosenmarille, Espressobohnen gegen Bohnen aus den Hochlagen von Tansania, normale Katzen auf Standardkatzenfutter, Karthäuserkatzen bei edlen Marken, Guerlain nennt als »Produzenten« seiner Creme Abbeille schwarze Bienen, die nur auf einer besonderen Insel vorkommen, auf der Insel Quessant vor der Bretagne, die von der Unesco zum Naturreservat erklärt wurde, La prairie enthält weißen Kaviar. Die minutiöse Aufgliederung eines Feldes appelliert an den Connaisseur,

97 WILLIS, Paul: The Ethnographic Imagination. a. a. O.
98 PIPALL, Martina: Kunst des Mittelalters – Eine Einführung. UTB. Wien: 2010.

der zwischen den Varianten zu entscheiden weiß, er wendet sich also an Personen mit einem erhöhten kulturellen Wissen.

### Strategie 3: Legitimation durch Tradition / große Vergangenheit / *heritage*

Zitiert werden historische Größen, Epochen, Ereignisse, vor allem aber die Welt des Adels: adelige Titel, Wappen, Schlösser. Es wird auf noble Orte oder Personen verwiesen: Radeberger etwa zeigt das Bild der Semperoper. Eine Parfumserie heißt plaisir de roi, ein Mineralwasser Sanssouci, Meinl nennt seinen Spitzenkaffee King Hadramauth. Wenn diese Position nur verbal kommuniziert, aber durch keine visuellen Codes unterstützt wird, entsteht allerdings keineswegs immer der Eindruck des Elitären, was die Packungen für Mozarttaler belegen.

### Strategie 4: Appell an mehrere Sinnesqualitäten

Eine Strategie der Nobilitierung besteht darin, dass eine Packung nicht nur an das Sehen appelliert, sondern auch an den haptischen Sinn, manchmal auch an olfaktorisches Wahrnehmen. So werden Oberflächen so behandelt, dass sie sanft und angenehm zu berühren sind, manchmal werden Mechanismen eingebaut, die einen zarten Duft entlassen, wenn man die Packung berührt. Lippenstifte werden in Lammfell eingehüllt, edle Naturmaterialien werden in die Verpackung einbezogen, Oberflächen werden reliefartig bedruckt.[99] Naturgemäß wird diese Strategie nur angewendet, wenn es sich um ein wirklich teures Produkt handelt, oder um eines, das über längere Zeit im Haushalt steht.

### Nobilitierung durch den Stil

Schließlich folgt die Gestaltung der Packung bestimmten Stilen, die bekannte Ästhetiken abrufen. Naturgemäß existiert eine Fülle von Stilen, es gibt jedoch zwei *frames*, an die hauptsächlich angeknüpft wird:

### Strategie 5: Edle Zurückhaltung oder verschwenderische Opulenz

Dieser Gegensatz spielt auch in der Kunstgeschichte immer wieder eine Rolle: So definiert Johann Joachim Winckelmann im 18. Jahrhundert die griechische Kunst durch die Formel »edle Einfalt und stille Größe«, von Nietzsche (bzw. Schelling) stammt die Beschreibung des Apollinischen gegen das Dionysische, die Weimarer Klassik grenzt sich gegen den Sturm und Drang ab, von Loos stammt die Maxime »Ornament ist Verbrechen« und der Minimalismus setzt auf vollkommen einfache Strukturen.[100]

Auch die sogenannte Bauhausästhetik folgt diesen Kriterien: Einfachheit, Zweckmäßigkeit, Klarheit, Funktionalität. Eine Analyse der Apple-Ästhetik, die auch die Ästhe-

---

99 Creativ verpacken. Oktober 2013.
100 WOLLHEIM, Richard: Minimal Art. 1965.

tik der Apple-Shops einbezieht, zeigt, dass eine zentrale Dimension der Marke Apple ihre Konzentration auf Design ist und dass dieses Design den Bauhausprinzipien folgt, speziell im Design der Apple-Stores, die in allem auf Transparenz und Reinheit setzen. Der Designer folgt hier den Prinzipien eines wahrheitssuchenden Wissenschaftlers und eines die Wahrheit darstellenden Künstlers: »One that endows the designer with the double duty of a truth seeking scientist and a truth representing artist.«[101]

Gemeinsam ist diesen Ansätzen also jeweils die Akzentuierung von Zurückhaltung, Ordnung, Harmonie, Reduzierung, Zeitlosigkeit, Affektlosigkeit, also das von Kant postulierte interesselose Wohlgefallen. Packungen, die diesem Stil folgen, können sich darauf verlassen, dass dieses Ideal des Klassischen fest im allgemeinen kulturellen Wissen verankert ist: Wenige Zeichen, die zu bestimmten Konfigurationen geordnet sich, genügen, um es abzurufen.

Ein wichtiges Zeichen ist hier der Einsatz des leeren Raumes: eine Packung, die viel leeren Raum zeigt, die gewissermaßen Raum verschwendet, verweist immer auf einen edleren Inhalt als eine Packung, die überfüllt ist und die jeden Zentimeter zur Informationsübermittlung benutzt.

Weitere Zeichen sind: elitärer Farbcode, edle Materialien, harmonische Anordnung, Zurückhaltung. Diese Packungen drängen sich dem Betrachter nicht auf, sondern ihr innerer Wert muss vom Betrachter gleichsam entdeckt werden: Er scheint durch sie hindurch.

Wir hatten im Bereich von Hochglanzkosmetik dazu Beispiele beschrieben, die sich durch genau diese Strategien von Packungen des Mainstreams abheben. Der Ansatz findet sich auch in vielen anderen Produktfeldern. Er wird meist als Erstes umgesetzt, wenn es bei einer Marke darum geht, Premiumprodukte zu entwickeln.

Wenn also Spar eine Eigenmarke herausbringt, die »Luxus für jeden Tag« anbietet, wie sie ankündigt, so wählt sie schwarze, edle Banderolen.

101 Yang in Theory. Culture, Society. Vol. 31. Nr. 4. Juli 2014: S. 78.

**Abb. 1:** Die Premiummarke von Spar

Derzeit sehen wir eine Inflation von Packungen des Premiumbereiches, die dem Stil der edlen Zurückhaltung folgen und zwar, indem sie die Semantik des Schwarzen benutzen, zum Beispiel die Marke Aceto von »Ja! Natürlich«. Bei einer solchen inflationären Verwendung dieses Stils entsteht das Problem, wie Differenz hergestellt werden kann.

## Der andere Extrempunkt: der opulente Stil

**Abb. 2:** Champagner der Marke Moët & Chandon

Wenn wir Klassik mit der griechischen Antike und dem 18. Jahrhundert verbinden, so den der Opulenz mit dem Barock. Wir sprechen von einer »barocken Opulenz«. Dieser Stil lebt von den Ornamenten, von satten, prunkvollen Farben, von dem umfangreichen Einsatz von Edelmetallen als Materialzitat und Dekor, vor allem aber von der Verwendung von glitzernden Edelsteinen. Dies ist das Gebiet der glitzernden Swarovski-Steine, die inzwischen auf vielen Produkten und Packungen eingesetzt werden (Abb. 2).

Folgt man diesem Code, so werden auch Elemente verwendet, die leuchten. Ferner werden scheinbar nebensächliche Aspekte der Packung in die Gestaltung einbezogen, zum Beispiel wenn Korken mit Steinchen besetzt werden.

Wenn der klassisch minimalistische Stil mit Zeitlosigkeit oder in bestimmten Varianten (der minimalistisch technische Stil) mit der Moderne verbunden ist, so bietet dieser Stil der Opulenz eine Plattform für die Vergangenheit: Werden edle Personen der Vergangenheit in der Markenwelt zitiert, so werden sie oft in diese ornamentalen Umgebungen gesetzt.

Der opulente Stil wendet sich konsequenterweise wesentlich stärker an Emotionen und Affekte. Er ist sinnlich überzeugender, aber in seiner Stilhöhe auch angefochten und nur in bestimmten Produktgattungen einzusetzen. Wenn man seinen Gestaltungsprinzipien nicht folgt, aber auch den Ansatz der edlen Reduktion in Verbindung mit schwarz oder weiß verlassen möchte, so stehen nur wenige Möglichkeiten zur Verfügung.

Ein Teilelement des elitären Codes gewinnt derzeit immer mehr an Verbreitung und signalisiert, wenn es in eine adäquate Zeichenumgebung eingefügt wird, Hochwertigkeit: gezeichnete Bilder und zwar im Stil nostalgischer Illustrationen. So wurde die Ausformung von Darbo (Abb. 3) als eine hochwertige und gleichzeitig natürliche Marke nicht zuletzt dadurch erzielt, dass alle Illustrationen auf der Packung nicht fotografiert sondern ganz realistisch gezeichnet wurden. Die Mühe und Sorgfalt, die in diese Art der Gestaltung investiert wurde, machte gefühlsmäßig klar, dass auch der Inhalt mit Mühe und Sorgfalt produziert wurde.

**Abb. 3:** Erdbeermarmelade von Darbo

Die Verbreitung dieses Stils kann in Zusammenhang mit der Tatsache gesehen werden, dass wir als Beweis für Qualität und Hochstehen im Bereich von Lebensmitteln immer stärker eine nichtindustrielle Produktionsweise ansehen, die eben gut durch diesen nostalgischen Illustrationsstil vermittelt werden kann.

### Der Code der Dignität

Eine Verbindung zwischen diesen beiden Polen stellt schließlich der Code der Dignität dar. Dieser signalisiert ein Objekt, dem Würde und Ernsthaftigkeit und damit Hochwertigkeit zukommt. In diesen Stil fließt viel von dem männlich akzentuierten Code ein, der, wie in Kapitel 2.5.1 besprochen, Erhabenheit kommuniziert: ernsthafte, dunkle, seriöse Farben, wenig Auffallendes, Harmonie, Ruhe, Zurückhaltung. Der Marke GÜ gelang durch die Verwendung dieses Codes in der sehr bunten Regalstrecke ihrer Produktgattung eine prägnante Alleinstellung.

## Strategie 6: Verwendung der Ästhetik einer übergeordneten Produktgattung

Hier wird eine Produktgattung dadurch nobilitiert, dass sie im Stil und semiotischen Outfit einer Produktgattung erscheint, die als Gattung wertvoller ist als die vorliegende. Sowohl Mineralwasser wie auch Essig lassen sich mithilfe dieser Strategie nobilitieren. Sie verwenden die Ästhetik von Weinauftritten.

Betrachten wir weitere zentrale Strategien am Beispiel von Salzpackungen.

**Abb. 5:** Flor de Sal

**Abb. 6:** Salz von Escamas

Abb. 7: Salz – Discountermarke

Abb. 8: Der Edelwhiskey The Balvenie

Die Produktgattung Salzpackungen bildet ein Paradigma mit einer Normalposition, einer unteren Position und einer oberen Position. Der Abstand der Edelstufe zu der Normalstufe ist beträchtlich: Hier wird ein simples Produkt wie Salz nobilitiert. Dies geschieht durch Materialcodes, hoch attraktive Farbcodes, eine minimalistische Ästhetik, die viel freien Raum lässt, die verbale Bezeichnung – all dies macht das Produkt kostbar.

Eine komplexe Nobilitierungsstrategie verwendet eine Packung für einen besonders edlen Whiskey: The Balvenie.[102] Bei »The Balvenie 50« handelt es sich um einen Single Malt Whiskey aus dem Jahr 1962, der nach 50 Jahren der Reifung in einer limitierten Auflage von 88 Exemplaren in den Handel gebracht wurde. Die Agentur entwickelte mit einem Schreinermeister als Verpackung einen Zylinder, der aus 49 hauchdünnen Holzschichten bestand. Dafür wurde Holz aus besonderen schottischen Beständen verwendet. Die Flaschen sind mundgeblasen, selbst der Flaschenverschluss ist Handarbeit.

## Was ist wertvoll?

In meinem Buch *Produkte als Botschaften* beschäftige ich mich ausführlich mit den Argumentationsstrategien, die fast weltweit benutzt werden, um objektiven Wert zuzuschreiben:

- *prime value*
- *labor value*
- *symbolic value*

102 Verpackungsrundschau. Heft 1. 2014. The Balvenie.

### *Prime value*

Hier stammt die Wertzuordnung aus den Bestandteilen, die als besonders wertvoll gelten. Meist sind dies sehr seltene Bestandteile: Gold, Diamanten usw. Am Markt werden einfache Bestandteile durch Zusatzmerkmale, oft der Herkunft, geadelt, nicht Nüsschen, sondern Königsberger Nüsschen, oder von einem wertvollen Inhaltsstoff wird mehr hineingegeben: ein Viertel mehr Feuchtigkeitscreme, oder: die Bestandteile sind frei von jeder industriellen Verunreinigung – ganz rein.

### *Labor value*

Die Wertzuschreibung stützt sich auf besondere Bearbeitungsverfahren: So stammt der Wert einer Holzschnitzerei nicht aus ihren Bestandteilen, sondern aus der kunstfertigen Bearbeitung. Am Markt stellen die Lindt Patisseure zum Beispiel solche kunstfertigen Bearbeitungsinstanzen dar.

### *Symbolic value*

**Abb. 9:** Fleur de Sel

Der Wert liegt in der Verbindung mit einer hochrangigen Konzeption des Wünschenswerten. So galten Reliquien im Mittelalter als besonders kostbar, weil sie den Schutz von Heiligen verkörperten. Wir können Verpackungen zu Zeichen machen, die etwas höchst Wünschenswertes in unserer Gesellschaft bezeichnen: Heimat oder liebevolle Zuwendung oder Reinheit usw.

In Verpackungen wie dieser für Fleur de Sel ist jede Ebene realisiert:

- ***prime value***: Dieses Salz ist ein unmittelbar durch die Natur bereitgestelltes, seltenes Element, das auf einen spezifischen Platz zurückgeführt werden kann, die St. Helena Bay, die auch, ob man sie kennt oder nicht, von der Konnotation des Namens her einen ganz besonderen Platz kommuniziert.
- ***labor value***: Es ist handverlesen und durch besonderes Rezeptwissen angereichert, nämlich durch die Oliven, die ihrerseits nicht industriell, sondern durch die Sonne getrocknet sind.
- ***symbolic value***: Dieses Produkt steht für eine der Gegenwelten, die wir im nächsten Abschnitt kennenlernen werden: nicht industriell, sondern dem Ethos der handwerklichen Arbeit verpflichtet, bekannt in seinen Produktionsbedingungen, mit einer Herkunft verbunden, also nicht anonym, nicht industriell.

## 5.2 Der Code der Gegenwelten

Ein grundlegendes Prinzip aller Sprachen bzw. Systeme, die Bedeutung vermitteln, ist die Ordnung ihrer Elemente in Gegensätze oder Oppositionen. Dieses Prinzip findet sich naturgemäß auch im Bereich der Kommunikation auf Märkten. Auch Produktfelder leben davon, dass ein Produkt oder eine Marke auftritt, die erkennbar das Signal gibt: Ich bin nicht ein normaler Computer, ein Produkt des angepassten Bürgers, ein durch und durch industriell gefertigtes Produkt, ein ganz normaler Essig usw.

Innovationen bestehen oft in der Aktivierung einer solchen Opposition. Dies erweitert die Wahlmöglichkeiten für Konsumenten, aber natürlich nur dann, wenn die Option an einen Wunsch oder eine relevante Konzeption des Wünschenswerten appelliert. Diese Abweichungen müssen sich daher auch in den Packungsgestaltungen spiegeln.

Packungen, die dieses Wertefeld vermitteln, müssen einen eigenen Code entwickeln, der auf den ersten Blick klar macht, dass diese Packung etwas erkennbar nicht ist und dafür etwas besonderes Anderes ist. Im Grunde fällt die Verwendung des elitären Codes unter dieses Prinzip. Auch hier wird kommuniziert: Das ist nicht das Übliche, sondern etwas ganz Edles. Wir haben jedoch in allen Produktfeldern auch andere Möglichkeiten der Abweichung beschrieben und über diese soll in diesem Abschnitt ein Überblick, wenn auch keine erschöpfende Auflistung gegeben werden.

Die zentralen Abweichungen bzw. Negationen konzentrieren sich auf zwei Wünsche: den Wunsch, ein Produkt möge nicht erkennbar industriell sein, sondern aus einer anderen Sphäre kommen: authentisch, persönlich, individuell, ehrlich. Und den Wunsch, ein Produkt möge nicht der Sphäre des rein zweckmäßig Funktionalen, Praktischen angehören, sondern ein besonderes Flair besitzen, eine Aura von Verzauberung und Magie mit sich bringen.

Beide Strategien werden oft gemeinsam verwendet und sie beruhen auch auf demselben Wunsch oder derselben Konzeption des Wünschenswerten: die Welt zu verlassen, die unsere Marktgesellschaft kennzeichnet, also das Industrielle, Genormte, Unpersönliche, nur Effiziente, Undurchschaubare – man möchte die Versicherung haben, dass es auch andere Welten gibt.

**Beachten Sie**

Paradoxerweise lebt der Markt also davon, dass es Plätze gibt, die von ihm ausgeschlossen sind. Auf einer tiefer liegenden Ebene lässt sich argumentieren, dass dies den Markt umso bedeutungsvoller und mächtiger macht, wenn sich Widerstände gegen ihn formieren. »Là où il y a *pouvoir*, il y a *résistance*«, sagt Foucault: »Wo es *Macht* gibt, gibt es *Widerstand*«. Er ist der Meinung, dass sich Macht umso eindrucksvoller zeigt, je mehr Widerstände sichtbar werden. Aktiviert wird hier das Konzept der Gegenwelten.

## Das Konzept der Gegenwelten

Das Konzept der Gegenwelten hat eine lange Geschichte und es existiert auch in anderen Gesellschaften. Jede Gesellschaft muss ihren Mitgliedern etwas schuldig bleiben, strukturelle Defizite sind überall eingebaut, überall bestehen Sehnsüchte, dass etwas nicht so sein möge, wie es ist. Funktionierende Gesellschaften erlauben daher ihren Mitgliedern punktuell, diese Sehnsüchte auszuleben: bei großen Festen, im Karneval, an besonderen Orten, zu bestimmten Zeitpunkten, unter verschiedenen Bildern wie dem Schlaraffenland, der Insel der Seligen usw.

Auch Märkte leben von diesen Defiziten und Sehnsüchten und erfolgreiche Produkte geben die Versicherung, dass man sich mit ihnen eine dieser Sehnsüchte erfüllen kann. Sie stellen sich daher oft als Angehörige einer Gegenwelt dar, also einer Welt, die sich im Gegensatz zu der offiziellen Welt mit ihrem hegemonialen Wertsystem befindet.

Wir kennen in unserer Gesellschaft viele dieser Gegenwelten: die Welt des Adels, die Welt des einfachen Landes, »Landlust und Volksmusik«, die Welt der geschickten Handwerker, die über alte Produktionserfahrungen verfügen, die romantischen Landschaften, die Welt der Exotik, des Archaischen und Primitiven, die sakralen Quellen der Wellnesstempel usw. Diese Gegenwelten finden in medialen und touristischen Angeboten vielfache Realisationen.

Es sind immer Welten, die vergangen sind, zumindest vorindustriell, sehr oft lange zurückliegend, in ihnen herrschen andere Zeit- und Raumkonzepte als in unserer Welt, vor allem aber folgen sie einem anderen Gesellschaftsmodell. In Bezug auf diese Gegenwelten existiert oft auch eine ideologische Komponente: Sie finden sich auch im Sinne eines Protestes, einer Gesellschaftskritik oder im Sinne einer Utopie. Auch in früheren Zeiten hat sich zu der jeweils herrschenden Ideologie eine Gegenbewegung entwickelt.

## Gegenentwürfe zur herrschenden Gesellschaftsform

Eine dieser Gegenentwürfe, die deutlich als Gesellschaftskritik konzipiert ist, geht auf das 18. Jahrhundert zurück und sie hat heute eine hohe Relevanz. Die bekannteste Formulierung stammt von Rousseau, der sie unter die Maxime fasst »retournons à la nature« (auf allen Vieren, wie Voltaire spöttisch anmerkte). Natur bedeutet hier eine Welt ohne die Zwänge, die durch soziale Aufgliederungen entstanden sind, ohne die Einschränkungen und Zurichtungen des gesellschaftlichen Lebens, basierend auf der angeborenen Güte und Tugendhaftigkeit des Menschen, die nur durch die Zwänge der Gesellschaft korrumpiert wird, eine Welt, die einfach ist, nicht auf den äußeren Schein ausgerichtet, gütig, fürsorglich, nicht materialistisch. Über lange Zeiträume hinweg wurde dieses Ideal in immer neuen inhaltlichen Besetzungen beschworen: Die Reformbewegungen des 19. Jahrhunderts basieren auf ihm: Turnvater Jahn, Makrobiotik, Befreiung der Frau aus dem Korsett, Wandervogel, Homöopathie usw.

In vielen Feldern finden sich Umsetzungen: Ernährung, Kleidung, Wohnen, Behandlung des Körpers, Erziehung. Dieser Gegenentwurf bedient sich naturgemäß immer auch spezifischer Zeichenwelten, macht also die andere Gesinnung an einer anderen Zeichenausstattung fest.

### Die *Arts and Crafts*-Bewegung

Zum Programm erhob dies die *Arts and Crafts*-Bewegung, die in England in der Mitte des 19. Jahrhunderts begann und vor allem mit dem Namen William Morris verknüpft ist, später dann in der USA mit John Ruskin. Sie begann zeitgleich mit dem Prozess der Industrialisierung und richtete sich gegen deren immer deutlicher sichtbar werdenden sozialen Folgen: Landflucht, Auswanderung, Verarmung der durch Maschinenarbeit freigesetzten Arbeiter, Hunger, städtische Elendsquartiere. Diese sozialen Folgen wurden von dieser Bewegung primär als Folge des Einsatzes von Maschinen gesehen und konsequenterweise strebte man eine Produktionsform an, in der weder Maschinen noch zerstückelte Arbeitsabläufe (wie sie von Frederick Winslow Taylor entwickelt wurden) zum Einsatz kamen. Als ideale Produktionsform betrachtete man die mittelalterliche Organisation des Handwerkerbetriebs und der Zünfte, die eine Einheit von Leben und Arbeit zu garantieren schienen.

Bekannt ist die Bewegung allerdings primär durch ihr Designideal. Verabscheut wurde alles industriell, massenhaft und seelenlos Produzierte und angestrebt wurde ein Gegenstand, der handwerklich gefertigt war, solide, einfach, funktionell, oft auch rustikal, aber von höchster künstlerischer Perfektion. Objekte dieser Art wurden dann im Bauhausdesign und in den Wiener Werkstätten gefertigt.

Diese Gegenwelt des Authentischen, des Handwerklichen und Nicht-Industriellen stellt auch heute eine wichtige Konzeption des Wünschenswerten dar. Sie tritt am Markt naturgemäß nicht im Sinn einer Kritik am bestehenden Gesellschaftsmodell auf, sie ist selbst ein Bestandteil des Marktes und leiht sich nur diesen Zeichenapparat. Sie findet sich daher auch im Bereich der Verpackungen.

Es geht hier darum, Zeichenfelder zu wählen, die diese Gegenwelt abrufen. Grundsätzlich wird dies durch alles geleistet, was ausdrücklich dem industriellen Code entgegengesetzt ist, also:

- Herkunft, die sich räumlich und zeitlich verorten lässt
- Verankerung in einer vorindustriellen, oft ländlich bäuerlichen Welt
- Verknüpfung mit Geschichte und Tradition
- namentlich bekannter Hersteller, der leidenschaftlich und mit großer Expertise das Produkt herstellt
- Transparenz

**Abb. 10:** Bio-Müsli von Werz

Wird dieser Rahmen gut aufgebaut, so wird dem Produkt damit Ehrlichkeit, Seriosität zugeordnet, gleichzeitig aber auch das romantische Flair dieser vorindustriellen Welten (vgl. am Beispiel einer Weinmarke[103]). Es gibt mehrere Spielarten dieses Stils: Produkte, die ihre Herkunft aus einer bäuerlichen oder handwerklichen Welt signalisieren, indem sie keinerlei Designanstrengung unternehmen: Dies ist zum einen die Reformhaus- und Bauernmarktästhetik, zum anderen die »Manufakturästhetik«. Wir haben Beispiele dafür in der Packung der Marke Abendtee (vgl. Kapitel 2, Abb. 1) gesehen, auch die folgende Packung realisiert diesen Stil.

Diese Strategie zeigt sich auch in der Gewohnheit von Supermärkten, einige Produkte, so vorzugsweise Gemüse und Obst, in Körben zu präsentieren und allgemein eine Marktatmosphäre zu schaffen.

In Packungen wie Abendtee oder dem Müsli äußert sich die Distanz zu der Welt der Massenware, die in Supermärkten dargeboten wird, in einer Distanz zu deren Ästhetik: Sie sind nicht auf Verführung, Anlockung aus und sie folgen, wie wir in Kapitel 7 sehen werden, auch nicht den Regeln der Wahrnehmungspsychologie. Die Packungen sind also voll, schwer leserlich, nicht zentriert. In normalen Supermärkten hätten sie am Regal große Schwierigkeiten, aber sie werden ja auch in spezifischen Räumen angeboten, eben dem Reformhaus oder dem Bauernladen.

Die andere Variante dieses Ansatzes basiert auf der Philosophie der *Arts and Crafts*-Bewegung: Sie konzentriert sich auf den Produzenten, der das Produkt ganz persönlich und individuell in alten und sorgsamen Verfahren herstellt: Das muss sofort an der Packungen abzulesen sein. Allerdings ist dies in Packungen nicht ganz einfach umzusetzen und es gibt nicht viele wirklich überzeugende Beispiele dafür.

Eine Strategie aus dem Bereich der Manufakturen ist es schließlich, auf der einzelnen Packung handschriftlich eine Chargennummer anzugeben, die das Produkt als An-

103 Consumption, markets, culture: Vol. 16. Nr. 4. Dezember 2013.

gehöriger einer kleinen Serie und zugleich handgefertigt darstellt. Ähnliches erfolgt auch, wenn die Herkunft händisch vermerkt ist.

Besser gelingt dies Packungen der Marke Kiehls, die den Auftritt alter Apothekerprodukte wählen. Kiehls, das dem Konzern Unilever gehört und das in eigenen Geschäften vertrieben wird, stützt sich auf die Geschichte, dass die Produkte dieser Marke ursprünglich 1890 von einem Apotheker entwickelt wurden.

**Abb. 11:** Weizenmehl der Marke Alnatura

Ein sehr gutes Beispiel stellt ferner das Sortiment der Basisprodukte von Alnatura dar, zum Beispiel die Mehlpackungen.

Alnatura verfügt in seinen Biosupermärkten inzwischen über eine große Anzahl von Linien mit Produkten, die naturgemäß differenzierende Stile wählen müssen. Diese Basispackungen sind jedoch sehr wichtig, weil sich an sie die zentralen Werte der Marke Alnatura binden: unverfälschte Natur, verantwortungsbewusst, einfach, rein. Dies wird durch den Farbcode, das Bilder des Feldes, die Sonne, die Maxime »sinnvoll für Mensch und Natur«, die einfache, reduzierte Ästhetik vermittelt.

Ein anderes Beispiel findet sich im Bereich der Premiumprodukte. Als Beispiel sollen die Produkte der Manufaktur Lederhaas dienen: Seifen, Düfte, inzwischen auch Kosmetik, die aus biologischen Bestandteilen und erlesenen Essenzen in händischen Verfahren gefertigt werden. Diese werden zu Höchstpreisen in ausgewählten Geschäften vertrieben. Lederhaas stellt sich auf seiner Homepage als der Produzent vor und schildert seinen geistesgeschichtlichen Hintergrund, der in die Herstellung dieser Produkte einfließt. Sein Ziel ist es, kostbare, reine und schöne Produkte zu schaffen. Dies ist auch an den Packungen abzulesen (Abb. 12).

**Abb. 12:** Premium-Seife von Lederhaas

Die einzelnen Seifen sind in einem schwarzen Etui angeordnet, sie tragen Namen von Romanen, die von Dichtern der Romantik im 19. Jahrhundert geschrieben wurden: Novalis, Friedrich Schlegel, Tieck, spielen also auf ein sehr spezifisches kulturelles Wissen an. Der Markenschriftzug ist in persönlicher Schreibschrift, der Farbcode insgesamt edel reduziert, natürlich.

Die oben abgebildeten Packungen für Darbo (vgl. Abb. 3) sind im Kern auch dieser Strategie zuzurechnen. Durch die Verwendung von liebevoll gezeichneten Früchten, die ganz realistisch wirken, durch persönliche, handschriftlich anmutende Schriften, durch ein Layout, das gefüllt aber nicht überfüllt wirkt, werden die Packungen dieser Marke aus der Welt der Massenproduktion herausgenommen. Sie geben das Gefühl, dass dies Konfitüren sind, die eine Hausfrau der alten Zeit liebevoll und sorgfältig hergestellt hat. Gleichzeitig wird der zentrale Wert dieser Marke: »In Darbo naturrein kommt nur Natur rein« durch diese Packung exzellent übersetzt.

Die Packung zeigt eine kleine Erdbeere im Zentrum des Etiketts. Das Etikett wird aber an den Seiten von opulenten Darstellungen von Erdbeeren gerahmt und zwar von Erdbeerpflanzen mit Blättern und Stielen. Die Erdbeere im Zentrum stammt also aus diesem Raum der Erdbeerpflanzen im Garten – in der Konfitüre ist nur Natur enthalten. Dieses Bild ist als rhetorische Figur zu lesen: Es ist eine Metonymie: Zwei Elemente begegnen sich innerhalb eines gemeinsamen Bezugsrahmens – hier Ursache und Wirkung.[104]

**Abb. 13:** Premium-Schokolade von Favarger

Dies ist die Packung eines Schokoladeherstellers aus Genf (Abb. 13). Er bietet in diesen Packungen Schokoladen nach alten Rezepten an. Die Packung zeigt drei Mitglieder der Gründerfamilie als Kinder, wie sie in den Schweizer Bergen Urlaub machen – eine perfekte Verbindung von lokaler, personaler und zeitlicher Verortung und gleichzeitig ein exzellentes Beispiel für den liebenswürdigen nostalgischen Stil.

Andere Packungen konzentrieren sich auf die Betonung von Tradition allein, indem alte Typografien und Bildelemente eingesetzt werden.[105]

104 Zu den rhetorischen Figuren siehe Kapitel 6 »Exkurs in die Semiotik: Wie kommunizieren wir?«.
105 Verpackungsrundschau. Oktober 2013. S. 52.

### Strategie der magischen, sakralen Überhöhung

Der andere Ansatz ist der einer magischen, sakralen Überhöhung: **Das Produkt scheint nicht mehr der Sphäre des funktional Effizienten anzugehören: Es besitzt eine eigene Aura.** Dies wird auch durch den Einsatz des elitären Stils geleistet, der ja im Kern bestrebt ist, ein Objekt aus der Sphäre der Notwendigkeit in die Sphäre der Kunst zu erheben. Hier erfolgt jedoch eine weitere Akzentuierung ins Magisch-Sakrale. Ein Beispiel haben wir bei Hochpreiskosmetik über die Marke Guerlain Orchidée Impériale kennengelernt. Dieser magische Eindruck wird hier vor allem über den Farbcode erzielt: ultramarines Blau, goldene Kuppel, dann über die Form, die etwas von einem Kuppelbau oder einem Salbgefäß an sich hat, auch über das schwere Glas.

Eine andere Umsetzung findet sich bei der Reispackung Wizard of Oz, die wir in Kapitel 6 vorstellen.

### *long ago and far away* – die Welt des Primitiven und Archaischen

Bei Packungen ist eine Position nahezu völlig absent, die im Bereich von Gegenwelten sonst eine wichtige Rolle spielt: archaische, ursprüngliche Kulturen. Beispiele dazu finden Sie in der Zeitschrift *Consumption, Markets and Culture.*[106]

Dies sind die Kulturen »der Anderen«, der Fremden, aber nicht im Sinne von bedrohlichen Fremden oder von unterentwickelten Primitiven, sondern im Sinne eines symbolischen Attraktors: geheimnisvoll, exotisch, sinnlich, in allem der Welt des Rationalen, industriell Bestimmten entgegengesetzt, im Einklang mit der Natur handelnd. Der große Erfolg des Films *Avatar* von David Cameron etwa belegt die Stärke dieses symbolischen Attraktors.

Angebote, die auf dieser Konzeption des Wünschenswerten basieren, appellieren an den Wunsch, aus dem alltäglichen Leben auszusteigen, den Zwängen und gesellschaftlichen Zurichtungen des Industrialisierten und Urbanen zu entfliehen, mehr Verzauberung in die Welt des Alltäglichen zu bringen. Beides kann naturgemäß auch immer im Sinne von Kulturkritik eingesetzt werden und beides könnte auch zur Tribalisierung verwendet werden.

Die Welt des Primitiven und Archaischen wird vorzugsweise in Kulturen gesucht, die weit entfernt von industrialisierten Zentren liegen und die alte Lebensformen bewahren: Vieles, was wir mit der Südsee verbinden, spielt hier eine wichtige Rolle. Anders als die Lebensformen, die wir vorindustriellen Räumen zuschreiben, sind diese Lebensformen mit dem Begriff des Abenteuers, des Auslebens erotischer Bedürfnisse,

106 Consumption, Markets and Culture. Vol. 16. Nr. 3. September 2013.

mit spontanen und unreglementierten Verhalten gekoppelt. Den ersten künstlerischen Ausdruck fand diese Gegenwelt in den Südseebildern von Gaugin.

Im Bereich der Populärkultur treffen wir hier auf viele Beispiele aus dem Bereich touristischer Angebote, Jugendkulturen, medialer Produkte. Auch Marken stützen sich auf diese Gegenwelten: Raffaello, Bacardi Rum, die Kosmetiklinie ST Barthes. Packungen machen jedoch eher selten von diesem Code Gebrauch. Vereinzelt wird er bei Parfümpackungen zitiert, ein Anklang findet sich in den Packungsgestaltungen von AXE, einem Parfümdeo und Duschgel für Männer. Auch Raffaello zeigt zumindest eine rote Hibiskusblüte, ansonsten gibt es nur wenige Beispiele. Die Packungen der Fair-Trade-Produkte, die hinsichtlich ihrer Positionierung eine Verbindung zu diesen Räumen haben, realisieren nur ansatzweise dieses Zeichenfeld.

**Abb. 14:** Fair-Trade-Schokolade

## Fair-Trade-Produkte

Diese Packungen sind in einem Stil gestaltet, der meist als Ethno-Stil bezeichnet wird. **Er zeigt Muster und Farben, wie man sie von Stoffen und Gebrauchsgegenständen von Stammeskulturen kennt.** Absent bleibt jedoch jede Anmutung von Wildheit, Sinnlichkeit, die diesen Code eigentlich kennzeichnet. Der *thrill of nonconformity* wird auf keinen Fall sichtbar. Dies wäre auch der Position der Marke Fairtrade unangemessen, die ja in den Diskurs des moralisch richtigen Handelns gehört. Dieser Stil weist hier darauf hin, dass ein Teil des Geldes, den man für Fair-Trade-Produkte zahlt, den Produzenten, die aus diesen Ländern stammen, zugutekommen.

Von einer anderen theoretischen Perspektive wird dieses Feld von Michel Maffesoli behandelt.[107] In seinem neuen Buch »Le temps revient« beschreibt Maffesoli als ein Charakteristikum der Postmoderne, dass in ihr das Archaische wiederkehrt, also Werte und auch Verhältnisse, die vor der Aufklärung relevant waren und die von ihr verdrängt wurden: Hedonismus, Tribalismus, Nomadismus, Affekt und die Verzauberung der Welt. Maffesoli ist durch die Verwendung des Konzeptes des Tribalismus bekannt geworden. Er geht darin von einer Gliederung der Gesellschaft in kleine Gruppen aus, die sich durch einen gemeinsamen Geschmack, durch Vorlieben und Lebensstile voneinander abgrenzen und die nach dem Modell von Stämmen organisiert sind. Er betrachtet das als ein Charakteristikum der Postmoderne und weist besonders auf die Verbindung dieser archaischen Wertefelder mit modernen technologischen Entwicklungen hin – so organisieren sich diese Stämme eben über das Internet.

## 5.3 Der Code der Wissenschaft

Der Code der Wissenschaft ist prägnant und schnell wiedererkennbar. Er basiert auf wenigen, sehr konsequent eingesetzten Elementen: reduzierte Farbgebung, zurückhaltende, seriöse Farben, keine Versuche, die affektiven Eigenschaften von Farben auszunutzen.

- klare Schriften
- klare Layouts
- kaum dekorative Elemente
- so gut wie keine Bilder
- alle Informationen werden durch den verbalen Code vermittelt

Der wissenschaftliche Code transportiert überzeugend die Merkmale: rational, seriös, geprüft, nicht an Affekte appellierend, sondern an den rationalen Menschen. Er kommuniziert damit auch den Mythos der Wissenschaft, die unserem Verständnis nach primär Naturwissenschaft und Experiment bedeutet und von der wir Innovationen und Verbesserungen erwarten. Wir haben ihn in der Ausformung als medizinischer Code vor allem im Bereich von Kosmetik kennengelernt und er dominiert naturgemäß die Arznei- und Medikamentenverpackungen, die in einem anderen Code gar nicht vorstellbar sind.

Im Bereich von Nahrungsmitteln findet er so gut wie nicht Verwendung: Nahrungsmittel sollen aus der Natur, nicht der technischen Kultur kommen. Sporadisch wird er bei Haushaltsprodukten eingesetzt, dann wenn es um die Beseitigung schwerer

107 MAFFESOLI, Michel: Die Zeit kehrt wieder. Matthes & Seiz. Berlin. 2014.

Probleme, etwa die Vertilgung von Bakterien bei Hygieneprodukten geht. Ebenso ist der medizinische Code bei Produkten, die sich der Behandlung von alters- und krankheitsbedingten Problemen widmen, obligatorisch: Produkte für Inkontinenz oder Zahnprothesen.

## 5.4 Der Code der (staatlichen) Institutionen

Märkte beruhen auf der Kultur des Individualismus und Liberalismus. Im Kern gehen sie von der Annahme aus, dass das freie Spiel der Kräfte, der Wettbewerb der Akteure, die jeweils die Interessen des autonom entscheidenden Individuums bedienen, das Beste für die Gesellschaft herbeiführen werden. Eingriffe des Staates sollen so gering wie möglich gehalten werden. Zu den verschiedenen Gesellschaftsmodellen siehe Helene und Matthias Karmasin in »Cultural Theory«.[108]

Dennoch kennt unsere westliche, speziell europäische Gesellschaft über das Konzept der sozialen Marktwirtschaft eine Verbindung von Staat und Markt, die sich als sehr fruchtbar erwiesen hat. Der Staat erledigt Aufgaben, die der Markt allein nicht lösen kann: Er sorgt für die Produktion und Verteilung von Allgemeingütern, er sorgt für Rechtssicherheit, schafft handlungsfähige Institutionen der Verwaltung, unterstützt diejenigen, die aus dem System des Marktes fallen. Er versucht auch für die Gesundheit und das Wohlergehen der ihm Unterstellten zu sorgen. Er rahmt also gewissermaßen das Handeln des Marktes und wacht paternalistisch darüber, dass dem Konsumenten kein Schaden zugefügt wird.

### Verpackungen und staatliche Institutionen

Auch auf Packungen ist diese Instanz vertreten. Ihre Äußerungen stehen allerdings meist auf Rückseiten, in begleitenden Ausführungen, in punktuellen Segmenten. Alle Packungen müssen die Inhaltsstoffe der Produkte anführen, sie dürfen keine unerlaubten Aussagen in Bezug auf den gesundheitlichen Nutzen machen, sie müssen Allergiker warnen usw.

Die Liste dieser vom Gesetzgeber geforderten Informationen wird immer länger und stellt bei manchen Packungen inzwischen ein großes Problem für die Gestaltung dar, da sie sich eben in einem staatlich bürokratischen Code äußert.

108 KARMASIN, Helene/KARMASIN Matthias: Cultural Theory. a. a. O.

## Siegel und Garantiefelder

Ein anderer Typ des Eingriffs erfolgt über das Sichtbarmachen einer Kontrollfunktion. Sie wird durch Siegel und Garantiefelder ausgedrückt, die immer andeuten, dass hier eine Institution Standards festsetzt und im besten Fall auch kontrolliert hat. Im Grunde besteht ein hohes Bedürfnis nach diesen Siegeln: Der Konsument sieht sich auch am Markt einer Fülle von Sachverhalten gegenüber, die er nicht selber kontrollieren kann, die aber ein Risiko darstellen. Die Liste der Institutionen, die Siegel vergeben können, unterliegt jedoch keinerlei Beschränkung. Siegel werden also geradezu inflationär eingesetzt und sie sind daher für Konsumenten nur beschränkt aussagekräftig. Dennoch ist dies der einzige Bereich, der einen ansatzweise zeichenhaft ausgeformten Auftritt darstellt. Wenn man ein Siegel einsetzen möchte, so muss dies gut geplant werden, sowohl hinsichtlich der Gestaltung als auch der begleitenden Kommunikation.

## Das AMA-Gütesiegel

**Abb. 15:** Das AMA-Gütesiegel

Im Folgenden sollen die Prinzipien, die eine solche Entwicklung leiten können, anhand unserer semiotischen Untersuchung zu dem AMA-Gütesiegel geschildert werden. Dieses Siegel wird von der Agrarmarkt Austria Marketing GmbH vergeben und zwar für Lebensmittel, die bestimmten definierten Standards entsprechen. Die Einhaltung dieser Standards wird laufend kontrolliert und auch sanktioniert. Das Siegel ist in Österreich sehr bekannt und genießt großes Vertrauen.

In unserer Analyse widmeten wir uns zunächst der Frage, was eigentlich ein Siegel ausmacht, was ein prototypisches Siegel ist und was ein gutes und vertrauenswürdiges Siegel kennzeichnet. Siegel gehören seit Langem zu unserer Gesellschaft: Sie finden sich auf Urkunden und Erlässen. Ein Siegel garantiert immer etwas, das für einen weiteren räumlichen und zeitlichen Bereich Gültigkeit hat, und es stammt von einer Autorität, die dies festsetzt. Ein wirkliches Siegel hat etwas Ehrfurchtgebietendes an sich, fast etwas Sakrales. Es geht bei Siegeln also darum,

- dass sie Autorität haben und die Instanz legitimiert ist,
- dass sie erkennbar, wiedererkennbar, bekannt sind,
- dass sie den Code von Siegeln sprechen.

Autorität bedeutet, dass die Instanz, die ein Siegel ausgibt, Macht hat, dass sie kontrollieren und sanktionieren kann, aber auch, dass sie in der Gesellschaft Reputation hat.

In der Flut der Siegel lassen sich drei Typen unterscheiden:

- Siegel, die mit dem Code des Staatstragenden arbeiten, z. B. TÜV, Made in Germany
- Siegel, die mit der Reputation einer Person arbeiten, z. B. wird der Produzent abgebildet, der mit seinem guten Namen garantiert
- Siegel, die mit einer anerkannten Werthaltung arbeiten, z. B. Fairtrade, Bio, Vegan

Das AMA-Gütesiegel lebt von der Autorität der AMA, die als solche nicht zu den gelernten Autoritäten zählt, die sich ihren Ruf aber über ihre jahrelange Tätigkeit erworben hat. Sie verwendet in der Gestaltung des Siegels sehr wirkungsvolle Zeichen, die ihre Autorität unterstreichen. Das Siegel verspricht geprüfte Qualität, also eine Qualität, die verschiedene Prüfverfahren durchlaufen hat, und sie bettet dieses Versprechen in Form einer Art von Münze in die österreichische Fahne ein. Diese Fahne wird jedoch nicht nur als staatstragendes Symbol dargestellt, sondern als etwas Wehendes, Leichtes, das eigentlich »Das Österreichische« abruft – etwas, auf das wir stolz sind. Nationalstaaten sind ja quasi abgeschafft, es besteht aber nach wie vor ein Bedürfnis nach dem Gefühl, das ein Heimatland vermittelt (gewissermaßen das Gefühl: Hand aufs Herz, wenn die Nationalhymne erklingt). Genau diese Bedeutungen vereint das AMA-Gütesiegel: eine sehr gute Verbindung von Autorität und Gefühl bei einem universalen Geltungsanspruch.

Nimmt man den Bereich der Siegel aus, so ist der Code der Institutionen dennoch ein sehr anspruchsloser Code, arm in seinem Zeichenrepertoire, der keinerlei ästhetischen Anforderungen genügt. Diese Eigenheit des bürokratischen Codes kennen wir im gesamten Bereich der institutionell bestimmten Äußerungen.

Von staatlicher und konsumentenorientierter Seite werden immer wieder Debatten geführt, wie sich Konsumenten auf leicht fassliche Weise wichtige Informationen vermitteln lassen, die sie für eine rationale Beurteilung der in den Packungen enthaltenen Inhalte heranziehen können. Man denke etwa an die Debatte, durch eine Art Ampelsystem den Fett- und Kohlehydratgehalt von Produkten sichtbar zu machen. Würde dieser Anspruch umfassend realisiert, so wäre damit eine wichtige Funktion von Packungen und damit Marktgütern außer Kraft gesetzt – sie würden dann eben nicht an unsere Gefühle und Wünsche appellieren, sondern an unser rationales und moralisches Wohlverhalten, das durch übergeordnete paternalistische Instanzen quasi erzwungen wird. Ebenso wäre jede Ästhetik aus diesem Bereich getilgt und wohl auch die vielen Wahlmöglichkeiten, die wir uns wünschen.

## 5.5 Der Code der Verantwortung und des moralischen Konsums

»The market for virtue.«[109]

Verantwortungsbewusst zu konsumieren, gehört zu den relevanten Konzeptionen des Wünschenswerten. Kaum jemand wird bestreiten, dass es wünschenswert ist, darauf zu achten, so zu konsumieren, dass die Umwelt nicht nachhaltig geschädigt wird oder soziale Fairness eingehalten wird. Ebenso bekannt ist die Tatsache, dass das tatsächliche Konsumverhalten dem keineswegs entspricht – zwischen Einstellung und Verhalten besteht für die Mehrheit der Konsumenten ein erheblicher Unterschied.

Dennoch gibt es natürlich soziale Gruppen, die sich in ihrem Konsumverhalten von diesen Prinzipien der Verantwortung leiten lassen, wenn auch nicht immer und nicht in jedem Produktfeld. Angaben über die Größe dieser Gruppen schwanken daher, von ihren sozialen Merkmalen her sind es eher Frauen und eher besser Gebildete und auch besser Verdienende.

Das oberste Prinzip verantwortungsbewusster Konsumenten ist es, Konsum überhaupt einzuschränken, also nichts zu kaufen, was man selber machen könnte, die industriellen Komponenten an allen Angeboten zu vermeiden oder auf bestimmte Verhaltensweisen, so etwa Autofahren, zu verzichten. Sie üben sich also freiwillig in Konsumaskese, ein Verhalten, das finanziell schlecht gestellte Gruppen gegen ihren Willen praktizieren müssen. Auf Packungen zu verzichten, Überverpacktes zu vermeiden, gehört zu ihren Anliegen, aber dies ist nur sehr bedingt möglich.

Der Markt versucht, auch für diese Gruppen Angebote zu entwickeln, also Produkte, die Nachhaltigkeit versprechen. Eine Reihe von Unternehmen propagieren immer wieder Aktionen, bei denen sie einen Teil ihres Verkaufserlöses für soziale Anliegen spenden. Die Entwicklung des Marktes für Bioprodukte und/oder regionale Produkte ebenso wie der Nachhaltigkeitsaspekt wenden sich an diese Motive.

Gibt es für diesen Ansatz einen eigenen Code, der eine Packung schnell dieser Wertewelt zuordenbar macht?

Tatsächlich existieren derzeit mehrere Codes, die auch zeigen, dass dies ein Feld ist, das sich stark ausdifferenziert und das sich in einer kontinuierlichen Entwicklung befindet. Dies machen vor allem die Auftritte der Biomarken deutlich.

109 LASH, S./LURY C.: Global Culture Industry. a. a. O.

## Biomarken

Abb. 16: Bioheumilch

Am Beginn des Biomarktes zeichneten sich die Packungsauftritte der damaligen Marken dadurch aus, dass sie in jeder Komponente eine Opposition zu dem gewohnten Auftritt von »Industriemarken« realisierten. Sie schufen also eine Anmutung des Rauhen, Einfachen, Selbstgefertigten, bewusst nicht Glamourösen, sondern Hässlichen, auch wenn wesentlich höhere Preise dafür verlangt wurden. Sobald der Markt aber wuchs, entwickelten sich auch die Packungen in verschiedene Richtungen: Zum einen wurde umfangreich von dem Code der Natur Gebrauch gemacht. Die Packungen zeigen unverfälschte, grüne, appetitliche Natur:

Abb. 17: Premium-Schokolade von Alnatura

Zum anderen wurde der elitäre Stil eingesetzt: die Packungen gewannen beträchtliche Stilhöhen. Wenn Alnatura, ein Unternehmen, das für Nachhaltigkeit und Verantwortung steht, eine Sublinie für Premiumprodukte herausbringt, so verwirklicht sie deutlich den Code des Elitären.

Abb. 18: Oat Crumbles von Island Bakery

Eine andere Entwicklung stützt sich auf den Code des Kindlichen und ruft damit das Wertefeld des Kindlichen ab: kindlich, unschuldig, einfach, noch unverdorben.

Abb. 19: Weizenmehl von Alnatura

Den Weg einer drastischen Reduktion, den Alnatura am Anfang seines Biosortiments realisierte und beibehielt, stellt eine weitere Möglichkeit dar: ohne Bilder, Zurücknahme von Farbe, reduzierte Schriften, simples Layout, also eine konsequente Verfolgung des Konzeptes: Ohne.

**Abb. 20:** »Stop the water while using me!« – die sprechende Packung einer Flüssigseife

Interessant sind derzeit die Ansätze, die ein ganz neues Zeichenfeld einführen: **Die sprechende Packung**, die sich als beseeltes Wesen an den Benutzer wendet und ihn verbal anspricht (Abb. 20).

Diese Ästhetik signalisiert auch als Ästhetik Distanz zu den Codes des Marktes: keine verführerischen Bilder, verbal rationale Äußerungen, Reduktion auf das Wesentliche, kein unpersönliches Produkt. Für manche Produkte ergeben sich heute große Schwierigkeiten, ihre Position als Bio überhaupt noch zeichenhaft zu übermitteln. Ein Beispiel dafür ist Biomineralwasser.

### Biomineralwasser

Die meisten Kunden gehen heute davon aus, dass Mineralwasser eigentlich so ähnlich wie Bio ist, da fast alle Marken jahrelang über eindrucksvolle Bildwelten kommunizierten, dass sie ihren Ursprung in von der Industrialisierung unberührten Höhen oder Tiefen hatten, also rein waren – die zentrale Position von Bio. Ein Mineralwasser, das nun tatsächlich biozertifiziert ist, kann eigentlich diese Zeichenwelten nicht mehr besetzen, sie sind alle vergeben und erlauben keinerlei Differenzierung mehr.

Die deutsche Brauerei Lammbräu erkämpfte nach langen Verhandlungen für seine Mineralwassermarke Bio Kristall diese Auszeichnung als biozertifiziertes Mineralwasser. Nach vielen Diskussionen und semiotischen Analysen wurde schließlich die Bezeichnung Stur Bio gewählt und die Flasche, die auch eine große Verbreitung in der Gastronomie hatte, wurde in einem sehr reduzierten Stil gestaltet, die sie für moderne Eliten interessant machte.

Ein weiteres Problem für diese Position ist es, das Wertefeld auch im Bereich von Materialien auszudrücken. Dies geschieht noch immer nicht wirklich konsequent: Bio in ganz konventionellem Kunststoff ist durchaus üblich. Auch Materialien, die so bedruckt werden, dass sie wie altes Butterbrotpapier aussehen, sind nicht wirklich konsequent umweltfreundlich. Werden für Packungen nachhaltige Materialien eingesetzt, so besteht, wie wir schon in Kapitel 2.4 über die Funktion von materiellen Basiscodes gezeigt haben, für Unternehmen die Schwierigkeit, wie sie dies Konsumenten beobachtbar und fühlbar mitteilen können – im Grund ist dies nur verbal möglich, visuell lässt sich dies kaum vermitteln.

## 5.6 Der Code der Nachhaltigkeit und des Umweltbewusstseins

### *The warm glow of being good*

Ein Blick auf die Markenkommunikation von Unternehmen zeigt, dass es kaum ein Unternehmen gibt, das nicht ausführt, dass es den Werten Umweltbewusstsein und Nachhaltigkeit höchste Priorität zuspricht, und belegen möchte, dass es auf diesem Gebiet auch Beträchtliches leistet. Ebenso versichern Konsumenten in Befragungen, dass diese Werte in ihren Konsumentscheidungen eine relevante Rolle spielen. Alle Welt scheint also daran zu arbeiten, diesen Werten zum Durchbruch zu verhelfen. Auch Trendforscher konstatieren immer wieder, dass wir einer Gesellschaft entgegengehen, in der Werte der Gemeinschaft, des Gemeinwohls Vorrang vor individualistischen Motiven haben. Man fragt sich bei all dem, warum es überhaupt eine Klimakrise gibt.

Es ist natürlich bekannt, dass Absichtsäußerungen nicht mit einem entsprechenden Verhalten einhergehen, und auch, dass hier ein äußerst komplexer Tatbestand vorliegt, der auf keinen Fall auf der Ebene der Motivation von Einzelindividuen und auch nicht auf der Ebene des Konsums allein entschieden wird, auch wenn diese Aspekte natürlich einen großen Beitrag leisten. Wie immer sich das verhalten mag, es geht uns in diesem Buch um das Gebiet des Marktes, der Marken und der Produkte und ihrer Auftritte, im Speziellen um Packungen.

Wie gehen Verpackungen mit diesem Aspekt der Nachhaltigkeit um? Verfolgen sie ihn? Wie werden Packungen ausgestattet, damit Konsumenten erkennen, dass eine Packung nachhaltig ist bzw. dass etwas Nachhaltiges angeboten wird? Genügt es, diesen Begriff einfach verbal auf die Packung zu schreiben, oder gehört mehr dazu?

Erwartungsgemäß genügt es hier nicht, den verbalen Code allein zu benutzen, es muss vielmehr ein visueller, manchmal auch ein haptischer Code verwendet werden. Es geht also darum, einen **Code der Nachhaltigkeit** zu entwickeln. Und selbstverständlich auch darum, faktische Leistungen auf diesem Gebiet zu erbringen. Wie wir sehen werden, handelt es sich dabei häufig um verschiedene Vorgänge: Es gibt Packungen, die offen lassen, ob sie wirklich nachhaltig sind, und solche, denen man ihre Leistungen in puncto Nachhaltigkeit nicht ansieht. Dazu kommt noch das Problem, dass es nicht nur um die Nachhaltigkeit der Packung allein geht, sondern natürlich auch um den Inhalt. Beides muss dem Kunden signalisiert werden.

Der Code der Nachhaltigkeit muss im Hinblick auf den Konsumenten zwei Funktionen erfüllen: Er muss auf den ersten Blick erkennen lassen, dass hier ein nachhaltiges Produkt bzw. eine nachhaltige Verpackung vorliegt, und er muss anlockend wirken – der Konsument muss das Produkt haben wollen.

Im Übrigen: Bei allen Diskussionen um den Aspekt der Nachhaltigkeit bei Packungen vergessen wir leicht, dass es derzeit eine Entwicklung gibt, die genau in die andere Richtung arbeitet, sie führt nämlich zu einem Aufschwellen der Müllberge. Dies gilt zum Teil auch für junge Gruppen: Sie treten vehement für Klimaschutz ein, verwenden aber oft massiv Getränke in Dosen und Snackprodukte. Müllberge produziert auch der zunehmende *Out of home*-Verzehr, der *On the go*-Verzehr von Speisen, der Lieferung von Speisen sowie die Snackkultur.

Darüber hinaus ist eine spezifische Motivationslage des Konsumenten zu berücksichtigen: Nicht alle Konsumenten haben den Wunsch, etwas Nachhaltiges zu kaufen. Diejenigen, die das tun, haben aber spezifische Motivationen. Diese sind wie immer vielfältig. Sie umfassen das Motiv, etwas für seine Gesundheit zu tun, einem bestimmten Lifestyle zu folgen, aber auch Protestmotive. Man lehnt die »Industrie- und Konsumkultur« ab. Ebenso spielen Motive der Verantwortung gegenüber der Natur und der Umwelt eine Rolle, die man als Wert per se oder für seine Kinder erhalten möchte. Dieser Komplex umfasst auch mehrere Aspekte: Man achtet auf Regionalität, Biodiversität, auf Tierwohl, aber auch auf soziale Gerechtigkeit, also auf gute Arbeits- und Produktionsbedingungen sowohl im Inland wie in fernen Ländern.

Sieht man einmal von dem Gesundheits- und Distinktionsmotiv ab, so liegt allen diesen Motiven eine moralische Komponente zugrunde: Man möchte für eine bessere Welt sorgen. Und indem man diese Produkte kauft, kauft man sich auch das Gefühl, moralisch zu handeln, gut zu sein, sich von »Sünden« und »Sündern« abzugrenzen – eben dieses Gefühl müssen die Packungen auch vermitteln. Es geht um den *warm glow of being good*.

Diese Sachlage ist nicht neu, sie beginnt mit der Entwicklung von Bioprodukten in den frühen 80er Jahren, aber heute ist sie wesentlich umfassender. Um wirklich diesen Aspekt der Nachhaltigkeit zu bedienen, bedarf es mehr als eine Biobehauptung.

### Nachhaltigkeit kommunizieren

Nachhaltigkeit stellt schwierige Kommunikationsprobleme: Es ist ein abstrakter, nicht anschaulicher Begriff und er ist komplex und nicht einfach zu definieren. Das Konzept umfasst viele Aspekte, die von den einzelnen Forschungsrichtungen verschieden beschrieben und bewertet werden. Grundsätzlich geht es darum, bestehende Lösungen so zu verbessern, dass sie weniger Ressourcen verbrauchen, weniger Schadstoffe enthalten, die Umwelt schonen und langfristig erhalten, soziale und humane Standards zur Geltung bringen.

Um diese Werte durchzusetzen, genügt naturgemäß nicht die Motivation des einzelnen Konsumenten, stattdessen braucht es eine institutionelle Regelung: Der Staat bzw. die EU müssen gewisse Standards festlegen und für alle verbindlich machen, um Wettbewerbsverzerrungen zu vermeiden. Diese Regelungen gibt es bereits und Unternehmen sind gezwungen, diese Standard auch auf dem Gebiet der Packungen einzuhalten. Dazu gehören etwa Vorschriften für das Recycling, Pfandsysteme, das Verbot bestimmter Stoffe etc.

Ebenso können einzelne Staaten lenkend eingreifen, beispielsweise durch Steuervorschriften und ebenso durch Instanzen auf der Gemeindeebene, die es einfach machen, Müll zu trennen und entsprechend zu entsorgen. Dies geschieht etwa, indem Sammelstellen in ausreichender Anzahl zur Verfügung gestellt werden, Müllsäcke verkleinert werden und man sich neue Säcke relativ teuer kaufen muss. Dabei darf nicht vergessen werden, dass alle diese Vorschriften oft auch höhere Kosten für Unternehmen verursachen, die sie nicht einfach an die Konsumenten weitergeben können. Dennoch: Wenn der Konsument an diesem Prozess mitwirkt, wird er effizienter verlaufen.

Unternehmen sind also gut beraten, wenn sie Nachhaltigkeitsvorschriften so umsetzen, dass Konsumenten ihre Produkte gerne kaufen und sie diese so kommunizieren, dass sie einen Imagevorteil daraus ziehen.

Im Einzelnen ist dies allerdings ein schwieriger Prozess. Denn wir dürfen nicht vergessen, dass der Mainstreamkonsument ethische Prinzipien bei seinen Kaufentscheidungen, sieht man von kleinen Gruppen ab, nicht an die Spitze seiner Kaufentscheidungsmotive stellt, zumindest dann nicht, wenn er dafür einen »Preis« zahlen muss: einen faktisch höheren Produktpreis oder Einbußen an Convenience, an Geschmack, Qualität oder manchmal auch an der Demonstration von Werten, für die eine Produktgattung eigentlich steht.

Der Nachhaltigkeitsdiskurs, der derzeit geführt wird, basiert auf den fünf »R« (vgl. Zamwel et al., 2014):

- *Recycle*
- *Repair*
- *Reuse*
- *Reduce*
- *Refuse*

Und Packungen spielen eine wesentliche Rolle in diesem Diskurs.[110] Wir befinden uns also auf dem Gebiet der Packungen: Wie wird der Aspekt der Nachhaltigkeit in ihren Codes realisiert?

110 Zamwel, E./Sasson-Levy, O./Ben-Porat, G.: Voluntary simplifiers as political consumers: Individuals practicing politics through reduced consumption. Journal of Consumer Culture 14: 199-217.

Zunächst ist festzuhalten, dass das gesamte Gebiet der Packungen unter dem Vorwurf steht, als Konzept gegen den Aspekt der Nachhaltigkeit zu arbeiten. Es ist ein altes Argument, dass unsere Sucht, alles zu verpacken und zum Teil überzuverpacken, zu einer beträchtlichen Verschwendung von Ressourcen und zu einem gewaltigen Müllaufkommen führt. Nimmt man den Gedanken der Nachhaltigkeit ernst, so wäre also die erste Maßnahme die Forderung, Produkte gar nicht zu verpacken, also auf Verpackungen zu verzichten.

Tatsächlich ist dies auch eine der Strategien, die derzeit praktiziert werden: Es gibt »Unverpackt«-Läden, in denen der Konsument seine Produkte selbst in mitgebrachte oder bereitgestellte Behälter abfüllt. Handelsunternehmen stellen Nachfüllstationen auf, in denen der Konsument Produkte abfüllen kann.

Drogeriemärkte wie Bipa oder DM in Österreich benutzen diese Abfüllstationen auch dazu, ihre Eigenmarken zu propagieren: Sowohl die Station wie die Abfüllflaschen tragen die Gestaltung der Eigenmarke, bigood bei Bipa, Planet pur bei DM. Sie weisen in ihrer Werbung und PR auch umfangreich auf diese Einrichtung hin, um ihre umweltbewusste Haltung zu demonstrieren.

Im Augenblick sind diese Konzepte allerdings keineswegs erfolgreich. Dafür gibt es mehrere Gründe. Einer davon ist, dass Mainstreamkonsumenten die mangelnde Convenience scheuen, die ein solches Vorgehen von ihnen fordern würde. Es könnte aber auch sein, dass ein Unbehagen zugrunde liegt, ein wesentliches Konzept unserer Märkte aufzugeben – es ist eigentlich das Konzept der Marke.

**Abb. 21:** Nussmus aus der Abfüllstation (Foto: Tina Dietz)

**Abb. 22:** Nutella von Ferrero

Abb. 23: Waschpulverkonzentrat von bigood

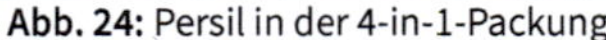

Abb. 24: Persil in der 4-in-1-Packung

Abb. 25: Body Wash Powder

Abb. 26: Duschgel von Fa – Paradise Moments

Rational könnten wir sagen Duschgel ist Duschgel, Nussmus ist Nussmus und Waschmittel ist Waschmittel. Alle drei Produkte erfüllen die Grundfunktionen – dies sagen auch alle Konsumenten in rationalen Befragungen. Wenn wir diesen Gedanken aber ernst nehmen, verlassen wir die Bühne, auf der wir unsere Konzeptionen des Wünschenswerten veröffentlichen: die wohligen Erlebnisse, die wir mit Duschen verbinden, die perfekte und lange bestehende Reinheit von Persil, das Nutella-Gefühl. Neben verschiedenen anderen Aspekten bieten Marken ja auch Hedonismus, Vergnügen, angenehme Gefühle.

Viele dieser nachhaltigen Lösungen sind weitaus besser darin, moralische Korrektheit zu signalisieren als sinnliches Vergnügen. Dennoch: Wie die Realitätsverhältnisse auch liegen, bei dem Aspekt der Nachhaltigkeit, wie immer er definiert wird, handelt es sich um eine zentrale Konzeption des Wünschenswerten und daher muss er auch in die Gestaltung von Packungen einfließen – in unterschiedlichem Umfang: nur als kleiner Hinweis oder stärker ausgeprägt, indem ein deutlich erkennbarer Code der Nachhaltigkeit verwendet wird.

Im Grunde erwarten Konsumenten heute, dass Verpackungen in irgendeiner Form Nachhaltigkeit signalisieren, und sei es durch einen kleinen verbalen Hinweis, dass hier etwas recycelt wurde oder die Packung klimaneutral ist etc. Dies gehört derzeit fast zu der Standardausstattung einer Verpackung und daher genügt dieser Hinweis allein auch nicht, um wirklich das Gefühl zu erzeugen, etwas moralisch sehr Richtiges zu tun.

Wenn man sich als Produzent also nicht damit begnügen will, sondern Nachhaltigkeit eindrücklich signalisieren möchte, so muss man einen spezifischen Code der Nachhaltigkeit entwickeln. Diesem wollen wir uns jetzt zuwenden.

## Signale für Nachhaltigkeit

Ein Konsument, der den Supermarkt durchwandert, kann gefühlsmäßig schnell erfassen, wo »gute«, »nachhaltige« Produkte angeboten werden. Dies ist zum Beispiel immer der Fall, wenn Farben zurückgenommen werden, wenn Erdfarben dominieren, wenn der Stil des glänzend Opulenten nicht mehr verfolgt wird, wenn es bescheidener, einfacher anmutet: dann liegt ein »gutes« Produkt vor.

Abb. 27: Saußen von Knorr (Foto: Tina Dietz)

Abb. 28: Packungen für Expresso (Foto: Tina Dietz)

Abb. 29: Schokolade von Lindt

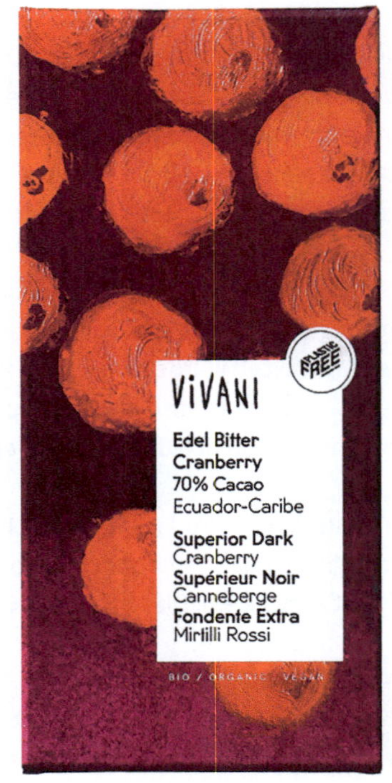


Abb. 30: Bioschokolade von Vivani

Abb. 31: Anti-Age-Pflegeprodukt von L‹Oréal

Abb. 32: Handcreme von Niyok

Dieser Typ von Gestaltung hängt mit den grundlegenden Werten auf diesem Gebiet zusammen. Das primäre Ziel des Nachhaltigkeitscodes ist es, zu signalisieren, dass hier etwas anderes vorliegt: etwas Gutes, moralisch Hochwertiges, Verantwortungsvolles, etwas, das nichts »Schädliches« enthält – keine Stoffe, die dem Menschen schaden könnten, wie zu viel Zucker oder Reste von Düngemittel, kein Palmöl, kein Plastik. Etwas ist also weggenommen – und auch in der Gestaltung der Packungen ist etwas weggenommen.

Was hier weggenommen wird, ist in seiner Anmutung auch etwas, das »industriell« ist, das der »Konsumkultur«, die als Bedrohung empfunden wird, angehört. Aus diesem Grund werden auch typische Codes dieser Kultur vermieden.

Dahinter steht jedoch eine noch tiefer liegende Denkfigur. Was hier dargestellt werden soll, ist »das Gute«, die »Moral«. In einer alten Terminologie handelt es sich also um die Darstellung der »Tugend«.

### Wie soll das Gute dargestellt werden?

Dabei gibt es zwei Denktraditionen: Die eine besagt, dass sich das Gute in Zurückhaltung, in Verzicht auf äußeren Glanz äußert.[111] Das schöne Äußere scheint verführerisch, aber moralisch problematisch, eine unscheinbare Gestaltung demonstriert innere Werte. Dies ist die Argumentation, die der Protestantismus gegen die katholische Prachtentfaltung führte.

Die andere Denktradition besagt jedoch, dass sich die Tugend, das Gute, mit Schönheit verbindet: das Gute ist schön, das Laster ist hässlich. Diese Denktradition geht auf Plato zurück, für den sich der Begriff des Schönen mit dem Guten deckte und der von einer gleichwertigen Trias von Werten ausging: Das Wahre, das Gute, das Schöne.

111 Vgl. dazu die Debatte, die Ulinka Rublack anhand des vestimentären Codes darlegt: Rublack 2010.

**Abb. 33:** Der Frühling von Sandro Botticelli (Quelle: Sandro Boticelli, 1482, Uffizien Florenz, https://de.wikipedia.org/wiki/Primavera_%28Botticelli%29#/media/Datei:Primavera_(Botticelli).jpg)

Die klassische Kunst kennt eindrucksvolle Darstellungen dieses Gedankens.

Schöner kann man den Kreislauf von Geben und Nehmen nicht darstellen. Durch ihre bescheidenen Gestaltungen reihen sich prägnante Darstellungen des Nachhaltigkeitscodes in diese Tradition der Gegenüberstellung von Tugend und Laster, von Gut und Böse ein. Das Böse und die Quelle alles Üblen ist die »Industrie«, die »Konsumkultur« – von ihr muss sich das Gute absetzen.

Weite Teile des Nachhaltigkeitscodes folgen primär dieser Denktradition. Das ist nicht unproblematisch, da ein Konsument, der zu diesen Lösungen greift, automatisch in die Nähe eines *eco warriors* gerät, was durchaus Widerstand auslöst, da man seine eigene Art zu leben angegriffen fühlt.

Die andere Denktradition, nach der sich das Gute in besonderer Schönheit zeigt, wird dagegen seltener realisiert.

Der ausgeprägte Nachhaltigkeitscode konzentriert sich darauf zu signalisieren, was die Packungen nicht sind: nicht »industriell«, nicht der üblichen Konsumkultur verpflichtet, sondern durch innere, nicht durch äußere Werte bestimmt: einfach, zurückhaltend, bescheiden, nicht glamourös, manchmal auch nicht in Übereinstimmung mit den zentralen Werten einer Produktgattung.

## Die Zeichenfelder

Der Code der Nachhaltigkeit fällt besonders dadurch auf, dass er sich umfangreich auf den verbalen Code verlässt. Umweltfreundlichkeit, Nachhaltigkeit, moralische Richtigkeit wird schon durch den Namen behauptet: Planet pur, bi good, Schaut drauf, Naturli, Greenforce.

Mehr oder weniger prominent werden dann Aussagen gebracht, die in erster Linie auf das Material zielen: recycelt, aus nachwachsenden Rohstoffen, biologisch abbaubar, klimaneutral, *no plastic* etc. Oder die Stoffe, die fehlen, werden genannt: ohne Palmöl etc. Zudem wird umfangreich mit Siegeln gearbeitet: dem blauen Engel, der veganen Blume, dem europäischen Siegel, *Fair trade*.

**Abb. 34:** Der Blaue Engel (Gütesiegel)

**Abb. 35:** Qualitätssiegel für vegane und vegetarische Produkte

**Abb. 36:** Das europäische Biosiegel

**Abb. 37:** Fairtrade-Siegel

Wenn man einen bestimmten Wert nachvollziehbar und eindrucksvoll kommunizieren möchte, ist jedoch der visuelle Code entscheidend.[112] Er ist ein wesentlicher Bestandteil des Codes und muss wie immer die Werte zum Ausdruck bringen, die auf dem jeweiligen Gebiet relevant sind.

112 KARMASIN, Helene: Bildmagie Die Codes der visuellen Kommunikation: Bilderwelten und ihre Sprache entschlüsseln. Haufe-Lexware, 2022.

**Abb. 38:** Cremedusche von bigood

Dem steht eine bescheidene visuelle Ausstattung gegenüber: Die Farben sind blass, zurückhaltend, teilweise verstaubt. Sie weichen deutlich von dem kräftigen Farbcode bei Waschmitteln oder dem glamourösen Funkeln bei Schokolade ab, die visuellen Zeichen sind einfach »kindlich«, oft werden Illustrationen und keine Fotografie verwendet. Dargestellt wird primär Natur, aber in ganz einfacher bescheidener Form.

Hier kommt eine Denkfigur zum Tragen, die ich auch in meinem Buch *Bildmagie* (Haufe-Lexware 2022) behandle. Der verbale und der visuelle Code haben verschiedene Images, die tief in unserer Kultur verankert sind. Der verbale Code gilt als das Rationale, Seriöse, der visuelle als das Verführerische, Manipulative.[113] Diese Bewertung wurde vor allem durch den Protestantismus verbreitet, der davon ausging, dass der wahre Glaube durch das Wort vermittelt wird und nicht durch die prunkvollen visuellen Inszenierungen des Katholizismus.

Wenn also Packungen industrieller Hersteller tendenziell faszinierende visuelle Codes verwenden, so dokumentieren pointiert positionierte nachhaltige Marken, die ja im Kern gegen die Industriekultur stehen, ihre moralische Überlegenheit eben dadurch, dass sie nicht den verführerischen visuellen Code nutzen. Diese Art der Gestaltung erschwert jedoch die Durchsetzung des prinzipiellen Anliegens: Sie signalisiert, dass man hier etwas moralisch Richtiges, aber nichts Hedonistisches bekommt, und wohl auch, dass man sich damit in die Nähe einer Gruppe stellt, die in der Nähe der *eco warriors* angesiedelt ist.

---

113 KARMASIN, Helene: Bildmagie Die Codes der visuellen Kommunikation: Bilderwelten und ihre Sprache entschlüsseln. Haufe-Lexware, 2022.

### Wahl des Verpackungsmaterials

Der visuelle Code der Packungen wird primär dazu benutzt, um Nachhaltigkeit durch die Wahl des Verpackungsmaterials zu demonstrieren. Wann immer es eine Produktgattung erlaubt, dominiert der Einsatz von Karton, Papier, ungebleichtem Papier oder noch auffälliger von braunem Packpapier. Dieses braune Packpapier ist das zentrale Zeichen für Nachhaltigkeit: Es kann zur Gänze die Packung dominieren, so wenn Waschmittel in Tüten abgefüllt werden oder wenn es zur Umkleidung von Packungen benutzt wird.

**Abb. 39:** Kaffee der Marke Buna in braunem Packpapier

**Abb. 40:** Espresso-Verpackung von Julius Meinl

Wir stoßen hier auf ein zentrales Problem dieses Gebietes. Technisch gesehen lässt sich nicht ganz einfach entscheiden, welche Materialien als wirklich nachhaltig oder umweltfreundlich zu bezeichnen sind, wenn man alles berücksichtigt: Ausgangsstoff, Ressourcenverbrauch, Energie und Wasseranfall, Recyclingfähigkeit etc. So gibt es ernsthafte Bemühungen und auch beweisfeste Resultate in der Entwicklung von intelligenten Kunststoffen – ein Prozess, der sich jedoch sehr schwierig gegenüber Konsumenten kommunizieren lässt.[114]

114 Original Magazin, Magazin für nachhaltige Lebenskultur, Ausgabe 36, November 2022, S. 28.

Hersteller bemühen sich also, eine ganze Batterie von inzwischen gelernten Aussagen auf ihren Packungen anzubringen, die im Kern aussagen:

- recycelbar oder aus recyceltem Material
- aus nachwachsenden Rohstoffen
- kein Plastik oder Mikroplastik
- enthält natürliche Materialien (wie Maisstärke, aus Zuckerrohr etc.)

All dies sind Aussagen, die sich nicht ohne Weiteres visuell übersetzen lassen. Braunes Packpapier schafft das jedoch mühelos. Es zehrt von der Tatsache, dass Materialien Images haben (vgl. Kapitel 2.4.1). Manche gelten per se als natürlicher als andere, so etwa Papier, Karton oder Glas – was sich manchmal nicht mit ihren technischen Merkmalen deckt. So stößt die Verwendung von reinem Karton oder Papier an Grenzen, wenn es für Produkte verwendet wird, die feucht sind oder die Knusprigkeit bewahren müssen. Diese Packungen müssen dann innen beschichtet werden.

Kunststoff dagegen hat kein gutes Image, obwohl der weitaus größte Anteil aller Produkte in Kunststoff verpackt ist. Verbal tabu ist es, Kunststoff Plastik zu nennen, und auch optisch bemüht man sich, diesen Kunststoffeindruck so gut es geht zu verschleiern, sowohl durch die Haptik wie den Anblick der Oberfläche.

Papier dagegen mutet immer umweltfreundlich an. Das eben führt dazu, dass man Milchpackungen in Karton anbietet, diese aber innen beschichten muss, was unter Gesichtspunkten der Mülltrennung sehr ungünstig ist.

**Abb. 41:** Bio-Dinkel-Volkorn-Pasta passend in braunem Packpapier

Bei den Strategien, durch die heute Nachhaltigkeit signalisiert wird, dominiert deutlich der Materialcode: Die Packung muss überzeugend demonstrieren, dass sie »nicht aus Plastik« ist – selbst wenn das in einigen Fällen durchaus der Fall ist. Bei den Materialien, die dazu in der Lage sind, handelt es sich um Materialien, die ein gutes Image haben: natürlich, althergebracht, traditionell für Verpackungen gebräuchlich: Glas, Papier, auch Holz oder Kork hätten diese Eigenschaften, obwohl sie denkbar ungeeignet für Verpackungen sind.

Der Star unter den Materialien ist dabei braunes Packpapier.

Braunes Packpapier oder eine Optik, die einen ähnlichen Eindruck hervorruft, ist ein hoch relevantes Zeichen. Durch Farbe, Leichtigkeit, dem freundlichen Image von Papier, das ein traditionelles altes Material ist, steht es in deutlicher Opposition zu Kunststoff. Relevant ist, dass es eben braun ist, das heißt nicht gebleicht, nicht »schön«. Damit knüpft es an die Gruppe von Produkten an, die man als die natürliche und moralische Alternative zu den industriell geschönten Produkten annimmt: brauner Zucker, brauner Reis. Produkte, über die man auch sagt, dass sie noch die segensreichen Mineral- und Mikrostoffe der Natur enthalten, die ihren industriellen Varianten fehlen. Diese Bedeutung von Papier kann allerdings auch nur zeichenhaft verwendet werden, das heißt, die Verpackung zeigt nur eine Papieroptik, besteht aber aus einem anderen Material.

Etwas Ähnliches wird in dieser Packung (Abb. 42) realisiert, die das gute Image von Holz ausnutzt, aber aus Kunststoff besteht.

**Abb. 42:** Hofer Kosmetikpackung

Abb. 43: Biochips von Lorenz

Abb. 44: Frischmilch in Glasflaschen der Marke Ja! Natürlich

Oder eine Chipspackung in Holzoptik (Abb. 43):

Nach Angaben von Herstellern gibt es Kunststoffe, die in Bezug auf Umwelt ähnlich gute, manchmal vielleicht sogar bessere Leistungen erbringen. Es existiert allerdings keine Optik, die das prägnant zum Ausdruck bringen würde. Wie sehr oft: wissenschaftlich hervorragende Leistungen werden selten in einem wirklich überzeugenden Code kommuniziert.

Wenn Hersteller diesen Weg gehen, so bezeichnen sie das Material als »Bioplastik«, so der Schokoladenhersteller Zotter. Er spricht von Bioplastik, das er wie folgt beschreibt: »Mit einer umweltfreundlichen Packung aus Karton und Bio-Plastik. Die Zellulosefolie besteht aus nachwachsenden Rohstoffen und ist biologisch abbaubar.« Optisch ist dieses Material allerdings nicht zu erkennen.

Auch Glas besitzt diesen Status eines umweltfreundlichen natürlichen Materials. Im Zuge dieser Entwicklung gibt es daher ein bemerkenswertes Revival von Glasflaschen. Sehr prägnante Beispiele stammen aus dem Bereich der Milchprodukte, vor allem Frischmilch. Bei Joghurtflaschen war dies bei der Marke Landliebe schon immer ein Merkmal, das die Marke eigenständig macht, umfangreich wird dies derzeit bei Frischmilch praktiziert.

Die Milch der Marke Ja! Natürlich war ein bisschen teurer, dennoch war sie am Anfang ein voller Erfolg. Dies hängt wohl auch damit zusammen, dass diese Flasche sehr prägnant den elitären Code verwendet. Glas hat per se in einer Reihe von Produktgattungen diese Tendenz, Qualität, die über das Normale hinausgeht, zu signalisieren: Es wirkt immer schwer, kühl und, unterstützt durch eine besondere Haptik, auch kostbar.

Hier verbindet sich der Eindruck, ein umweltfreundliches Produkt zu benutzen, mit dem Gefühl, dass dies gleichzeitig etwas sehr Kostbares ist. Wir treffen hier auf eine gute Möglichkeit, Nachhaltigkeit mit einer emotionalen Anmutung und Ästhetik zu verbinden. Inzwischen setzen eine Reihe von Herstellern Glasflaschen ein, so Vöslauer, Coca-Cola etc.

**Abb. 45:** Eier in Graspackungen (Quelle: Pinterest)

Manchmal gibt es auch Bemühungen, andere Naturstoffe in oder für Verpackungen zu verwenden, so Mais oder Stärke, sogar Bambus oder Zuckerrohr wird dabei eingesetzt. So verpackt ein japanisches Unternehmen Eier in Graspackungen (Abb. 45).

Metalle nehmen nicht an dieser Entwicklung teil. Im Gegenteil: Ihr Einsatz muss speziell gerechtfertigt oder verschleiert werden. Dies ist deutlich das Problem der beliebten Kaffeekapseln. Die visuell übersetzte Umweltfreundlichkeit eines Materials spielt also in der Kommunikation mit dem Konsumenten eine große Rolle.

Betrachten wir kurz eine Packungsentwicklung, die diesen Vorgang real technisch vollzieht, aber nicht visuell übersetzt.

**Abb. 46 und 47:** Biohimbeere von Landgarten verpackt in Papier (links) und in herkömmlicher Verpackung (rechts)

Optisch lässt sich auf den ersten Blick kein Unterschied feststellen: Beide Produkte scheinen in gutes, umweltfreundliches Papier verpackt. Tatsächlich besteht das rechte aber aus Papier mit Kunststoffbeimischungen, das linke jedoch nur aus Papier. Das besagt auch die kleine Aufschrift am oberen Eck: »verpackt in Papier«. Das Unternehmen, das größten Wert auf glaubwürdige Nachhaltigkeit legt, kam in einem langen Entwicklungsprozess zu dieser Lösung. Die Kunststoffbeimischung zum Papier war deshalb notwendig, weil Schokolade, die in Papier verpackt wird, ihre Feuchtigkeit an das Papier abgibt. In langen Entwicklungsschritten fand man eine Lösung, diesen Kunstsoff zu eliminieren und durch einen guten, umweltfreundlichen Versiegelungslack zu ersetzen – eine gute Tat, die für den Konsumenten unentdeckt bleibt.

Das Gegenteil sind natürlich Behauptungen, von denen offenbleibt, inwieweit sie real vom Konsumenten nachvollzogen werden können. Dies stößt an ein weiteres Problem auf diesem Gebiet: Wie soll ein Konsument erkennen, ob die verbalen Behauptungen, die auf einer Packung angebracht werden, real sind oder nicht?

Genau gesehen kann das ein Konsument nicht nachprüfen und er will dies oft auch nicht. Da helfen auch QR-Codes, die weitere Informationen zur Verpackung anbieten, wenig. Im Grunde käme ein Konsument nie aus dem Supermarkt hinaus, wenn er das alles nachprüfen sollte. Er verlässt sich also auf den Augenschein: Wenn etwas nachhaltig anmutet, so wird es schon nachhaltig sein, oder, wie wir weiter unten analysieren: Er wird durch ein Vorwissen um die Marke, teilweise auch durch den Typ des Geschäftes in seinen Überzeugungen gesteuert.

## Güte- und Umweltsiegel

**Abb. 48:** Rückseite eines Produkts mit zahlreichen Gütesiegeln

Hersteller sind oft der Meinung, dass Güte- oder Umweltsiegel diese Überzeugungsarbeit leisten: Das stimmt und stimmt nicht. Verwirrend ist zunächst, dass es nicht ein Siegel gibt, das eine zentrale Überwachungs- und Kontrollinstanz darstellt, sondern immer eine ganze Reihe davon.

Die Anmutung dieser Siegel ist eigentlich harmlos, sie heißen »Blauer Engel« oder sie zeigen ein Blättchen. Es scheinen also nicht besonders strenge Instanzen zu sein. Eine gewisse Kraft entfalten sie, wenn sie als Siegel beworben werden, was bei dem AMA-Gütesiegel der Fall ist (vgl. Kapitel 5.4). Sie geben also einen vagen Eindruck, dass hier irgendwer kontrolliert hat, aber man weiß im Allgemeinen nicht, wer und über welche Kontrollmechanismen die Prüfung erfolgt ist.

Es zeigt sich, dass eine wichtige Einflussgröße die dahinterstehende Marke ist, der es gelingen muss, als Marke Glaubwürdigkeit aufzubauen. Manchmal ist es auch der Typ von Geschäft, in dem Produkte angeboten werden, also zum Beispiel ein Reformhaus oder Biosupermarkt.

Marken sind dann besonders glaubwürdig, wenn sie argumentieren können, dass nicht nur ihre Verpackung nachhaltig ist, sondern auch die Produkte, die sie enthält. Und dass hinter ihnen ein Unternehmen steht, das in jedem Aspekt verantwortungsvoll handelt, so etwa auch auf der sozialen Ebene.

## Die Biolinie von Red Bull

Den starken Einfluss, den Markenimages haben, sehen wir auch bei gegenteiligen Entwicklungen. So brachte Red Bull eine Biolinie heraus, die Getränke auf biologischer Basis enthielt: Red Bull Organics.

**Abb. 49:** Red Bull Energy Drink (links) und Red Bull Organics (rechts)

**Abb. 50:** Red Bull Organics – die Biolinie von Red Bull

Die alte Biolinie von Red Bull hatte mit großen Akzeptanzproblemen zu kämpfen. Zum einen enthielt die Packung keinerlei Elemente des Nachhaltigkeitscodes, im Gegenteil: Sie basierte auf Metalldosen. Zum anderen konnte man sich einfach nicht vorstellen, dass eine Marke wie Red Bull nachhaltige Produkte auf den Markt bringt. Inzwischen wurde das Produkt in Glasflaschen abgefüllt (Abb. 50).

**Abb. 51:** Orangensaft von Rauch

Die Diskussion, dass Markenimages in hohem Umfang die Glaubwürdigkeit steuern, kann hier nicht im Einzelnen wiedergegeben werden. Zusammenfassend lässt sich allerdings festhalten: Große und bekannte, über Jahre etablierte Industriemarken tun sich erheblich schwerer, diese Aspekte glaubwürdig zu vermitteln, als neue, kleine, spitz positionierte. Das führt nicht selten dazu, dass diese großen Marken kleine Marken kaufen oder entwickeln, so Unilever mit Ben und Jerrys, Coca-Cola mit Innocent. Diese Marken sind dann spitz auf einen Aspekt positioniert und verwenden Nachhaltigkeitscodes, die wir weiter unten näher analysieren.

Schon wenn eine Marke wie Rauch, ein beliebter und breit aufgestellter Produzent von Fruchtsaft, eine wirklich klimaneutrale Orangensaft-Packung herausbringt, die sowohl in der Packungsgestaltung als auch durch das Produkt selbst hervorragende Nachhaltigkeitsleistungen erbringt, aber den extremen Nachhaltigkeitscode benutzte, gab es Akzeptanzprobleme.

Abb. 52: Die Marke Frosch

Darüber hinaus muss bei der (nachhaltigen) Packungsgestaltung die Schwierigkeit berücksichtigt werden, dass der Aspekt der Nachhaltigkeit für einige Produktgattungen näher liegt als für andere. So haben alle Nahrungsmittel eine Affinität zum Thema Umweltbewusstsein und Nachhaltigkeit, da sie an das Motiv appellieren, dem Körper keine Schadstoffe zuzuführen. Dies gilt ebenso für Produkte, von denen man sich vorstellen kann, dass sie vorzugsweise mit dem Wasser in die Umwelt gelangen, der sie Schaden zufügen können. Das stand im Übrigen ganz am Beginn der Entwicklung, als die Marke Frosch erschien, die damit argumentierte, dass sich Wassertiere über diese Marke freuen, was auch visuell und verbal sehr schön durch den Frosch demonstriert wurde.

Abb. 53: Naturkosmetik von Sante ohne glänzende Verpackung

Schon bei Kosmetikprodukten zeigen sich Probleme, den Nachhaltigkeitsaspekt sehr prägnant zu inszenieren. Bei Hochpreiskosmetik geschieht das allenfalls als verbaler Hinweis, nie jedoch visuell. Naturkosmetik muss ihn in gewisser Weise immer kommunizieren. Die Packungen realisieren das aber meist über Naturdarstellungen, jedoch oft in sehr reduzierter Form. Nur in einzelnen Beispielen wird zu braunem Packpapier gegriffen, so manchmal wenn Kosmetikprodukte in fester Form angeboten werden, Shampoos oder Seifen. Bei diesen Auftritten wird aber deutlich, was man aufgibt, wenn man einer Produktkategorie wie Kosmetik, die im Kern von dem Signalement von luxuriöser Schönheit lebt, diese »glänzende« Verpackung wegnimmt.

**Abb. 54:** Armani – sustainable change

Luxusprodukte wie Parfüms oder Modemarken geben inzwischen zwar auch Hinweise, dass sie sich des Problems bewusst sind, entwickeln aber keine Packungen, die den Code der Nachhaltigkeit benutzen. Es ist auch zu fragen, inwieweit sie das tun sollten bzw. ob sie dafür Glaubwürdigkeit besitzen. Sie erweisen sich manchmal sogar eher als ungeschickt, diesen Aspekt zu kommunizieren, wie das folgende Beispiel von Armani zeigt.

Auch der umbaute Raum, also das Geschäft, bildet ein solches dahinterliegendes System, das die Glaubwürdigkeit stärkt. Reformhäuser haben seit Langem dieses Image und gute Biomärkte bemühen sich um eine Einrichtung, die durch Material, Farbwahl und Ästhetik, die Natürlichkeit und Verantwortung signalisieren, für die sie stehen. Ein besonders gutes Beispiel sind die Alnatura-Märkte, die in alle Einzelheiten diesen Verantwortungs- und Natürlichkeitsaspekt signalisieren.

**Abb. 55:** Alnatura-Markt (Quelle: https://www.alnatura.de/de-de/maerkte/marktseiten/hochheim/hochheim-alnatura-super-natur-markt-mtk189/)

Ganz normale Supermärkte beginnen inzwischen auch, sich grün zu verpacken.

**Abb. 56:** Billa-Supermarkt in Holzoptik (Quelle: Rewe Österreich, Foto: Robert Harson, https://retailreport.at/billa-plus-eroeffnet-baden-die-gruenste-filiale-oesterreichs)

Rewe eröffnete auch einen eigenen Shop *Pflanzilla*, der sich ganz auf vegane Produkte konzentriert und im Inneren auf den Farbklang grün gelb festgelegt ist.

**Abb. 57:** Pflanzilla-Shop von Rewe (Foto: Robert Harson, https://www.billa.at/unsere-maerkte/pflanzilla)

**Abb. 58:** Braunhirse von Werz

Betrachten wir nun einige Beispiele, die zeigen, wie man diesen Aspekt der Nachhaltigkeit kommunizieren kann, ohne in die Fallen des extremen Nachhaltigkeitscodes zu tappen. Dieser knüpft ja vielfach, wie wir gesehen haben, an die erste Stufe der Entwicklung von Bio an, die mit einer deutlichen Ästhetik des Hausgemachten, Rauen, Einfachen bewusst alle Elemente der Konsumkultur zu vermeiden suchte. Hier zwei Beispiel für diesen »alten« Biocode.

Auch Bioprodukte haben diesen Code inzwischen verlassen. Eine der letzten Marken, die entwickelt wurden, Billa Bio, nähert sich in ihrem Code bewusst ganz »normalen« Produkten an.

**Abb. 59:** Produkte der Marke Billa Bio

Hier ist der Nachhaltigkeitscode zumindest visuell fast ganz getilgt.

### Das Gute ist schön

Wenden wir und jetzt Beispielen zu, die näher an die Denkfigur rücken, die oben schon kennengelernt haben: Das Gute ist schön. Es steht zu vermuten, dass Packungen, die dieser Denkfigur folgen, sehr gut in der Lage sind, dem Konsumenten das schöne Gefühl zu vermitteln »gut« zu sein – sie triggern also *the warm glow of being good.*

Ein reizvolles Beispiel in diesem Zusammenhang ist immer noch die Kuh auf der Verpackung von Ja! Natürlich.

**Abb. 60:** Kuh auf der Verpackung von Ja! Natürlich

Ja! Natürlich ist eine Biomarke, sie nimmt inzwischen aber alle Tendenzen auf, die Umweltbewusstsein und Nachhaltigkeit implizieren, also Biodiversität, gesunder Boden, Tierwohl, frei von Palmöl. Sie bemüht sich ebenfalls um nachhaltige Packungen, indem Verpackungsmaterial reduziert wird, optimale Materialien verwendet werden etc. Ihre große Leistung besteht aber nach wie vor darin, dass es ihr gelingt, ihre Botschaft eben nicht nur verbal, sondern über ein visuelles Zeichen zu transportieren, das sie eigenständig macht und das ein liebenswürdiges Element einführt: die grüne Kuh. Dieses Zeichen wurde geradezu durchdekliniert, indem es inzwischen auch für Ziegen- und Schafprodukte verwendet wird.

**Abb. 61 und 62:** Die grüne Ziege (links) und das grüne Schaf (rechts) von Ja! Natürlich

**Abb. 63:** Holunderblütensirup von Ja! Natürlich

An dieser Marke lässt sich sehr gut das grundsätzliche Problem diskutieren. Wie wir oben gesehen haben, basiert die Entwicklung eines häufig gebrauchten Nachhaltigkeitscodes auf der Denkfigur: Der Markt verführt durch glamouröse schöne Oberflächen, besitzt aber keine inneren Werte. Nachhaltige Produkte vermeiden dies. Sie benutzen nicht die Verlockungen schöner visueller Codes, sondern verlassen sich auf ihre inneren Werte. Ja! Natürlich folgt jedoch der Denktradition, dass das Tugendhafte gleichzeitig das Schöne ist – seine Packungen sind immer liebenswürdig und ästhetisch.

Ein anderes Beispiel ist Claro. Claro war das erste biologische Waschmittel – damals ein Wagnis, weil Konsumenten erst überzeugt werden mussten, dass auch ein grünes Waschmittel gute Leistungen erbringen kann. Inzwischen ist man von dem Claim »Grün aber gründlich« überzeugt.

Claro entwickelte als erste Marke Tabs, die in ein Material verpackt waren, das sich selbst auflöste und biologisch abbaubar war. In seiner Farbwahl weicht Claro deutlich von dem traditionellen Nachhaltigkeitscode ab, ebenso aber auch von dem Code der alten Marken, es zeigt aber Farben, die frisch, leuchtend, schön sind und die eine Grasanmutung haben.

Persil folgt in seiner jüngsten Entwicklung genau diesem Code: Es bietet Powerbars an, feste Würfel, die sich in einem Karton befinden.

**Abb. 65:** Powerbars von Persil

### Nachhaltigkeit und Werte des Kindlichen

Auch Zotter entwickelt Packungen, die die Nachhaltigkeitskriterien genau beachten, aber auch einen reizvollen visuellen Stil zeigen, nämlich den Code des Kindlichen.

**Abb. 66:** Zotter – Nachhaltigkeit und der Code des Kindlichen

An diesen Packungen lässt sich noch eine weitere Strategie erkennen, die geeignet ist, eine gute Gesinnung zu kommunizieren: Es ist die Verwendung des Kindheitscodes. Bekannt wurde dieser Code durch den großen Erfolg der Marke Innocent.

Abb. 67: Produkte der Marke Innocent – Verwendung des Kindheitscodes

Die Werte des Kindlichen wie Reinheit und Unschuld eignen sich gut für die Vermittlung einer Nachhaltigkeitsgesinnung. Hier allerdings steht die Leistung, die die Packung faktisch in Bezug auf Nachhaltigkeit erbringt, in starkem Kontrast zu ihrer Anmutung. Die Realität ist bei Weitem nicht so eindrucksvoll – die Leistung liegt hier in der Entwicklung eines faszinierenden Codes.

## Gute Gesinnung, Ästhetik und Hedonismus

Kommen wir jetzt zu einer Strategie, die inzwischen prägnant von neuen Marken dieses Gebietes gefahren wird. Als Beispiel sollen die Marken Oatly und Tony‹s Chocolonely dienen:

Abb. 68: Tony's –»crazy about chocolate, serious about people«

Diese neuen Marken konzentrieren sich meist spitz auf einen Aspekt, den sie prägnant überall wiederholen. Bei Oatly ist das der Hinweis, dass hier Kühe als Milchspender umgangen werden (»no cows«). Tonys versichert, dass seine Schokolade keine Sklavenarbeit enthält: »crazy about chocolate, serious about people«.

**Abb. 69:** Hafermilch der Marke Oatly

Beide Marken entwickeln auch einen spezifischen visuellen Code, der sich von dem industriellen Code abhebt, aber auch von dem extremen alternativen Code. Besonders prägnant ist das bei Oatly der Fall

Oatly (Abb. 69) basiert auf einem schönen, kräftigen weder blassen noch künstlich anmutenden Farbcode und verwendet eine reduzierte urban und modern anmutende Ästhetik, Tonys (Abb. 68) weist wiederum den kindlichen Code auf.

Die Besonderheit von Oatly wird besonders dann auffällig, wenn man es mit üblichen Packungen für Pflanzenmilch vergleicht, die visuell in hohem Maß bieder und unspezifisch sind. Oatly hingegen verwendet schon einen spezifischen verbalen Code, der lässig, jung und cool anmutet und weit entfernt von pädagogischen Appellen ist: »No milk / No soy / No ... eh ... whatever / In oats we trust«.

Oatly entwickelt auch eine eigenständige Visualität, die sich von der asketischen Reduktion des pointierten Nachhaltigkeitscodes absetzt: modern, urban, prägnant, leichte Anklänge an den elitären Code: Es ist der Code des Selbstverwirklichungsmilieus (vgl. Kapitel 4.3.2).

Dies ist eine Packung, die von ihrem gesamten Zeichenumfeld her an einen spezifischen Lebensstil appelliert, nämlich an Gruppen, die Wert auf eine gute Gesinnung legen, die aber dennoch nicht auf Ästhetik und Hedonismus verzichten wollen – die jungen Bobos, die nichts anderes bestellen als einen Latte Macchiato mit Hafermilch aufgeschäumt. Die Marken Neoh und Nexxxt zeigen eine ähnliche Ästhetik (vgl. dazu Kapitel 4.3 »Geschmacksgruppen zeitgenössischer Gesellschaften – *taste regimes*«).

## Betonung von Regionalität

**Abb. 70:** Heumlich von Spar

**Abb. 71:** Bioeier von Esterhazy

Eine weitere wichtige Strategie ist die Akzentuierung von Regionalität. Regionalität kommuniziert, dass hier kurze Wege eingehalten wurden, sie kommt aber auch einem derzeit wichtigen Bedürfnis von Konsumenten entgegen, sich einer Region oder einer Person verbunden zu fühlen und ein Produkt zu konsumieren, das einer als heil gedachten Nahwelt entstammt. Dies schließt an eine Entwicklung im Bereich der Konsumkultur an, die in Kapitel 2.5.4 beschriebenen wurde: die Aufwertung von Vergangenheit und Nähe. Dabei ist nicht zu übersehen, dass dabei speziell visuelle Codes verwendet werden, die kaum Realität wiedergeben, sondern ein idyllisches Bild vorindustriellen Wirtschaftens zeichnen. Dies lässt sich vor allem an Darstellungen von Landwirten und der Landwirtschaft feststellen. Sehr oft wird hier ein nostalgischer Stil gewählt.

In diesem Bereich gibt es auch Produkte, die die Verpackung dazu benutzen, um auf ihr eine Geschichte zu erzählen.

Einen liebenswürdigen Zugang wählen auch die Packungen von Gut Hardegg, die sich einem Teilaspekt des Umweltdiskurses widmen, nämlich dem Erhalt der Artenvielfalt (Abb. 72 und 73).

Abb. 72: Dinkelmehl von Gut Hardegg

Abb. 73: Akazienhonig von Gut Hardegg

Gut Hardegg ist ein großer, landwirtschaftlich sehr erfolgreich wirtschaftender Betrieb im Weinviertel. Der Inhaber Maximilian Hardegg verfolgt aber darüber hinaus ein sehr wichtiges Anliegen des Umweltschutzes, nämlich den Erhalt der Artenvielfalt. Gut Hardegg wird so bewirtschaftet, dass eine große Anzahl von Tierarten dort einen Lebensraum finden, der immer mehr verlorengeht. Dies gilt vor allem für Singvögel, die auf Gut Hardegg in großer Fülle vorkommen. Daher wurde als Zeichen auf den Packungen auch der Vogel gewählt.

## Zusammenfassung

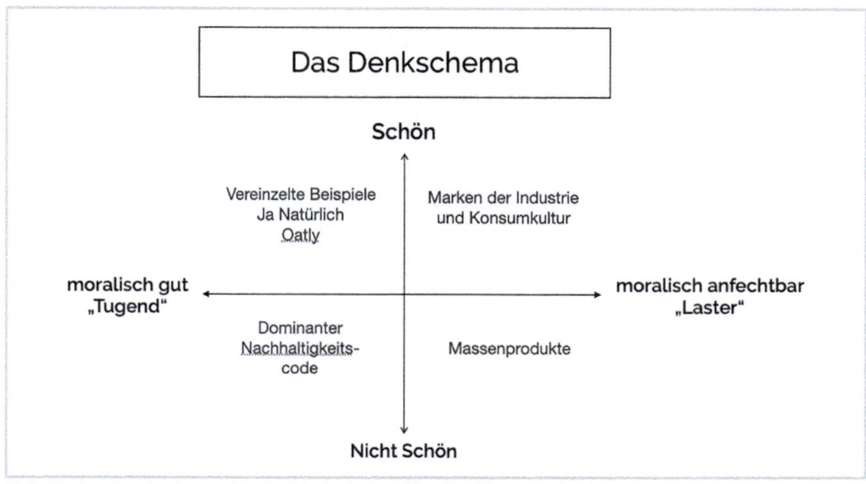


Abb. 74: Das Denkschema des Nachhaltigkeitscodes (Grafik: Tina Dietz)

Fassen wir den Nachhaltigkeitscode zusammen. Die folgenden beiden Abbildungen zeigen das dahinterliegende Denkschema.

## Varianten des Nachhaltigkeitscodes

Es gibt verschiedene Varianten des Nachhaltigkeitscodes, die wir in Kapitel 5.6 kennengelernt haben. Zum Nachhaltigkeitscode gehören insbesondere folgende Ansätze:

- **Der Basiscode:** Er basiert darauf, Packungen zu reduzieren bzw. eine reduzierte Variante des in dieser Produktgattung üblichen Codes herzustellen. Diese Varianten sind blasser, einfacher, ohne die anfechtbaren Merkmale ihrer »industriellen« Pendants: Sie leuchten nicht, sie rascheln nicht. Sie sind moralisch korrekt, aber nicht hedonistisch. Ein wesentliches Zeichen dieses Feldes ist braunes Papier. Diese Packungen folgen der Denkfigur: Tugend realisiert sich in inneren nicht in äußeren Werten. Dieser Basiscode existiert auch in simulierter Form: Packungen werden nicht in wirklichem Papier oder wirklichem Holz angeboten, sondern nur in einer Papier- oder Holzoptik.

Wenn dieser Code verlassen wird, so kann das in verschiedenen Abstufungen geschehen.

- Eine **mittlere Position** nehmen Marken wie bi Good ein: Sie sind nett, freundlich, natürlich, schon in der Nähe einer gewohnten Konsumgüteroptik, aber noch nicht wirklich glamourös. Noch etwas weiter gehen Marken wie Billa Bio: Sie sind von üblichen Marken kaum zu unterscheiden.
- Eine weitere Möglichkeit, Nachhaltigkeit zu signalisieren, ohne den asketischen Code zu benutzen, ist die Verwendung des **kindlichen Codes** und **nostalgischer Codes.**

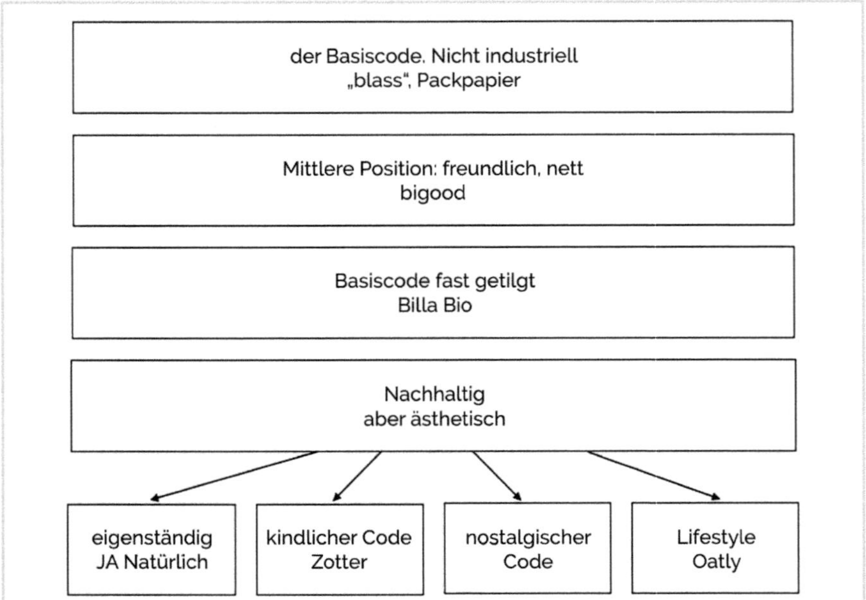


**Abb. 75:** Varianten des Nachhaltigkeitscodes (Grafik: Tina Dietz)

- Einen Nachhaltigkeitscode, der wirklich eigenständig und zugleich hoch ästhetisch ist, entwickeln nur wenige Marken. Beispiele sind Ja! Natürlich und Oatly.

Hersteller stehen heute vor komplexen Herausforderungen: Sie müssen den Aspekt der Nachhaltigkeit berücksichtigen, da er nicht nur staatlich erzwungen wird, sondern auch eine unserer hochrelevanten Konzeptionen des Wünschenswerten darstellt. Sie müssen also dem Kunden signalisieren, dass ihnen Nachhaltigkeit wichtig ist. Dies können sie durch Behauptungen tun, die eher im Hintergrund stehen, oder sie können sich voll auf diesen Aspekt konzentrieren, indem sie den Code der Nachhaltigkeit wählen. Dabei müssen sie entscheiden, ob sie ihn in seiner ausgeprägten, »protestierenden« Form benutzen, was deutlich, aber oft reizlos ist, oder ob sie ein interessantes *Codebreaking* durchführen und eigenständige Varianten entwickeln.

Sie müssen aber auch entscheiden, ob eine Verpackung wesentliche Anforderungen an das Produkt erfüllt, also Schutz oder die Bewahrung wesentlicher Produktmerkmale, vollen Geschmack und Haltbarkeit. Kein Konsument würde durchweichte Chips oder trockene Schokolade akzeptieren. Es ist nicht leicht, alle diese Anforderungen miteinander in Einklang zu bringen.

Hinzu kommt noch ein weiteres Problem: Viele Aspekte wären leichter zu lösen, wenn man sich auf die Mitarbeit des Konsumenten verlassen könnte. Das beginnt beim Sammeln und richtiger Packungstrennung, betrifft aber auch die Rückgabe von Verpackungsmaterialien, wenn man kein Pfandsystem einführt.

Bezüglich des richtigen Entsorgens sind wiederum die Hersteller in der Pflicht. Manche Packungen lassesn sich einfach nicht richtig entsorgen, zum Beispiel plastikbeschichtete Kartonpackungen für Milch. Die Hersteller bemühen sich daher, Packungen so auszugestalten, dass die einzelnen Bestandteile einfach getrennt werden können. Zum Beispiel wenn Joghurtbecher mit leicht abreißbaren Etiketten ausgestattet werden oder indem man sich überhaupt bemüht, Verbundmaterialien zu vermeiden. Ebenso kann der Konsument durch Sammeltätigkeiten und Pfandsysteme gelenkt werden.

Eine interessante technische Lösung bieten derzeit die Marken, die sich zu einer ***Alliance to End Plastic Waste*** (AEPW) zusammengeschlossen haben. Sie haben ein Verfahren entwickelt, das sich Graylink nennt. Dabei wird – unsichtbar für Konsumenten – eine genaue Materialbeschreibung auf die Packung geschrieben. Bei der Verwertung wird dieses Material maschinell ausgelesen und entsprechend entsorgt.

Könnte also Technik die Schwächen der menschlichen Motivation ausgleichen?

# 6 Exkurs in die Semiotik: Wie kommunizieren wir?

## 6.1 Die semiotische Ausstattung der Packung

Wenn Sie diese Packung der Marke Lotao, losgelöst von ihrer Umgebung, für ein paar Sekunden sehen, würden Sie wohl einige Mühe haben zu erkennen, was hier eigentlich angeboten wird (vgl. Abb. 1). Gleichzeitig aber hätten Sie den Eindruck, dass es irgendetwas Besonderes sein muss, etwas Kostbares und auch etwas asiatisch Anmutendes. Wenn Sie die Packung in ihrer realen Umgebung wahrnehmen, hätten Sie auch eine Vermutung über ihren Inhalt. Sie steht in einem ganz normalen Supermarkt in dem Regal für Reis. Sie schließen also, dass es sich um einen irgendwie ungewöhnlichen Reis handeln muss. Ob Sie sich jetzt weiter mit der Packung beschäftigen, hängt von Ihrem ganz persönlichen Geschmack ab – es gibt sicher Menschen, die sich kopfschüttelnd abwenden.

**Abb. 1:** Die Reismarke Lotao

Alle diese Reaktionen wurden durch die zeichenhafte Gestaltung der Packung ausgelöst, durch ihre semiotische Ausstattung, ihre verbalen und visuellen Codes: Text, Bild, Farbe, Layout, Form, Größe, Material – eigentlich erstaunlich, welche reichhaltigen

Botschaften hier übermittelt werden, ohne dass eine davon explizit ausgesprochen wird, und erstaunlich auch, dass fast alle Besucher des Supermarktes ganz ähnliche Schlüsse ziehen werden, auch wenn sich ihre Bewertungen der Packung erheblich unterscheiden können.

Klar ist auch, dass Reispackungen ganz andere Wahlen treffen können, man denke an die Uncle-Bens-Packungen. Lotao wählt aus den Registern eine ganz spezifische Position, eine, die ganz der Sprache üblicher Reisverpackungen widerspricht. Diese Ausstattung weist eine maximale Abweichung vom Code der Produktgattung auf, sie sichert dieser Packung eine hohe Auffälligkeit, ob sie klug gewählt ist, kommt auf die Absicht des Produzenten an. An diesem Beispiel lassen sich einige Prinzipien und Grundbegriffe semiotischer Kommunikation beschreiben.

## 6.2 Grundbegriffe semiotischer Kommunikation[115]

### Langue und Parole

Wir hatten das Konzept *Langue* und *Parole* in Kapitel 2.1 schon kurz angesprochen.

*Langue* bezeichnet die prinzipiellen Möglichkeiten, die in einer Sprache angelegt sind, also alle Register, aus denen man beim Bedeutungsaufbau wählen kann, die Verknüpfungsregeln, die Voraussetzungen, die beim Rezipienten gemacht werden müssen. Jede Sprache hat ein großes Potenzial zur Verfügung, wie man etwas sagen kann, aber keine legt fest, wie man etwas sagen muss. Genau dies erlaubt es, durch eine spezifische Wahl eine spezifische Bedeutung zu vermitteln.

*Parole* meint die konkrete Äußerung in einer Sprache, also die Auswahl aus den Möglichkeiten, die die *Langue* bietet. Die *Langue* von Packungen, also die Möglichkeiten, die Packungen haben, um ihre Bedeutungen zu orchestrieren, haben wir in den einleitenden Kapiteln, insbesondere in Kapitel 2 beschrieben: Ihre Materialcodes, Farbcodes, Größencodes, die sozialen und kulturellen Codes, die sie voraussetzen und die sie aktivieren: Alterscodes, Raumcodes, Geschlechtercodes, die Codes von Nobilitierung und Gegenwelten usw.

115 CHANDLER, Daniel: Semiotics. The Basics. Routledge. London: 2007.

ECO, Umberto: Semiotik. Entwurf einer Theorie der Zeichen. Fink. München: 1972. LOTMAN, Jurij: Die Struktur literarischer Texte. UTB. München: 1972.

NÖTH, Winfried: Handbuch der Semiotik. Metzler. Stuttgart: 2000.

POSNER, R./ROBERING, K./SEBEOK, T.: Semiotik. Gruyter. Berlin, New York: 2003. TITZMANN, M.: Strukturale Textanalyse. UTB. München: 1977.

TITZMANN, M./KRAH, H.: Medien und Kommunikation. Eine interdisziplinäre Einführung. Stutz. Passau: 2010.

DE SAUSSURE, Ferdinand: Grundfragen der allgemeinen Sprachwissenschaft. Gruyter. Berlin: 1967.

Jede einzelne Packung ist durch die Wahl einer Position aus diesen vielfältigen Registern charakterisiert – sie erhält ihre Bedeutung dadurch, dass man das zugrunde liegende Schema mitdenkt und die gewählte Position auf dem Hintergrund der möglichen aber nicht gewählten Positionen als bedeutungstragend erkennt.

### Zeichensysteme stützen sich auf verbindliche Bedeutungen

Jede Kommunikation zwischen Menschen vollzieht sich mithilfe von Sprachen und Sprachen müssen Zeichen benutzen. Wir kommunizieren nicht durch Gedankenübertragung, sondern wir brauchen dazu ein physisch beobachtbares Element: etwas, das wir hören oder sehen oder riechen oder fühlen – ein geschriebenes oder gehörtes Wort, ein Bild, ein Geräusch, eine Geste usw.

Ein Zeichen hat einen materiellen Zeichenträger und diesem Zeichenträger ist eine Bedeutung zugeordnet. Wenn wir die Lautfolge HUND hören, so wissen wir, dass damit ein Tier gemeint ist, das bellt und an der Leine laufen kann. Diese Beziehung zwischen der Lautfolge HUND und dem Tier ist jedoch rein konventionell, sie besteht nur in der deutschen Sprache, im Englischen wird dasselbe Tier durch die Lautfolge DOG bezeichnet.

Ist eine solche Bezeichnung aber einmal etabliert, so besteht sie zwingend für alle Sprachteilnehmer, sie kann also nicht von dem einzelnen Individuum verändert werden, sonst wäre Kommunikation unmöglich. Wenn der eine unter HUND ein schwanzwedelndes Tier versteht und der andere einen gelben Vogel, so dass er an seiner Gartentür ein Schild anbringt »Achtung bissiger Kanarienvogel«, so können die beiden nicht miteinander kommunizieren, jedenfalls nicht über Tiere.

Bedeutung wird also nicht ganz subjektiv durch den Empfänger einer Botschaft gebildet, wie man manchmal hört. Wenn es keine feststehenden Bedeutungen gäbe, die im Sprachsystem verbindlich für alle angelegt sind, könnten wir nicht miteinander kommunizieren.

Als Absender muss ich mir also überlegen, welche Zeichen ich wähle, ich übernehme damit auf jeden Fall ihre Grundbedeutung. Es macht einen Unterschied, ob ich auf einer Packung als Zeichen für Kraft einen Stier oder einen Wasserfall abbilde. Und in einer Packung, die einen Stier zeigt, würde kaum jemand etwas wirklich Weiches vermuten. Das heißt nicht, dass es nicht Teile der Bedeutung gibt, die nur subjektiv bestehen. Diese sind durch das Konzept der Konnotation beschrieben.

### Denotation und Konnotation

Bei dem Aspekt der Bedeutung ist zwischen Denotation und Konnotation zu unterscheiden. Denotation meint die verbindliche Bedeutung, auf die sich alle Sprachteilnehmer einigen müssen – sonst ist, wie oben beschrieben, jede Kommunikation unmöglich. Dennoch kann der eine in die Bedeutung für Hund aufnehmen »bester Freund des Menschen« und der andere »unsympathischer bissiger Köter« – darüber lässt sich streiten. Dies sind die Konnotationen, also die **subjektiven Zusatzbedeutungen**, die jeweils in Erfahrung gebracht werden müssen. Manchmal existieren auch verfestigte Konnotationen, die umgangssprachlich auch als Symbole bezeichnet werden. So gilt die Taube als Zeichen des Friedens.

Sprachen haben also eine intersubjektive Verbindlichkeit und die Erforschung von Kommunikationsakten muss sich auch immer mit den Spielregeln und Gesetzmäßigkeiten der zugrunde liegenden Sprache beschäftigen. Ebenso sind aber auch die Konnotationen festzustellen, also die subjektiven Zusatzbedeutungen, die die Empfänger der Botschaft einbringen. Wie auf den nachfolgenden Seiten beschrieben, gibt es auch die Möglichkeit, diese Zusatzbedeutungen systematisch zu lenken.

### In einer Gesellschaft werden viele Sprachen gesprochen

In dem oben angeführten Beispiel meint Sprache die natürliche Sprache, das Deutsche, das Englische, Französische usw. Dabei handelt es sich um ein sehr gut erforschtes Zeichensystem, das im Speziellen durch die Linguistik behandelt wird, die exemplarisch für Kommunikation überhaupt stehen kann. Semiotik behandelt jedoch ganz allgemein Zeichensysteme, gleich um welche Art von Zeichen es sich handelt. In diesem Sinn gibt es auch die Sprache der Küche oder die Sprache der Kleider.

| **Beachten Sie** |
|---|
| In einer Gesellschaft werden viele Sprachen gesprochen, keineswegs nur verbal fundierte. |

### Die Funktion von Zeichensystemen bzw. Codes

Zeichensysteme sind fundamental für das Funktionieren von Gesellschaft. Wir sind umgeben von Zeichensystemen oder Codes, die wir brauchen, um Bedeutungen aufzubauen, Botschaften auszutauschen, uns zu koordinieren oder zu beeinflussen. Die Frage, wie Bedeutung aufgebaut wird, wie sie in einem Code organisiert wird, wie sie dazu beiträgt, kommunikative Akte glücken zu lassen, ist daher eine entscheidende Frage, nicht nur am Markt, sondern in jedem gesellschaftlichen Teilsystem. Dazu müssen Zeichen, Zeichensysteme, Codes beschrieben und interpretiert werden. Zeichen erhalten ihre Bedeutung ja immer nur innerhalb spezifischer Sprachen und Codes, die nach spezifischen Regeln aufgebaut sind.

### Was muss ein Code festlegen?

Jeder Code legt fest:

- Welche Bedeutungen haben die einzelnen Zeichen? – Semantik
- Wie können sie kombiniert werden? – Syntax
- Welche Beziehungen bestehen zu den Benutzern des Zeichensystems? – Pragmatik

Nehmen wir als Beispiel den einfachen Code der Verkehrsregelung über Ampeln. Dieser Code basiert auf drei Farben: rot, gelb, grün.

Die **Semantik** lautet:
- Rot: anhalten
- Grün: anfahren
- Gelb: warten

Die in der **Syntax** festgelegten Regeln definieren: Rot, Gelb, Grün oder Grün, Gelb, Rot als zulässige Abfolgen, aber nicht Rot, Rot, Grün oder Gelb, Gelb, Rot.

Die **Pragmatik**, die die Beziehungen der Zeichenbenutzer zu dem Zeichensystem regelt, setzt voraus, dass alle Verkehrsteilnehmer die Semantik kennen und entsprechend handeln. Da sonst das System Verkehr nicht aufrechterhalten werden kann, ist dies auch institutionell verankert, die Polizei erzwingt sie und bei Verletzung wird ein Verkehrsteilnehmer vom System ausgeschlossen.

Zeichensysteme sind extrem leistungsfähige Systeme, die mit einem Minimum an Input ein Maximum an Output erzielen. Das Paradebeispiel sind natürliche Sprachen. Mithilfe der 32 Zeichen des Alphabets ist es möglich, die Unzahl an Sätzen, die im Deutschen, Englischen, Französischen usw. existieren, zu erzeugen. Die Regeln, die dies im Einzelnen ermöglichen, können hier nicht wiedergegeben werden, nur der Hauptaspekt sei erwähnt.

Ein Code baut Bedeutung nicht so auf, dass er jedem Einzelzeichen eine spezifische Bedeutung zuordnet, so dass wir Einzelzeichen nach Einzelzeichen erlernen müssten, sondern so, dass sich Bedeutung aus dem Verhältnis der Zeichen untereinander ergibt.

### Die wichtigsten Beziehungen zwischen Zeichen – Opposition und Äquivalenz

Zeichen erhalten ihre Bedeutung durch die Beziehung, die sie zu anderen Zeichen einnehmen. Die wichtigste davon ist die Beziehung Opposition/ausschließender Gegensatz und Äquivalenz/Gleichwertigkeit. Wir wissen, was warm bedeutet, weil wir über das Konzept kalt/warm verfügen: Warm ist nicht kalt und kalt ist nicht warm, wir können an einer Stelle in unserer Äußerung entweder warm oder kalt verwenden. Es macht einen Unterschied, ob ich sage: Das Wasser ist warm (dann weiß ich, dass es nicht kalt ist) oder das Wasser ist kalt (dann weiß ich, dass es nicht warm ist). Es gibt dabei zwei Typen von Oppositionen:
- **Logische Opposition:** warm und nicht warm. Nicht warm kann dabei lauwarm, zimmerwarm, kalt, eisig sein. Es sind also Abstufungen von »nicht warm« möglich.
- **Antonymische Opposition:** warm und kalt. Hier werden zwei semantische Konzepte gegenübergestellt.

Ein weiteres Beispiel für diese zwei Typen von Oppositionen, das wir bereits angesprochen haben ist weiblich und nicht weiblich (logische Opposition) und weiblich und männlich (antonymische Opposition).

## Die Äquivalenzbeziehung

In der Äquivalenzbeziehung werden zwei Zeichen als gleichwertig betrachtet. Es ergibt sich keine Differenz in der grundlegenden Bedeutung, sondern nur eine, die im Bereich der Konnotationen, also der subjektiven Zusatzbedeutungen liegt. »Sauber« ist äquivalent zu »rein«, beides bezeichnet: »nicht schmutzig«. Erst wenn Ariel diese beiden Zeichen in eine Opposition bringt, erschließt sich der andere Konnotationsumfang. Ariel »wäscht nicht nur sauber, sondern rein«. Dies lenkt die Aufmerksamkeit auf den Unterschied. Dieser besteht darin, dass rein eine moralische Zusatzbedeutung hat, sauber aber nicht. Ariel wird dadurch als ein Produkt definiert, das moralische Qualitäten herbeiführen kann.

Eine wichtige Operation bei der Analyse von Codes ist es daher, nach diesen grundsätzlichen Oppositionen Ausschau zu halten. Kann ich das eine an Stelle des anderen Zeichens verwenden, ohne dass sich ein Unterschied ergibt, so handelt es sich um Äquivalenz, ergibt sich eine andere Bedeutung, so handelt es sich um eine Opposition. Dies ist die sogenannte Ersatzprobe.[116]

Am Beispiel des männlichen und des weiblichen Codes haben wir bereits eine solche Ersatzprobe durchgeführt: Kann ich einen Männerduft in einer farbig verspielten Packung anbieten? Kann ich einen Frauenduft mit dem Bild einer Rakete verbinden? Wenn dies eine merkwürdige Bedeutung ergibt, ist klar, dass es sich um zwei oppositionelle Termini handelt: Ich kann nur den einen oder den anderen verwenden.

## Das Paradigma

Wir haben den Begriff Paradigma in den vorangehenden Kapiteln schon kennengelernt. Er bezeichnet eine Klasse von Ausdrücken, die in einem Aspekt gleich sind – diesen kann man sich als vertikal durchgehend denken – und die sich untereinander, also horizontal, durch mehrere andere Aspekte unterscheiden.

Das Paradigma der Verwandtschaftsbezeichnungen ist ein solches Beispiel:

116 CHANDLER, Daniel: Semiotics. The Basics. Routledge. London: 2007.

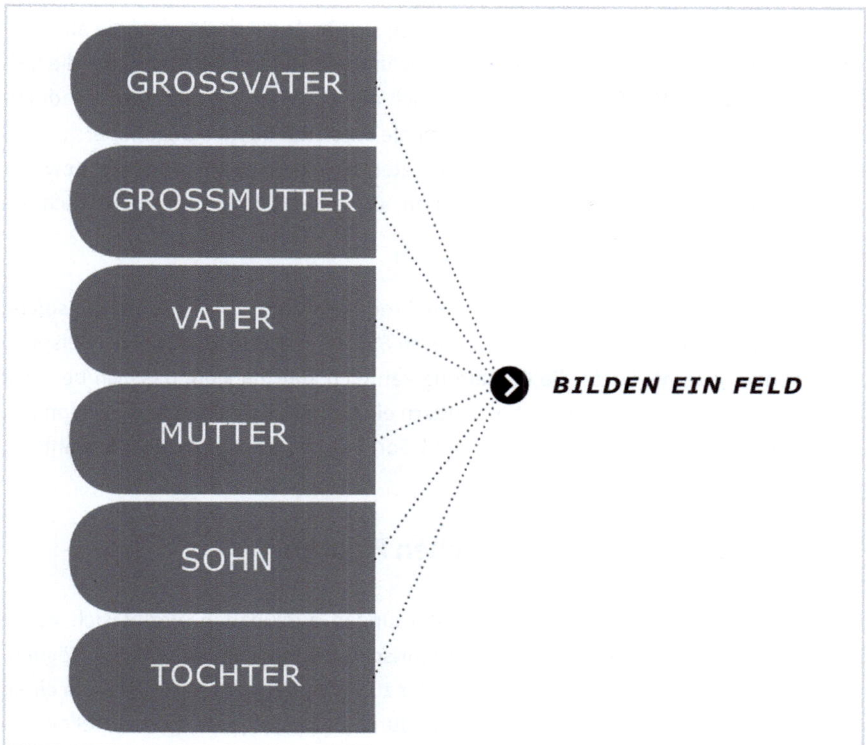


**Abb. 2:** Verwandtschaftsbeziehungen (vertikales Feld)

Auf der Vertikalen handelt es sich bei allen Ausdrücken um Verwandtschaftsbezeichnungen. Die Ausdrücke unterscheiden sich aber horizontal durch Geschlecht und Stellung in der Generationsfolge, die sie jeweils zu Subklassen zusammenschließen. So sind Großmutter, Mutter, Tochter gegenüber Großvater, Vater, Sohn gleich in Bezug auf das Geschlecht aber verschieden in der Stellung in der Generationsfolge:

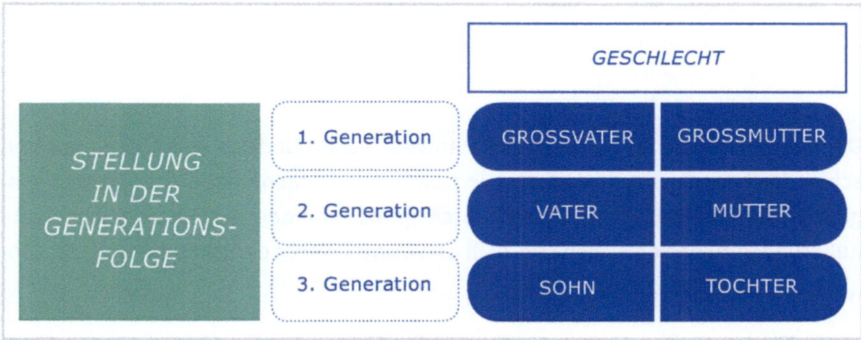


**Abb. 3:** Verwandtschaftsbeziehungen (horizontales Feld)

Die Ausdrücke speisen, essen, fressen gleichen sich in dem Aspekt, dass sie alle Ausdrücke für die Essensaufnahme darstellen, sie unterscheiden sich aber durch die Stilhöhe. Wähle ich einen Ausdruck, so denke ich alle anderen mit und genau dadurch ergibt sich eine Zusatzbedeutung. Wenn ich die Esssitten meines Gegenübers abstoßend finde und ich sage: »Sie fressen Ihren Braten wie ein Schwein«, so ist das bewusst unhöflich, denn ich hätte auch sagen können: »Sie essen ihren Braten ja wirklich befremdlich.«

Die Gestaltung von Packungen in einzelnen Produktfeldern stützt sich oft auf solche Paradigmen. In der Besprechung des elitären Stils in Kapitel 5.1 haben wir Beispiele dafür kennengelernt. Durch die Gestaltung kann ich klar machen, dass ich bewusst nicht die Normalhöhe gewählt habe, sondern eine elitär abweichende. Das kann ich, indem ich aus den Registern Farbe, Material, Form die jeweils elitärste Stufe wähle.

## 6.3 Der Einsatz von rhetorischen Figuren

Eine interessante Möglichkeit, Zusatzbedeutungen aufzubauen, ergibt sich durch den Einsatz von rhetorischen Figuren. Rhetorische Figuren sind spezifische Möglichkeiten, sprachliche Ausdrücke so miteinander zu verbinden, dass sie eigentlich einen logischen Fehler bezeichnen, aber genau dadurch Zusatzbedeutungen mitteilen. Jakobson nennt diese Sprachfunktion, in der man Regeln der Sprache auf die Sprache selbst anwendet »organisierte Gewalt«, die an der einfachen Sprache verübt wird. Die Aussage: »Tu' den Tiger in den Tank« ist logisch und normalsprachlich unsinnig: niemand würde an einer Tankstelle versuchen, einen Tiger zu bekommen, den er dann in den Tank sperren kann. Niemand würde diese Aussage so verstehen, sondern sie sofort als einen Vergleich auffassen: Etwas, das die Kraft eines Tigers hat, soll in den Tank kommen, Benzin also, aber eines, das etwas von der lebendigen Naturkraft von Tigern hat – eine schöne Vorstellung und mit Recht eine berühmte Werbemetapher.

Mit dieser Art, Sprache zu verwenden, hat sich schon die klassische Rhetorik beschäftigt, aber die Grundprinzipien haben bis heute nicht ihre Gültigkeit verloren, was etwa der Erfolg von Büchern wie »Metaphors We Live By« von George Lakoff and Mark Johnsen zeigt.[117]

Die Rhetorik wurde im klassischen Athen des 3. Jahrhunderts entwickelt, im römischen Reich weiter spezifiziert, trainiert und im gesamten öffentlichen Bereich eingesetzt. Die Rhetorik ist die Kunst, durch sprachliche oder allgemein zeichenhafte Äußerungen zu beeindrucken und zu überzeugen: Ihr geht es nicht um Wahrheit, son-

117 DUBOIS, Jaques: Allgemeine Rhetorik. UTB. München: 1991.
UEDING, G./STEINBRINK, B.: Grundriss der Rhetorik. Metzler. Stuttgart/Weimar: 1994. KOPPERSCHMID, Josef: Allgemeine Rhetorik. Kohlhammer. 1976.

dern um Wirkung. Sie wurde in der Antike vor allem im Bereich der Gerichtsreden und der politischen Reden eingesetzt und dies ist auch heute noch der Fall. Zu den Verfahren, die die Rhetorik entwickelt hat, gehört diese Art der uneigentlichen Sprachverwendung, eben die rhetorischen Figuren. Wir wollen nur drei schildern:

- die Metapher
- die Synekdoche
- die Metonymie

### Die Metapher

In dieser Figur wird ein Ausdruck für einen anderen eingesetzt, dem er ähnlich ist, weil er ein Merkmal mit ihm teilt. Damit werden aber auch andere Merkmale des Konzeptes übertragen, der ursprüngliche Ausdruck wird an einen anderen Rahmen angeknüpft. Ich kann sagen: »Die Polizisten näherten sich den Demonstranten« oder »die Bullen näherten sich den Demonstranten.« Ich ersetze also Polizisten durch Bullen und übertrage damit die Bedeutungen, die wir mit Bullen verknüpfen, auf Polizisten, also: tierische, rohe Kraft, gewalttätig, aggressiv männlich, ohne rationale Überlegung.

Ein weiteres Beispiel für eine Metapher: »Sie ist blond« vs. »das Gold ihrer Haare«. Beides sagt aus: Die Farbe ihrer Haare ist gelblich, aber in der Metapher vom Gold ihrer Haare wird auch übertragen.

- kostbar
- strahlend
- hochrangig, edel

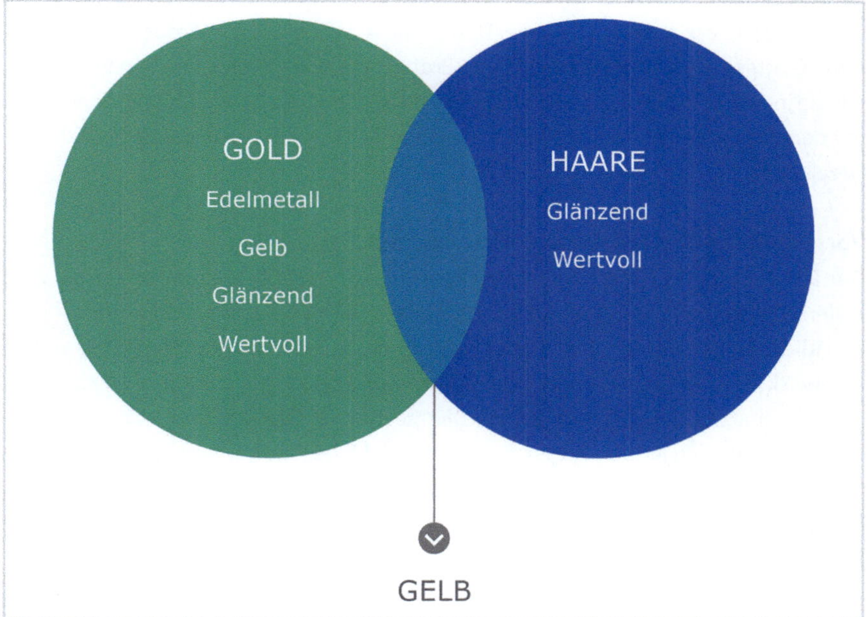


**Abb. 4:** Rhetorische Figuren

Wenn wir uns an die Ausdrücke für Haarfärbemittel erinnern, so zitieren sie über ihren metaphorischen Gebrauch ganze Bedeutungswelten: Nordic Perlmutt, Samtrot, Diamantschwarz.

### Die Synekdoche

Hier ersetzt ein Teil das Ganze. »Für mein liebes Herzchen«: Herz steht für den ganzen Menschen. Übertragen wird auch, dass dieser Mensch ganz auf seinen Gefühlsbereich zentriert ist. In dem Slogan von Schwäbisch Hall: »Auf diese Steine können Sie bauen« stehen die Steine für das Haus und damit für eine verlässliche und sichere Grundlage. In den Packungen der Marke Frosch ist der Frosch als Teil der Natur für die ganze Natur aufzufassen, die Hibiskusblüte auf Raffaello ist ein Teil der paradiesischen Südseewelt. Die Packung Darbo bildet eine einzelne Erdbeere ab. Diese signalisiert alle Erdbeeren, die in der Packung sind.

### Die Metonymie

Hier ähneln sich die Ausdrücke nicht, sondern sie berühren sich innerhalb eines gemeinsamen Rahmens: zum Beispiel Gefäß und Inhalt, Ursache und Wirkung. Im Grunde sind alle Packungen metonymische Figuren: Die Zeichenausstattung der Packung steht für den Inhalt. Im engeren Sinn: »Trink ein Glas« – gemeint ist der Inhalt.

Oder Ursache steht für Wirkung: Orchidée impériale enthält Orchideen und man bekommt dadurch eine Haut so schön wie Orchideen.

Ein NIVEA Duschgel heißt Cashmere Moments und man erhält ein Hautgefühl, als ob man in Cashmere eingehüllt würde. Darbo bildet auf den Seiten Erdbeeren mitsamt ihren Blättern ab, also die ganze Pflanze Erdbeere. Diese ganz natürlichen Erdbeeren, wie sie in einem Garten wachsen könnten, sind die Ursache für die Sorte Erdbeere, die auf dem vorderen Etikett abgebildet ist – diese Sorte wird verbal als Gartenerdbeere bezeichnet.

## Vorteile durch den Einsatz von rhetorischen Figuren

Der Einsatz von rhetorischen Figuren bietet zwei Vorteile. Sie lenken auf die zentralen Bestandteile von Konzepten, ohne dass man das aussprechen muss – man erschließt selbstständig, dass Tiger und Benzin das Merkmal Kraft teilen. Sie stellen eine wirksame Form der verdichteten Kommunikation dar, sie knüpfen Konzepte schnell an attraktive Rahmungen an. Die meisten Metaphern sind verbal konstruierte, es lohnt sich jedoch immer, auch über bildliche Figuren nachzudenken. Diese müssen sich bei Packungen aber immer auf gute etablierte Verbindungen stützen, deren Bedeutungen sich in Sekunden erschließt. Es gibt daher nicht allzu viele gute Beispiele.

## 6.4 Visuelle und verbale Kommunikation

Visuelle Zeichensysteme haben einen anderen Aufbau als verbale. **Verbale Zeichensysteme** stützen sich auf diskrete Einheiten, auf Silben, die zu Worten kombiniert werden – diese vermitteln bestimmte Bedeutungen. **Bildliche Zeichensysteme** verfügen nicht über diese kleinen Einheiten. Verbale Zeichensysteme können verallgemeinern und abstrahieren, bildliche können dies nicht, sie können nur einen konkreten Sachverhalt schildern. Ebenso haben sie Schwierigkeiten, eine Geschichte zu erzählen, also narrative Strukturen zu benutzen, die ja immer einen Vorgang in der Zeit schildern, sie können nur einen statischen Bildausschnitt zeigen, den sie mit großer Sorgfalt wählen müssen, damit der Betrachter eine Geschichte selbst rekonstruiert.

Bilder kommunizieren anders als Texte. Sie können leichter emotionale Wirkungen entfalten. Sie argumentieren nicht, erzeugen aber den Eindruck von Authentizität, das Gefühl, etwas selbst gesehen zu haben. Sie lenken die Vorstellungen in bestimmte Richtungen, ohne dass man sich dieser Tatsache explizit bewusst ist.

In meinem Buch *Bildmagie* beschäftige ich mich eingehend mit dem visuellen Code, also mit der Sprache der Bilder: Wie geht sie vor? Welchen Nutzen hat sie für unsere Kommunikation? Visuelle Kommunikation wird zunehmend eingesetzt. Wir sind umgeben von einer Bilderflut, handhaben diese visuelle Sprache aber immer noch nicht bewusst genug. Im Folgenden ein kleiner Überblick:

### Bildanalysen

Bildanalysen erfordern besondere Überlegungen. Zunächst ist zu bedenken, dass in die Art der Darstellung ebenso wie in die Rezeption viele konventionelle Regelungen einfließen. Auch Wahrnehmung ist kulturell verschieden. So besteht zum Beispiel die Müller-Lyersche-Täuschung (vgl. Abb. 5), die wir als angeborenes Gesetz der Wahrnehmung zu betrachten pflegen, für Pygmäen nicht, die sich in sehr kleinformatigen Umgebungen bewegen.

**Abb. 5:** Müller-Lyersche-Täuschung

Prinzipiell genügt es nicht, den Inhalt eines Bildes zu untersuchen, ebenso wichtig ist die Interpretation des Typs der Darstellung. Immer noch nützlich ist daher eine **Bildanalyse nach Panofsky.**[118] Panofsky unterscheidet zwei Schritte:

### 1. Ikonologie: Was ist abgebildet? (denotativer Aspekt)

Daran kann die Frage angeschlossen werden, ob diese Abbildung in einer Gesellschaft eine besondere Bedeutung besitzt, also spezifische Konnotationen hat, also zum Beispiel Christus am Kreuze. Im rein ikonografischen, denotativen Sinn ist dies die Darstellung einer römischen Hinrichtungsmethode. Im zeichenhaften konnotativen Sinn besagt es jedoch: Kreuzestod des Erlösers.

In einer Kultur zirkulieren viele Bilder mit diesen verfestigten Bedeutungen: die Friedenstaube, der Glückspilz, das Glücksrad usw.

### 2. Ikonografie: Wie ist dieser Bildinhalt abgebildet?

- gezeichnet oder gedruckt?
- in Farbe oder Schwarzweiß?
- Wie ist die Lichtführung?
- Wie ist der Raum konzipiert?
- Was ist wo im Raum situiert?
- Welche Perspektive ist für den Betrachter vorgesehen?
- Welcher Stil ist zitiert?
- usw.

Wir wollen aus der Fülle der Gestaltungsmöglichkeiten eine herausgreifen, die interessante Bedeutungszuschreibungen erlaubt, nämlich das Raumkonzept und die Anordnung der Elemente im Raum.

### Die Gestaltung des Bildraums

Packungen bieten zum Betrachter hin eine gestaltete Fläche, die als Bildraum bezeichnet wird. Jede visuelle Repräsentation im Medium des Bildes findet auf einer zweidimensionalen Fläche statt. **Diese Fläche kann tatsächlich als Fläche, also zweidimensional gestaltet werden, es kann aber auch der Eindruck eines Raumes erzielt werden.** Dabei sind viele Abstufungen denkbar, ebenso wie verschiedene Typen von Räumen.

Diese Räume sind immer Suggestionsräume, nicht Abbildungen realer Räume, und sie sind damit bedeutungstragend.[119] Bezüglich der Raumtiefe reicht das Spektrum von

---

118 PANOFSKY, Erwin: Ikonographie und Ikonologie. Bildende Kunst als Zeichensystem. Du Mont. Köln: 1985.
119 PIPALL, Martina: Kunst des Mittelalters – Eine Einführung. a. a. O.

einem reichen Tiefenraum, der den Eindruck von Dreidimensionalität vermittelt, bis zu einem relativ flachen Raum.

In der europäischen Kunst markiert bekanntlich die Verwendung der Zentralperspektive in der Renaissance den Beginn einer neuen Bildkultur, in der fast durchgehend dreidimensionale Räume gestaltet werden, die einen realistischen Eindruck erzielten und dem Betrachter eine zentrale Perspektive einräumten. Während zuvor Gott an zentraler Stelle den Betrachter aus den Bildern anblickte (vgl. z. B. die Mosaiken von Ravenna).[120] Dies blieb über Jahrhunderte die gängigste Darstellung, erst ab dem 19. Jahrhundert begannen Künstler, diese Dreidimensionalität zugunsten von Flächigkeit aufzugeben. Gustav Klimt etwa orientierte sich explizit an den Mosaiken von Ravenna.[121]

Summarisch betrachtet führt Dreidimensionalität zu der Illusion von realem Raum, alle anderen Arten von Raumgestaltung entfernten sich von dieser realitätsabbildenden Darstellung und streben eher einen Bedeutungsraum, einen »Aussageraum« an. Die Kategorie Raum entfernt sich hier weit von dem Raum, der unser alltägliches Leben bestimmt.[122] Die Antike kannte sowohl illusionistische Darstellungen wie Bedeutungsräume, das Mittelalter verwendete fast ausschließlich Raumgestaltungen, die nicht reale Abbildungen, sondern Bedeutungsräume schufen. Dabei sind vor allem zwei Strategien interessant:

### Der Schichtenraum

Hier entwickelt sich das Bild von der Grundfläche schichtenförmig in Richtung Betrachter. Bei diesem Strukturprinzip erfolgt eine collagenartige Schichtung der Abbildungsteile in Richtung Betrachter. Die Gegenstände werden nicht in ihren realistischen Beziehungen wiedergegeben, sondern in Bezug auf ihre geistigen Beziehungen. So werden zum Beispiel drei Kaiser zusammen vor dem Herrscherpalast der Hauptstadt gezeigt, obwohl sie an verschiedenen Orten des Reiches regierten, um auszusagen, dass sie gemeinschaftlich das Reich regieren. Ähnliches stellt die bekannte Tetrarchengruppe im Bereich der Plastik dar. Dieses Prinzip hebt den Raum auf und mit ihm die Zeit. Es formuliert eine Aussage: So einmütig regieren die drei Kaiser das Reich.

### Variation der Bildelemente nach dem Prinzip der Größe

Die andere wichtige Strategie ist die Variation der Bildelemente nach dem Prinzip der Größe: Was wichtig ist, wird größer dargestellt, gleich wie sich die Größenverhältnisse in der Realität verhalten mögen. **Wenn wir Packungen unter diesem Gesichtspunkt**

120 BREDEKAMP, Horst: Der schwimmende Souverän. Karl der Große und die Bildpolitik des Körpers. Verlag Klaus Wagenbach. Berlin: 2014.

121 KANDEL, Eric: Auf der Suche nach dem Gedächtnis. Pantheon Verlag. München: 2006.

122 PIPALL, Martina: Kunst des Mittelalters – Eine Einführung. a. a. O.

**betrachten, so finden wir auffallend wenige Gestaltungen, die dreidimensionale tiefe Räume zeigen.** Meist werden relativ flache Räume gezeigt und in vielen Fällen werden überhaupt zweidimensionale flächige Darstellungen gewählt.

Es gibt eigentlich nur einen Code, der vermehrt diese Art des Raumkonzeptes verwendet: Den Code der Authentizität, der eine bestimmte Gegenwelt zu den üblichen Marktprinzipien darstellt.[123] Hier geht es darum, den Eindruck zu erzielen, dass etwas ganz authentisch und persönlich ist und dass man ein Produkt an seinen regionalen, temporalen und persönlichen Ursprung zurückverfolgen kann. Dies wird durch eine dreidimensionale Raumgestaltung sehr gut geleistet.

Eine neu entwickelte Produktlinie von Ölen und Essigen für Fronius zeigt den Effekt, wenn der flache Raum der alten Packungen durch einen solchen dreidimensionalen Raum ersetzt wurde, der nun die Herkunft dieser Öle aus einem ganz besonderen Raum, dem Schlattbauerngut, verdeutlichte.

**Abb. 6:** Shampoo von Garnier

Überspitzt ausgedrückt ließe sich formulieren: Je flacher das Raumkonzept, desto mehr wird die Marktideologie abgerufen (vgl. Darstellungen bei Riegeln und internationalen Marken). In der Mehrzahl der Fälle überwiegen Strukturprinzipien, wie sie vor der Einführung der Zentralperspektive üblich waren: Flacher zweidimensionaler Raum bzw. Schichtenraum und die Verwendung der Bildteilgrößen entsprechend ihrer Bedeutung. Diese collagenartige Kombination zeigt die folgende Packung (Abb. 6):

Hier entsteht kein räumlicher Eindruck, die Elemente werden collageartig aneinandergefügt. Die Packung besitzt auch kein klares Zentrum. Sie ist im Grunde wie ein Text zu lesen. Dieses Strukturprinzip bietet einige Schwie-

123 Vgl. dazu Kapitel 2.3 »Das Nackte und das Bekleidete«.

rigkeiten für die Wahrnehmung und die schnelle Erfassung der Inhalte. Ein Beispiel für das Prinzip, Bedeutung durch Größe auszudrücken, stellt die Packung von Mon Chéri dar (Abb. 7).

**Abb. 7:** Die Verpackung von Mon Chéri

Sie wird von einer übergroßen Kirsche dominiert, deren besondere Größe durch das kleine Schokoladenstück, das neben ihr liegt, besonders betont wird. Es ist unmöglich, dass diese Kirsche in dem Schokoladenstück enthalten ist. Die Kirsche ist überdies dreidimensional in einer Art von Polsterästhetik gestaltet. Das Wichtigste an Mon Chéri ist also die Kirsche und genau dies ist auch der Kern der Argumentation dieser Marke, die immer wieder Geschichten rund um diese Piemontkirsche erzählt. Mon Chéri scheint also eigentlich ein Fruchtbonbon zu sein – was natürlich nicht stimmt, sie wird von ihren Fans wegen der Kombination Kirschschnaps/Kirsche geschätzt. Es wäre jedoch nicht klug, auf den Alkoholgehalt des Produktes hinzuweisen. Die übergroße Kirsche dient quasi zur Legitimation.

Abb. 8: Orangensaft von Rauch in der 2-Liter-Packung

Ein anderes Prinzip von Collagen, das sehr häufig gebraucht wird, bezieht sich auf die Kombination des Produktes mit seinen Bestandteilen.

Rauch etwa bildet in der vordersten Schicht die aufgeschnittenen Früchte der Sorte ab, in der zweiten das Glas mit dem Saft, der aus den Früchten gewonnen wird.

Die Marke Happy Day, die für diesen Vorgang verantwortlich ist, ist durch einen Balken von dem unteren Teil getrennt. Von der räumlichen Darstellung her hat sie also quasi mit dem Saft nichts zu tun, zwischen Frucht und Saft schiebt sich kein industrieller Hersteller.

Dieser Typ von Abbildung – Bestandteile in Kombination mit dem Produkt oder dem Ergebnis – wird sehr häufig verwendet. Sie stellt im Übrigen eine visuelle rhetorische Figur dar. Es handelt sich um die oben besprochene Metonymie: etwas Angrenzendes, also ein Inhalt und ein Gefäß, werden miteinander in Beziehung gesetzt: und ersetzen einander. Dies ist der Typ: Ein Glas trinken.

Viele Experimente aus dem Bereich der Kognitionspsychologie zeigen, dass Texte, die mit wenig Dekodierungsenergie gelesen bzw. entziffert werden können, leichter beachtet und erinnert werden. Diese sogenannte *processing fluency* wird durch mehrere Faktoren beeinflusst, einer davon ist das Anknüpfen an fest verankerte Rahmungen bzw. *frames* im Bewusstsein. Ist das Material so gestaltet, dass es leicht an diese *frames* anknüpfen kann, wird es eben schneller beachtet und besser erinnert, als wenn dies nicht der Fall ist.

Auch die räumliche Positionierung von Elementen in einem Bildraum unterliegt diesen *frames*, die naturgemäß kulturell und historisch unterschiedlich sind, die aber in unserer Gesellschaft eine lange Geschichte haben. Dazu gehören vor allem zwei Achsen:

- Die vertikale Achse gliedert nach gut und böse bzw. positiv und negativ. Sie ist eine bewertende Achse: oben ist das Gute, unten ist das Negative.
- Die horizontale Achse gliedert nach Zeit und Effekt: links nehmen wir den Verursacher an, rechts den von ihm bewirkten Effekt. Dies ist jedenfalls in Kulturen wie der unseren so, die von links nach rechts lesen. Links ist die Vergangenheit, rechts die Zukunft.

**Abb. 9:** Visualisierung des Wirkungsprinzips der Marke Vandal

Dazu kommt eine weitere Annahme: *closeness is strength of effect.* Je näher also zwei Elemente zueinander stehen, desto größer wird die Wirkung des einen auf das andere gedacht. Experimente zu diesem Phänomen finden Sie im *Journal of Consumer Research.*[124] Dies ist besonders wichtig bei Packungen, die extreme Wirkungen versprechen oder die kausale Zusammenhänge darstellen können und müssen.

Vandal etwa zeigt genau dieses Wirkungsprinzip (Abb. 9). Vandal, also die gute Instanz, befindet sich oben, die negative Instanz, das Ungeziefer befindet sich unten: Vandal braucht seine Wirkung nur durch einen Pfeil zu visualisieren, der die beiden Elemente in eine Nähe bringt.

Markennamen befinden sich im Übrigen in den allermeisten Fällen oben oder in der Mitte, selten unten. Oben ist bei allen Packungen eine besonders wichtige Zone: Leser gehen davon aus, dass dort die hochrangigen Instanzen/Elemente zu suchen sind. Auch die Wahrnehmung von Kausalitäten unterliegt räumlichen Bedingungen. Je näher Bestandteile an ein Element der Packung oder den Markennamen gebracht werden, desto mehr wird der Glaube an ihre Wirkung gesteigert.

Das nahe Nebeneinanderstellen von Elementen entfaltet aber dann seine stärkste Wirkung, wenn es sich um eine kurzfristig zu beobachtende Wirkung handelt und eine, die eine Art von mechanischer Kausalität voraussetzt. Handelt es sich um eine andere Kausalität, einerseits um längerfristige Effekte und andererseits um

Kausalitäten, die wir in anderen Metaphern denken, so können andere Anordnungen gewählt werden. Das Denken in biologischen Metaphern »*hard work bears fruit*« oder in geologischen Prozessen »*pressure causes*« verlangt andere Darstellungen.[125]

124 Journal of Consumer Research, Vol 40. Nr. 2. August 2013: 223.
125 Journal of Consumer Research. Vol. 40. Nr. 2. August 2013.

### Strukturprinzip der Zentrierung

Es bleibt noch das Strukturprinzip der Zentrierung: Hier ist die Packung auf ein Zentrum konzentriert: Etwas sehr Angenehmes für die Wahrnehmung, die sich schnell orientieren kann. Dieses Strukturprinzip unterstützt auch die Idee der Harmonie, Ausgewogenheit und Zeitlosigkeit.

**Abb. 10:** Knusper Rösti von 11er

Eine weitere bedeutungstragende Darstellungsmöglichkeit ist durch Nah- oder Fernsicht gegeben. Die Nahsicht erlaubt eine unmittelbar sinnliche Beziehung zu dem Abgebildeten, sie wird daher oft bei Nahrungsmitteln eingesetzt, die *appetite appeal* erzeugen sollen. Gesteigert wird dieser Effekt, wenn der Betrachter von oben auf das Abgebildete herabsieht (Abb. 10). Das sind die sogenannten *offer pictures* (vgl. dazu Karmasin 2023: Kapitel 7.2).

### Bilder und verbale Texte

Bilder haben in jeder auf Persuasion (Überzeugung) zielenden Kommunikation einen großen Stellenwert, besonders daher in der Marktkommunikation und der politischen Kommunikation. **Diese Bedeutung wird oftmals als der einer verbalen Kommunikation überlegen dargestellt, so in der bekannten Aussage: »Ein Bild sagt mehr als tausend Worte.«**

Dies ist allerdings zu hinterfragen. Im Bereich der politischen Kommunikation gibt es tatsächlich Bilder, die in das kollektive Bildgedächtnis eingegangen sind, da sie einen komplexen Sachverhalt in prägnanter Form verdeutlichen und eine hohe emotionale Wirksamkeit besitzen. Man nennt sie daher auch Schlagbilder. Willy Brandt, der vor den Opfern des polnischen Ghettos kniet, oder das Mädchen, das in Vietnam schreiend vor einem Angriff flieht, sind solche Bilder. Ebenso berühmt sind Ikonen der Werbung, der Esso-Tiger, das Michelin-Männchen usw. Unsere Alltagskultur ist weitgehend eine visuelle Kultur, nicht eine Kultur des Lesens.

Dennoch ist Vorsicht geboten: Auch Text spielt eine wichtige Rolle und viele interessante Wirkungen entfalten sich in dem Zusammenspiel von Bild und Text. Das Bild eines Schafes sagt nur, dass es sich um ein Schaf handelt. Steht darunter aber Dolly, so denkt man an das Klonschaf Dolly und damit wird ein sehr komplexer Sachverhalt abgerufen.

Die Interaktion Bild und Text ist daher in jedem Fall zu interpretieren. Es gibt dabei drei Möglichkeiten:

- Das Bild belegt den Text, es illustriert ihn: Die Packung zeigt eine aufgeschnittene Zitrone und darunter steht: »mit Limonenduft«. Dies ist der weitaus häufigste Fall.
- Der Text ist in das Bild eingebettet, wie dies bei Comicerzählungen der Fall ist. Auf der Lindt-Schokoladenpackung wird die Schokoladentafel abgebildet in der steht »Hallo nice to sweet you«.
- Oder das Bild widerspricht dem Text, was seltsam sein kann oder was eine besonders interessante Bedeutung erlaubt. Ein Duschgel zeigt eine angeschnittene Kokosnuss, wie man sie von kulinarischen Darstellungen kennt und nennt die Sorte »Pure Verwöhnung«.
  Das Duschgel ist ja offenbar nichts zum Essen, aber diese Kombination erlaubt die Übertragung des kulinarischen Genusses auf den Genuss, der beim Duschen entsteht.

### Bildkommunikation und Kommunikation über verbale Texte

Packungen setzen Bilder sehr häufig ein, müssen das aber nicht tun. Sie können sich auch ganz auf Texte verlassen oder sie können grafisch gestaltet sein, ganz ohne realistisch anmutende Bilder. Verbale Aussagen leisten auf Packungen Beträchtliches: Sie beschreiben Sachverhalte wesentlich differenzierter, als dies Bilder tun könnten, und sie eröffnen die Möglichkeit, an interessante Rahmen anzuknüpfen und Zusatzbedeutungen mitzuteilen.

Die Beschreibung der Farbnuancen bei Haarfärbemitteln ist dafür ein gutes Beispiel. Keine Abschattierung von Farben würde die Nuancen sichtbar machen, die die verbale Bezeichnung leistet: Caramel blond, Nordic perlmutt, Sahara. Gleichzeitig werden diese in Form einer Metapher gebraucht – sie vermitteln wohl das Merkmal blond, aber eben auch eine Menge anderer positiver Merkmale. Eine englische Ölmarke wählte unter dem Namen des Öls die Aussage »A splash of olive oil«. Man sieht sich bei dieser Aussage gewissermaßen vor dem Salat oder der fertigen Speise stehen, der man gerade noch einen Spritzer Olivenöl verabreicht, so wie das Jamie Oliver bei allen Gerichten tut. Splash, also Spritzer, deutet gleichzeitig an, dass man dieses kostbare Öl eben nur in Spritzern verwendet, nicht dass man umfangreich damit kocht.

Schließlich gibt es Packungen, die sich ganz auf die Kraft von verbalen Aussagen verlassen. Wir haben sie in Kapitel 5.5 über den Code der Moral kennengelernt, so unter der Produktlinie von Haarpflegeprodukten, die auf ihren Flaschen nichts anders zeigten als die verbale Aufschrift »Stop the water while using me«. Diese Verwendung von Sprache macht die Packung auch quasi zu einem beseelten Wesen, das sich unmittelbar an seinen Betrachter wendet.

Wenn man summarisch die Packungsgestaltungen des Supermarktes betrachtet, so lässt sich ein erstes Ergebnis festhalten:

Packungen machen selten in vollem Umfang von den Möglichkeiten von Bildkommunikation Gebrauch, sie setzen Bilder zwar ein, um ihre Wirkung zu verstärken, aber sie tun dies eher, indem sie Bilder zur Illustration ihrer Texte verwenden, nur selten wird auf die eigenständige persuasive Wirkung von Bildern gesetzt, was etwa im Bereich von Anzeigen oder Filmen die häufigste Strategie ist. Von den möglichen Verbindungen zwischen Text und Bild wird in der Mehrzahl der Fälle die gewählt, in der Bilder Texte illustrieren – der Hauptbedeutungsträger ist also der Text, ganz selten das Bild und fast gar nicht ein Widerspruch zwischen Bild und Text. In diesem Bereich liegen viele ungenutzte Möglichkeiten, Packungen in ihrer Ästhetik und Attraktivität zu steigern.

Wie ist diese Besonderheit des derzeit noch reduzierten Packungscodes zu erklären? Zum einen mag dafür der geringe Platz verantwortlich sein, den Packungen zur Verfügung haben, um ihre Botschaften zu kommunizieren, zum anderen gewisse Beschränkungen der Drucktechniken. Das allein kann aber nicht der Grund sein.

Als Hypothesen bieten sich an:

- Offenbar verlassen sich Packungen mehr auf Texte, weil diese stärker unterscheiden können und schneller aufzufassende Bedeutungen aufbauen und um dieses schnelle Erkennen geht es ja am Regal.
- Zum anderen versuchen Packungen in gewisser Weise, als rationale Äußerungen zu wirken: Sie beschreiben das Produkt und seine Merkmale und stellen dem Kunden ein rationales Argumentationsgerüst zur Verfügung. Eine emotionale Überwältigung durch Bildkommunikation entspricht nicht diesem Appell an den rationalen Kunden, der clever seine Entscheidungen trifft.

Bemerkenswert ist auch, dass der elitäre Stil relativ selten auf Bilder zurückgreift, schon gar nicht auf mimetisch realistische Darstellungen der Produktwirkungen, der Absender oder der Kunden.

Die Beispiele, die wir im Bereich der Hochpreiskosmetik kennengelernt haben, zum Beispiel La prairie oder der Premiumnahrungsangebote, folgen alle diesem Muster der Bildfeindlichkeit. Ebenso sind bei dem wissenschaftlich medizinischen Code Bilddarstellungen mit emotionalen Komponenten völlig absent. Es gehört zu den Charakteristiken, mit denen dieser Stil operiert, dass der Eindruck seriöser, rationaler Argumentation erzeugt wird, und dies geschieht eben sehr gut durch das Fehlen von emotionaler Bildkommunikation. Dies ist besonders auffällig bei dem Code der Nachhaltigkeit.

Auch ikonografische Stile sind nicht zufällig über die Produktgattungen und ideologischen Positionen verteilt: der Stil der Authentizität etwa verwendet besonders gern gezeichnete Darstellungen, die alte Illustrationen zitieren und keine unmittelbare Verknüpfung mit realen Umfeldern erlauben.

Schließlich lässt sich von dieser Tatsache auch eine spezifische Ästhetik von Packungen erschließen. Wirklich gute Packungen bilden ein Ensemble, in dem die spezifische Zusammenstellung von Form, Größe, Farbgebung, Bild und Text die Gesamtwirkung bestimmen – es ist also nicht das Etikett allein, das die Wirkung trägt. Dennoch werden Bilder eingesetzt und zwar in folgenden Funktionen:

- Sie beziehen sich auf das Produkt, im Kern auf sein Nutzenversprechen
- Sie stellen den Inhalt der Packung dar, also das enthaltene Produkt, sie zeigen es gewissermaßen als mediale Darstellung auf der Oberfläche der Packung.

Dies kann ganz referenziell geschehen, eine ganz einfache Darstellung zeigen, wie bei unserem Reformhausmüsli oder in idealisierter Form wie bei Pizzadarstellungen.

Oder bestimmte Inhaltsstoffe des Produktes werden bildlich übersetzt. Wenn Silan also zum Beispiel nach Pfirsich duftet, so ist auf dem Etikett ein Pfirsich dargestellt. Varianten von Marken, die durch Duft oder Geschmack differenziert werden, zeigen diesen Bestandteil visuell – Säfte oder Duschgels leben von diesen Darstellungen.

Oder das Ergebnis wird dargestellt: die perfekte Mahlzeit, die man aus den getrockneten Bestandteilen in der Packung erhält.

### Darstellungen aus dem Raum der Produzenten

Rügenwalder Teewurst zeigt auf den Packungen die realen Mitarbeiter, die diese Produkte herstellen. Hofstädter bildet den fiktiven Fleischer ab, von dem die Fleischprodukte stammen.

Oder **Darstellungen aus dem Raum der Kunden** bzw. derjenigen, für die das Produkt bestimmt ist. Dies ist relativ selten. Es wird fast immer dann gewählt, wenn die Empfänger Babys oder Tiere sind. Dies ist fast die einzige Gelegenheit, wo Bilder aufgrund ihres emotionalen Gehalts gezeigt werden.

Sehr selten werden Bilder als **rhetorische Figur** eingesetzt. Die Marke Frosch, die biologische Reinigungsprodukte anbietet, zeigt prominent auf ihren Packungen einen Frosch (vgl. Kapitel 5.6, Abb. 52). Hier kann weder Absender noch Kunde ein Frosch sein, man muss das Bild daher so lesen, dass dieser Frosch als ein Zeichen für Natur steht. Dies wäre eine Synekdoche: Ein Teil steht für das Ganze.

**Abb. 11 und 12:** Silan Frische-Perlen (links die ältere, rechts die neuere Packung)

Die beiden Waschmittel-Packungen von Silan zeigen die Schwierigkeit, einen spezifischen Nutzen rein visuell darzustellen. Hier ist es das Versprechen von Silan, unangenehme Gerüche zu neutralisieren und so ein Frische-Erlebnis zu bieten bzw. lang anhaltende Frische zu garantieren – bis zu 20 Wochen im Schrank. Dieses Versprechen wird im Wesentlichen verbal übermittelt, wobei eher pseudofachspezifische Ausdrücke verwendet werden: »mit Geruchsneutralisationstechnologie«. Ebenso lässt die *fresh control* eine kontrollierende Instanz vermuten. Wir sind hier also weit von den sinnlich anlockenden Düften des übrigen Sortiments entfernt.

Das Frische-Erlebnis dieses Produktes wird jedoch kaum visuell übersetzt – ein wenig durch die frische Farbe, aber zu sehen sind nur Perlen, also die Träger der Leistung.

Die ältere Packung von 2019 (Abb. 11) versucht eine originellere Inszenierung, indem eine taillierte Flasche gewählt wird, die in der Taille eine Seidenmasche trägt. Das schaut zwar nett aus, kommuniziert aber in keiner Weise Geruchsneutralisierung oder ein Frische-Erlebnis.

### Reispackung im elitären Code

Wenden wir uns zum Schluss noch einmal unserer exotischen Reispackung zu und beschreiben einige ihrer semiotischen Verfahren. Die Packung bildet einen maximalen Kontrast zu der Sprache von Reispackungen, die neben ihr im Regal stehen: Es handelt sich um eine Kartonverpackung mit einem abnehmbaren und wiederverschließbaren Deckel, wie sie bei edlem Tee, Kosmetik oder Pralinen üblich ist, sie ist wesentlich kleiner als die der anderen Reispackungen. Sie benutzt umfangreich die Farbe Schwarz, in Kombination mit Lila und ein bisschen Weiß.

All dies sind Bestandteile des elitären Codes:

- Verkleinerung gegenüber Standardgrößen
- deutliche Überverpackung
- Farbcode der Nichtfarben: dominantes Schwarz

Die erste Textschicht, die ins Auge fällt, ist die Bezeichnung Wizard of Laos und Lotao, dies in einer asiatisch anmutenden Typografie – beides enthält keinen Hinweis, dass es sich hier um Reis handelt. Erst bei genauer Betrachtung ist eine kleine Inschrift lesbar: Der magische Reis der Zauberer und noch schwerer lesbar, weil violett auf schwarzem Grund »Magic Rice«. Unter Lotao steht in der kleinsten Schriftgröße »the forgotten secret«.

Primär wird hier etwas Magisches, Geheimnisvolles kommuniziert, ein Zaubermittel, was sich jedoch nur einem englischsprachigen Rezipienten aufgrund der verbalen Informationen erschließt – wenn jemand nur Deutsch beherrscht, ist er von der verbalen Kommunikation weitgehend ausgeschlossen.

Der Bildteil führt die Dimension des magisch, geheimnisvoll Zauberischen weiter, mit einer deutlichen Akzentuierung asiatischer Elemente: Drache, Pavillon, ganz klein die Abbildung einiger Reiskörner.

Die Packung positioniert sich also extrem auf der Dimension des Elitären. Durch Farbe, Form, Größe, aber auch durch ihre große Distanz zu Verwendungskontexten von Reis, durch ihre sprachliche Bezeichnung, die sie weit von der Normalsprache entfernt, durch ihre Verbindung zu dramatisch außeralltäglichen Kontexten, wie dem der Zauberei.

Auch räumlich ist sie in dem Raum der Vergangenheit/Ferne angesiedelt. Aus der Vorderseite ist nicht zu erschließen, worin die Magie dieses Reises besteht. Erst die Rückseite gibt Auskunft: Es handelt sich um erlesene Reissorten, die beim Kochen eine violette Färbung annehmen, was den Reis zu einer Festtagsspeise macht und ihm besondere Kräfte verleiht, wodurch er nur den Herrschern der Khmer zur Verfügung stand. Damit erscheint er als ein Produkt der globalisierten Kultur, die mythische

Gegenstände bastlerhaft erschafft und die auch mit dem Reiz des Exotischen spielt. Sie rekurriert auch auf die Magie von Speisen, die sich in Transformationen äußert, und klassifiziert ihn daher adäquat als Festtagsspeise. Wizard of Laos knüpft so an verschiedene Codes an, die wir schon kennengelernt haben:

- an den Code des Elitären
- an den Code des Außeralltäglichen
- an den Code der Gegenwelten, hier die der archaischen und vergangenen Adelswelten
- an den Code des Exotischen
- an den Code der Wiederverzauberung und Magie

Dabei handelt es sich um semiotisch aufbereitete Rahmen, die durch die jeweiligen Zeichen schnell abgerufen werden.

Problematisch sind dagegen die Positionen auf der Ebene der Informationsvergabe und der Wahrnehmungspsychologie. Die Informationsentnahme bedarf einer hohen Dekodierungsenergie, sie ist ausgesprochen schwierig. Die Darbietung der einzelnen Elemente beachtet kaum Gesetze der Wahrnehmungspsychologie. Die Packung besitzt kein klares Zentrum. Die Relation Figur/Grund, die einzelne Elemente als Figur gegenüber einem Grund hervortreten lässt, ist verschwommen. Dieser Packung muss man sich also bewusst zuwenden, um ihre Bedeutung zu erschließen. Sie muss sich also gänzlich auf eine sehr hohe Faszination verlassen, die durch das gewählte Zeichenfeld »zauberischer Reis« zu entstehen hat.

## 6.5 Der Nutzen von semiotischen Analysen

Verpackungen sind Teil der Werbung und wie Werbung überhaupt besitzen sie sehr ungünstige Rezeptionsbedingungen. Nur wenige Menschen wollen Werbung bewusst wahrnehmen, etwas aus ihr lernen, Mühe aufwenden, um ihre Bedeutung zu verstehen. Dies gilt speziell für die Packungen des Supermarktes: Wenn sich Kunden Packungen wirklich bewusst zuwenden würden, kämen sie aus dem Supermarkt nie wieder hinaus. Packungen sind also gezwungen, eine hoch verdichtete Kommunikation zu führen, auf kleinem Raum, und blitzschnell ihre Botschaften zu vermitteln.

Wir haben umfangreich dargelegt, in welch hohem Ausmaß sie daher von den kulturellen Rahmungen Gebrauch machen, von all dem, was wir wissen oder zu wissen glauben. Gleichzeitig müssen sie diese Rahmungen in geeignete Zeichen übersetzen, also die Codes wählen, die schnell dekodierbar sind. Es lohnt sich daher, Packungen nicht nur über die Bewertungen und über das Verständnis von Kunden zu betrachten, sondern auch zu analysieren, wie gut sie ihre Botschaften vermitteln.

Lässt sich der Code, den sie wählen, vielleicht optimieren?

Ich führe semiotische Analysen für die Markt-, Produkt- und Unternehmenskommunikation seit Jahren durch. In meinem Buch »Produkte als Botschaften« werden zahlreiche Beispiel für Unternehmen und Marken beschrieben.

Die Notwendigkeit und Nützlichkeit dieser Analysen ist offensichtlich. Kein Produkt wird als nacktes Produkt angeboten, sondern es wird immer mit »Werbung« im weitesten Sinn verbunden: Namen, Packung, Beschreibung, Online-Auftritt, Werbemittel usw. Es werden also immer verbale und visuelle Codes benutzt.

Unternehmen haben eine Vielzahl von Codes zur Verfügung. Sie wählen aus und kombinieren und genau dadurch bauen sie ihre Botschaft und Bedeutung auf und etablieren einen Mehrwert. Dies ist auch ein wesentliches Merkmal von Marken. Marken unterscheiden sich bekanntlich sehr oft nicht durch Unterschiede in ihren Produkten, sondern allein durch die Bedeutung, die sie über ihre Kommunikation vermitteln. Diese ist es, die eine Differenz herbeiführt, Attraktivität schafft, das Produkt begehrenswert macht. Diese Differenzen im Bedeutungsaufbau sind rein semiotische Differenzen und viele Markterfolge verdanken sich ihren raffinierten semiotischen Strategien.

Es lohnt sich, in jedem Fall zu erforschen, wie im Einzelnen Bedeutung aufgebaut wird, ob sie gemessen an der Zielsetzung eine optimale Bedeutung ist, was gegebenenfalls zu ändern oder zu verbessern wäre.

Besonders in dem Stadium, in dem Werbestrategien und Packungsentwürfe entwickelt werden, sind semiotische Analysen sehr hilfreich. Sie erlauben es, nur diejenigen Entwürfe in einen empirischen Test zu geben, die wirklich die angestrebten Bedeutungen kommunizieren. Erst dann sollte man die konkreten Reaktionen von Kunden empirisch testen, ihr Verständnis, ihre Bewertungen.

Semiotische Analysen sind also von den Reaktionen von Kunden zu unterscheiden. Semiotische Analysen beziehen sich auf die Bedeutungsorganisation des Werbemittels selbst, sie geben auch Erklärungen, welche Zeichen in diesem System für welche Reaktionen verantwortlich sind, aber nicht wie Zeichen zwingend wirken werden.

Packungen sind hoch komprimierte Zeichensysteme: Sie beziehen sich auf viele kulturelle Codes, die sie voraussetzen: Wie wir das Männliche denken und das Weibliche, das Alltägliche und das Festliche, das Nahe und das Ferne, was als begehrenswert gilt und was als verabscheuungswürdig usw. Sie aktivieren diese Codes, indem sie bestimmte Zeichen auswählen und kombinieren, also indem sie eine eigene Sprache, eigene Codes entwickeln.

## 6.6 Packungsentwicklung mithilfe von semiotischen Analysen – ein Beispiel

Im Folgenden soll die Entwicklung der Packung für eine Mehlmarke geschildert werden.

Das linke Bild (Abb. 13) zeigt die ursprüngliche Packung, das rechte (Abb. 14) die endgültige Packung, die über viele Zwischenschritte anhand von empirischen und semiotischen Analysen entwickelt wurde.

**Abb. 13 und 14:** Mehlpackungen von Farina (links die usprüngliche, rechts die endgültige Packung)

**Abb. 15:** Weizenmehl der Marke Fini's Feinstes

Farina ist eine in Österreich sehr bekannte Mehlmarke, die zur Firma Goodmills gehört. Diese Firma bietet auch eine zweite Marke an, Fini‹s Feinstes. Die Aufgabe bestand darin, die Farina-Packung zu modernisieren, aber so, dass die Marke Farina für ihre Anhänger noch erkennbar blieb, dass sie attraktiv für gute Bäckerinnen war und sich deutlich von Fini‹s Feinstes abhob.

Die ursprüngliche Packung von Farina (Abb. 13 links) hatte offensichtlich eine altmodische Anmutung (Typ, Logodarstellung etc.), sie versprach auch nichts wirklich Wertvolles und Attraktives. Dies lag vor allem an ihrer visuellen Ausstattung.

Gezeigt wird ein Arbeitsvorgang: alle Zutaten, die man braucht, um einen Teig zu machen. Das ist das Mehl, aber visuell in zentraler Stellung der Eidotter, dessen Herkunft aus einer Eierschale abgebildet wird, sowie Krüge mit Flüssigkeiten. Dieses Bild hat eine Reihe von Schwachstellen:

Es ist nicht prägnant und geschlossen, es fokussiert nicht auf die Hauptsache, sondern bildet unnötige Einzelheiten ab: Man weiß, dass Eidotter aus ganzen Eiern kommen, und es lenkt den Blick sehr stark auf den Dotter. Das Bild ist rein informativ – es bildet Realität ab – das braucht man für einen Teig. Es verspricht nichts Anlockendes, Attraktives. Unter Farina steht der Claim: »Die Kraft der Sonne« – aber dieses Bild hat damit nichts zu tun.

Ein Manko stellt auch die Gestaltung des Logos dar: Der Markenname muss in jedem Fall das dominante Element einer Packung sein, er muss Dominanz und Souveränität besitzen. Denn diese Marke mit all dem Kapital an Goodwill, das sie sich aufgebaut hat, kauft man schließlich. Dieser Markenname ist aber eingeschlossen, eingeengt, mit merkwürdigen Zacken versehen, recht klein und er steht in keiner Verbindung zu dem Bild.

Der verbale Claim enthält jedoch eine attraktive Aussage: Mit der Kraft der Sonne. In der Neugestaltung wurde genau von diesem Claim ausgegangen: Er stellt etwas Hochrelevantes in Zusammenhang mit Getreide und Mehl dar.

Wenn man wieder die Frage stellt, die am Anfang jeder Markenentwicklung stehen sollte »Was verkaufen Sie eigentlich?«, so sieht man, dass sich mit Getreide, das ja eng mit Mehl zusammenhängt, die Vorstellung von Lebenskraft verbindet. Aus dem einen Weizenkorn entsteht Leben, es bringt immer wieder Pflanzen hervor, aber nur dann, wenn es Sonne und Wasser zur Verfügung hat. Auch Mehl ist an einem solchen Transformationsprozess beteiligt: Durch die kunstfertige Mischung der Hausfrau, verbunden mit der Wärme des Backofens entsteht eine neue Schöpfung.

Genau diese Vorstellung greift die endgültige Visualisierung auf. Die Kraft der Sonne wird nun visuell dargestellt und Farina wird an die Stelle der Sonne gesetzt. Dies erfolgt primär durch die Akzentuierung der Strahlen. Dieser Strahlenkranz ist ein bekannter visueller Topos. Er wird traditionellerweise bei den Darstellungen von heiligen Gegenständen bzw. Instanzen eingesetzt (Abb. 16).

**Abb. 16:** Strahlenkranz zur Darstellung von heiligen Instanzen (Quelle: Jan van Eyck, Genter Altar, 1558, Bode Museum, https://commons.wikimedia.org/wiki/File:Coxcie_Anbetung_des_Lammes_nach_Jan_van_Eyck.jpg)

Packungsgestalter und Markenentwickler können sich darauf verlassen, dass diese Topoi, die tief in unserem kollektiven Bildgedächtnis verankert sind, eine Wirkung auf heutige Betrachter haben.

Die neue Farina-Packung (Abb. 14 links) zeigt auch nicht mehr einen Arbeitsvorgang, sondern das Ergebnis – ein verführerisches Backwerk, wobei man durch die Art des Backwerks auch immer einen bestimmten Kochstil signalisieren kann.

Markenname und visuelles Arrangement liefern nun eine kohärente Geschichte: Farina ist der Sonne gleichzusetzen (damit ist es auch eine sehr souveräne Marke), es ist Mehl, das die Kraft der Sonne enthält. Dadurch gelingen verführerische Backwerke: ganz klassische und auch moderne. Auf diese Weise gelingt auch eine gute Abhebung von der Marke Fini‹s – Fini‹s ist im häuslichen Innenraum angesiedelt, Farina in der Natur.

# 7 Erkenntnisse der Psychologie für die Verpackungsgestaltung

## 7.1 Klassische und moderne Kommunikationsmodelle

Übliche Kommunikationsmodelle gehen von drei Instanzen aus:

- dem **Sender**, der eine bestimmte Kommunikationsabsicht verfolgt,
- der **Nachricht**, in der diese Absicht kodiert wird und die einem geeigneten Medium zur Vermittlung überantwortet wird,
- dem **Empfänger**, der diese Nachricht wahrnimmt oder nicht, der sie versteht oder nicht und der der Kommunikationsabsicht folgt oder nicht.

Dieses Modell ist jedoch stark vereinfachend, da es sich an dem alten Telegrafenmodell orientiert. Moderne Kommunikationsmodelle berücksichtigen darüber hinaus die Tatsache, dass Kommunikation niemals voraussetzungslos funktioniert und dass die Voraussetzungen, die Kommunikation glücken oder nicht glücken lässt, ebenfalls beschrieben werden müssen. Zu diesen Voraussetzungen zählen der gemeinsame Code, auf den sich alle Beteiligten beziehen müssen, die soziale Logik und die Spielregeln, die implizit beachtet werden.

- Der **Sender** entspricht nach dem einfachen Kommunikationsmodell dem Unternehmen, das eine Packung unter bestimmten Marketingüberlegungen entwickelt.
- Die Packung ist das **Medium**, das diese Nachricht zeichenhaft vermittelt – dies haben wir im ersten Kapitel geschildert.
- Der **Empfänger** ist der Kunde des Supermarktes, der aus einem Ensemble von Packungen eine auswählt.

In der Literatur wurden bisher mehrheitlich die Absichten der werbenden Unternehmen beschrieben, ihre Überlegungen zu einzigartigem Nutzen, zielgruppenspezifischen Appellen, Positionierungen usw. Der Zeichenapparat, in den diese Absichten übersetzt wurden, also die Inszenierung einer bestimmten Packung, wurde weitgehend ausgespart. Das haben wir ausführlich in Kapitel 1 und 2 geschildert.

### Empirische Tests ermitteln die Wirksamkeit einer Packungsgestaltung

Den Reaktionen der Konsumenten auf das Produkt wird immer ein breiter Raum gegeben. Sie werden in empirischen Untersuchungen ermittelt. Die gängige Methode, um die Wirkung einer Packung zu überprüfen, ist ein empirischer Test, in dem, auch durch apparative Verfahren gestützt, die Aufmerksamkeitszuwendung und das emotionale Involvement von Konsumenten ermittelt wird, in dem sie zu ihrem Verständnis, ihrer Akzeptanz, ihrer Entscheidung zwischen Alternativen befragt werden. Dies ist ein unerlässlicher Bestandteil von Marketingprozessen im Unternehmen, in dem die Entscheidungen für eine bestimmte Alternative fast immer durch den Verweis auf die Resultate von Konsumentenbefragungen legitimiert werden. Es zeigt sich jedoch, dass diese Begründungen zwar notwendig, aber in vielen Fällen nicht hinreichend sind, um die Wirkung einer Packung wirklich zu bestimmen, denn: Konsumenten entscheiden nur zwischen den Alternativen, die man ihnen vorlegt. Differenzierte semiotische und wahrnehmungstechnische Analysen zeigen jedoch nicht selten, dass wichtige Optionen schon auf der Ebene der Alternativen nicht realisiert wurden.

Gewählte Packungen können sehr oft optimiert werden, was sich ebenfalls nur durch semiotische Analysen feststellen lässt, und nur sehr selten durch die Auskünfte, die Konsumenten auf die üblicherweise gestellte Fragen geben: »Was würden Sie an dieser Packung verbessern?« Konsumenten begründen ihre Urteile nur soweit, als sie Einsicht in die Wirkfaktoren haben, die ihnen bewusst sind. Es zeigt sich jedoch, dass nicht bewusst beachtete Hinweise bzw. Zeichenkomplexe, ästhetische Arrangements sehr wohl Bewertungen und Handlungsmöglichkeiten steuern. Dies zeigt etwa das bekannte Experiment von Daniel Kahneman in seinem Buch »Schnelles Denken, langsames Denken«.[126]

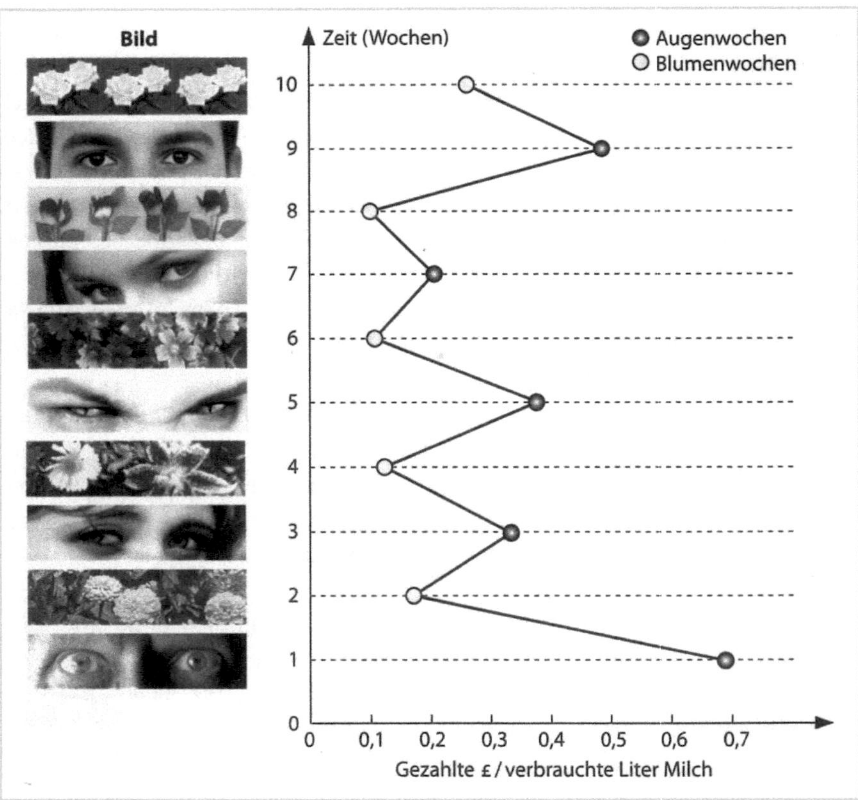


**Abb. 1:** Blumenbild oder Augenbild? – ein Experiment von Daniel Kahneman 2014

126 KAHNEMAN, Daniel: Schnelles Denken, langsames Denken. Pantheon Verlag. München: 2014.

Jeweils eines dieser Bilder (vgl. oben Abb. 1) befand sich über einer Kaffeemaschine in der Mensa einer Universität. Man konnte Geld für Milch dazu freiwillig in eine Kasse legen. Die Kurve zeigt die Höhe der Beträge, die hineingelegt wurden, je nachdem ob ein Blumenbild oder ein Augenbild gezeigt wurde. Augenbilder erzielten weitaus höhere Beträge, im Übrigen männliche Augenpaare mehr als weibliche und Augen, die direkt auf den Betrachter gerichtet waren, mehr als seitlich schauende. Die Pointe dieser Untersuchung ist jedoch, dass sich nur ein signifikant kleiner Teil der Befragten erinnern konnte, was auf dem Bild gezeigt wurde. Das bedeutet:

**Beachten Sie**

Zeichenarrangements erzielen eine verhaltensrelevante Wirkung auch dann, wenn man sie nicht bewusst wahrnimmt.

Völlig unmöglich ist es Befragten, das zugrunde liegende Regelsystem zu beschreiben, das sich in der Gestaltung von Packungen zeigt und nicht selten ihre Entscheidungen lenkt. Sie brauchen diese ja auch nicht implizit zu beherrschen: Wir sprechen auch, ohne die Grammatikregeln einer Sprache bewusst anzuwenden oder sie zu explizit zu kennen. Das heißt nicht, dass sich diese Regelungen nicht subtil zur Beeinflussung einsetzen lassen.

Dies ist im Übrigen ein Prozess, der sich schnell und noch vor dem Prozess des bewussten Erkennens abspielt. So zeigen Untersuchungen, dass Rezipienten, schon bevor sie einen Satz explizit wahrnehmen, bereits eine Vermutung haben, ob er grammatikalisch korrekt ist oder nicht. Sie haben also das System der Grammatik fest und blitzschnell abrufbar gespeichert, ohne dies explizit zu wissen.

Vielen Marketingverantwortlichen und empirisch Forschenden ist durchaus bewusst, dass die explizit abgegebenen Urteile von Konsumenten unvollständig oder rationalisierend sind, so dass man von ihnen nicht unmittelbar auf die tatsächliche Wirkung schließen kann. Es ist daher eine alte Wunschvorstellung, Methoden zu entwickeln, die diese Ebene der bewussten Rationalisierung umgehen, und das Bewusstsein von Konsumenten direkt zu erfassen, also Einblick in das zu gewinnen, was ihnen unbewusst ist, aber sehr wohl ihr Verhalten steuert.

Je nach Theorie ist dies das Unbewusste im Sinne der Tiefenpsychologie (der Griff nach dem Unbewussten in jedermann) oder die derzeit moderne Methode, die Beobachtung von neuronalen Prozessen – Neuromarketing.[127] Selbst bei dieser Methode erhebt sich aber die Frage, wie die Stimuli geändert werden können, wenn sich nicht

127 HÄUSEL, Hans-Georg: Neuromarketing. Erkenntnisse der Hirnforschung für Marketing, Werbung und Verkauf. Haufe. Freiburg, München: 2014.

die gewünschten Wirkungen einstellen. Diese Frage lässt sich im Grunde nur durch semiotische Analysen beantworten. Wie dabei vorgegangen wird, haben wir in Kapitel 6 geschildert.

## 7.2 Ergebnisse der Wahrnehmungs- und Kognitionspsychologie

In diesem Kapitel geht es darum, oft bestätigte Befunde der Psychologie in die Analysen einzubeziehen, und zwar Ergebnisse zu der Art, wie wir wahrnehmen, Informationen verarbeiten und Entscheidungen treffen. Dieser Teil der Psychologie versteht sich als experimentelle Wissenschaft.

Experimente sind regelgeleitete Prüfverfahren, die intersubjektiv nachvollziehbar, falsifizierbar, statistisch abgesichert sein müssen und die theoriegeleitete Hypothesen überprüfen. Experimente dieser Art wurden in großem Umfang im Bereich der kognitiven Psychologie durchgeführt. Sie geben Auskunft über den funktionalen Apparat, über die Faktoren, die Wahrnehmung, Bewertung, Entscheidungen beeinflussen, nicht in jedem Fall natürlich, aber doch mit einer hohen Wahrscheinlichkeit. Diese Faktoren sind den meisten Menschen nicht bewusst, sie können darüber also auch nicht unmittelbar Auskunft geben, aber sie werden sehr wohl dadurch gesteuert.

Wenn ich also Kenntnis von diesen Faktoren und Strategien habe, kann ich ein Werbemittel danach analysieren, ob sie Beachtung gefunden haben oder wie ich sie variieren könnte, um eine bessere Wirkung zu erzielen.

Diesem Aspekt werden wir uns im Folgenden zuwenden: Wir wollen also wieder das mittlere Element in unserer Kommunikationskette betrachten: nicht den Sender und nicht die empirischen Urteile der Empfänger, sondern die Nachricht selbst, in unserem Fall also die Packung im Sinne eines Zeichenensembles und eines Wahrnehmungsgegenstandes.

### Prozess der Informationsvergabe

Wir wollen diesmal aber nicht primär die Bedeutungen der gewählten Zeichen analysieren, sondern die Art, wie eine Packung ihre Informationen vergibt: Wie sie die Zeichen formal kombiniert, ob sie eine flüssige Informationsaufnahme ermöglicht, ob sie schnell an bestimmte *frames* anknüpft – es geht also um den Prozess der Informationsvergabe und die Kombination und Gestaltung der Informationen.

Drei Fragenkreise sollen dabei im Mittelpunkt stehen:

- Was erleichtert oder erschwert die Wahrnehmung?
  Hier geht es um die Ergebnisse der Gestalttheorie.

- Was erleichtert oder erschwert eine flüssige Informationsverarbeitung?
- Was beeinflusst Bewertungen und Entscheidungen?
  Hier geht es um das Anknüpfen an *frames* bzw. an Erkenntnisse aus der Psychophysik.

**Der Konsument am Regal – Kontextfaktoren und Entscheidungssituation**
Machen wir uns zuerst den Kontext klar, in dem diese Vorgänge stattfinden. Wir betrachten primär Packungen als Bestandteil des Supermarktes und wir analysieren die Entscheidungsvorgänge von Konsumenten am Regal. Damit ist eine spezifische Entscheidungssituation gegeben.

1. Die meisten Konsumenten suchen einen Supermarkt nicht auf, weil sie möglichst lange an einem lustvollen Ort verweilen wollen, sie besuchen ihn vielmehr, weil sie bestimmte Dinge brauchen und diesen Vorgang wollen sie möglichst schnell hinter sich bringen. Das heißt natürlich nicht, dass sie nicht durch besonders schöne Raumgestaltungen und Warenpräsentationen dazu gebracht werden können, länger zu verweilen, aber im Kern ist der Vorgang des Einkaufens alltäglicher Produkte im Supermarkt kein Selbstzweck.
2. Die Entscheidungen, die Konsumenten treffen, sind für sie selbst durchaus wichtige Entscheidungen: Sie können finanziell klug oder unklug handeln, sie können sich Genuss, gesundheitliche Werte, Zufriedenheit ihrer Familie, Erleichterung ihres Alltags usw. verschaffen oder nicht.
3. Sie sind mit einer Vielzahl von Alternativen konfrontiert, die additiv nebeneinander dargeboten werden – ein durchschnittlicher Supermarkt enthält Tausende von Artikeln.

Es ergibt sich also eine Entscheidungssituation, in der in möglichst kurzer Zeit möglichst viele Wahlen getroffen werden müssen, wobei diese Wahlen risikoreich sind. Damit ist klar, dass Konsumenten nicht im Sinne einer abwägenden rationalen Entscheidungsfindung, bei der der größtmögliche Nutzen zum geringsten Preis ermittelt wird, vorgehen können – sie kämen niemals aus dem Supermarkt wieder heraus. Sie treffen ihre Entscheidungen aber auch nicht irrational und sicher auch nicht völlig passiv und nur den Reizen, die auf sie einwirken, ausgeliefert.

Der Gegensatz rational/emotional oder irrational ist auch nicht geeignet, um Entscheidungsprozesse adäquat zu beschreiben. Es gibt kaum Vorgänge, an denen nicht gleichermaßen rationale und emotionale Komponenten beteiligt sind. Sehr viel differenziertere Analysen sind möglich, wenn man zwei sorgfältig erarbeitete Theorien mit einbezieht.

**Wahrnehmungspsychologie und Informationsverarbeitungstheorie**
Diese Theorien sind durch zahlreiche Experimente abgesichert und sie haben eine weitreichende Gültigkeit: Auch im Zeitalter von Big Data ändern sich nicht die Prinzipi-

en, nach denen wir wahrnehmen und Informationen verarbeiten. Verstöße gegen diese Prinzipien ziehen unerbittlich Defizite in der Verarbeitung von Werbemitteln nach sich. Die Ergebnisse der Wahrnehmungspsychologie sind in der Literatur ausführlich beschrieben.[128]

### Faktoren der Aufmerksamkeitszuwendung

Unter den Phänomen, die die Wahrnehmungspsychologie erforscht, ist die **Aufmerksamkeitszuwendung** der für unseren Zusammenhang wichtigste Aspekt. Die Aufgabe, die Konsumenten am Regal zu leisten haben, ist damit eng verknüpft. Sie haben aus einer Vielzahl von Alternativen eine Alternative für ihren Kauf auszusuchen. Sie müssen zwischen einer ganzen Reihe von Packungen wählen, die im Kern dasselbe oder ein ähnliches Produkt enthalten. In der Terminologie dieser Theorien: Sie müssen ihre Aufmerksamkeit der ganzen Produktlinie zuwenden, aber dann selektiv ein Item herausgreifen.

Aufmerksamkeitszuwendung gilt im Allgemeinen als Vorbedingung für eine Wahl. Wie wird dieser Prozess gesteuert?

Zunächst würde man annehmen, dass dafür ausschließlich die physischen Merkmale einer Packung ausschlaggebend sind, also ihre Fähigkeit, »anzuspringen«, sich der Wahrnehmung aufzudrängen, einen sogenannten *shelf impact* zu haben. Dies ist tatsächlich ein wichtiger Faktor für die Aufmerksamkeitszuwendung. Merkmale dieser Art sind Farbe, Bewegung, Größe, Ungewöhnliches und Neues, die Prinzipien der Gestaltpsychologie, wie sie unten besprochen werden, bilden hier ebenfalls einen wichtigen Einflussfaktor.

Tatsächlich aber spielen zwei weitere Faktoren eine Rolle: **Erfahrung und Relevanz**. Dies bedeutet:

Man wendet seine Aufmerksamkeit bevorzugt den Reizen und Items zu, die man kennt, mit denen man (gute) Erfahrungen gemacht hat, und denen, die von persönlicher Bedeutung und Relevanz sind, die einen emotionalen Nutzen versprechen. Neuropsychologisch gesehen wären das diejenigen Reize, die das Belohnungszentrum im Gehirn ansprechen.

Für Packungen bedeutet dies also, dass Packungen von Marken, die man verwendet hat oder die durch Werbung bekannt sind, eine höhere Chance haben, wahrgenom-

---

128 SCHÖNHAMMER, Rainer: Einführung in die Wahrnehmungspsychologie. a. a. O.

GOLDSTEIN, Bruce, E.: Wahrnehmungspsychologie. Der Grundkurs. Spektrum akademischer Verlag. Berlin: 2002.

men zu werden. Das Gleiche gilt für Packungen, die *cues* aufweisen, denen man Bedeutung und Relevanz zuspricht – die Vielfalt dieser Mechanismen, die Bedeutung aufbauen, ist detailliert beschrieben worden.

Aufmerksamkeitszuwendung ist also ein komplexes Phänomen. Es wird sowohl *bottom-up* wie *bottom-down* gesteuert und ist stärker von Informationen und Bedeutungen abhängig, als man zunächst denken sollte. Dennoch ist es nützlich, sich bei der Konstruktion von Packungen zu überlegen, ob ihre Gestaltung Prinzipien folgt, die sich in gewisser Weise der Wahrnehmung aufdrängen, oder ob die Gestaltung bewusst darauf verzichtet – dafür muss man jedoch tatsächlich einen Grund haben.

**Abb. 2:** Reinigungsmittel der Marke Danklorix

Betrachten wir diese Prinzipien näher anhand von Packungsgestaltungen.

Die Packungen Lysoform (vgl. Kapitel 3, Abb. 3) und NIVEA sind Packungen, die sofort die Ordnung ihres Zeichenarrangements klar machen: Man weiß, was ihr Zentrum ist. Sie sind also auffällig, prägnant, schnell dekodierbar und leicht lesbar, für Danklorix (Abb. 2) und das Müsli von Werz (vgl. Kapitel 5, Abb. 10) gilt dies schon weniger und Biotherm und vor allem La prairie stellen geradezu Gegenbeispiele dar (vgl. Kapitel 3, Abb. 9 und 15).

## Das Figur-Grund-Prinzip und das Prinzip der Tarnung

Die erste Gruppe von Packungen realisiert ein wichtiges Prinzip der Gestalttheorie: **das Figur-Grund-Prinzip.** Bevorzugt wahrgenommen werden Figuren, d. h. Elemente oder visuelle Zeichen, wenn sie sich im maximalen Kontrast zu ihrem Hintergrund befinden. Dies kann über Formen oder Farben erreicht werden. Nationalfahnen, die ja schnell und über weite Distanzen wahrgenommen werden wollen, sind hier ein gutes Beispiel, sie wählen fast immer diese Figur-Grund-Relation. Das gegenteilige Prinzip ist Tarnung: das Verschwimmen der Elemente mit ihrem Hintergrund.

Zwischen beiden Prinzipien existieren naturgemäß viele Zwischenstufen. NIVEA ist ein Extrem, Danklorix geht schon näher an das Prinzip der Tarnung und La prairie verwirklicht ganz dieses Prinzip der Tarnung. Man kann mit großer Mühe den Markennamen lesen, die sonstigen Aufschriften nur durch mehrmaliges Drehen und Wenden der Packung.

Wieviel eindrucksvoller eine Packung gestaltet werden kann, wenn das Figur-Grund-Prinzip beachtet wird, zeigt die folgende Gegenüberstellung (Abb. 3 und 4).

Abb. 3: Help, I have a stuffy nose!

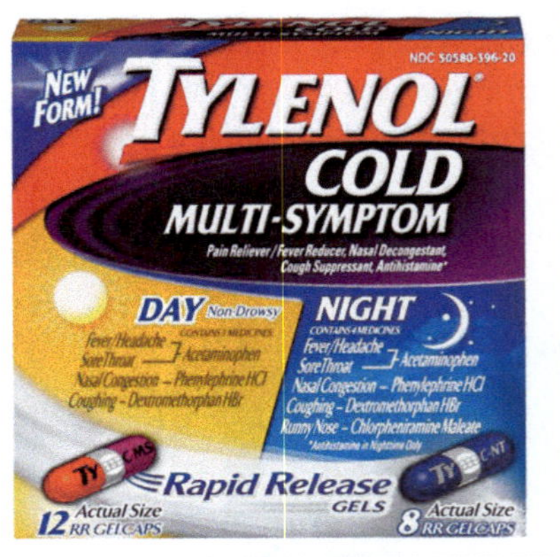


Abb. 4: Tabletten der Marke Tylenol

## Der Raum des Supermarkts

Daraus lassen sich mehrere Schlüsse ziehen:

Die erste Gruppe von Packungen sind Packungen des Supermarktes und für diese ist das Figur-Grund-Prinzip besonders wichtig. Es gilt für jede einzelne Packung, die sich als Figur von dem Grund der übrigen Packungen ihrer Regalstrecke abheben muss, und es gilt für die Anlage der Packung selbst, die über dieses Figur – Grund-Prinzip den Markennamen zur Geltung bringen muss. Dies ist ja eine Voraussetzung dafür, dass Informationen oder Erfahrungen mit dieser Marke, die man im Kopf hat, abgerufen werden können.

Das ästhetische Gestaltungsprinzip oder auch die affektiv sinnliche Strategie dieser Packungen ist die des »Anspringens«: Sie drängen sich gleichsam auf, sie versuchen, dramatisch die Aufmerksamkeit auf sich zu ziehen, sie machen den »semiotischen Lärm«, der für den Supermarkt charakteristisch ist: Jedes einzelne Element dieses Raums muss darauf aus sein, Beachtung zu finden und sich gegen andere durchzusetzen. Der Raum des Supermarktes spiegelt deutlich zentrale Konzepte unserer Marktgesellschaft: Inszenierung des einzelnen starken Individuums, das sich in Konkurrenz zu allen anderen befindet.

### Gegenwelten zum Supermarkt: Parfümerie und Reformhaus

Anders die Premiumkosmetikpackungen und die Müslipackung: Sie werden in Spezialgeschäften angeboten, die, wenn sie gut gemacht sind, auch Gegenwelten zu dem Raum des Supermarktes darstellen: Die Parfümerie und das Reformhaus.

Die Parfümerie ist immer noch weitgehend ein Geschäft, in dem die Produkte mit Beratung angeboten werden. Sie sind wohl ausgestellt, aber letztlich nimmt sie die Verkäuferin aus dem Regal, erklärt sie und führt sie dem Kunden vor. Der Kunde wählt dann nach der Erzählung der Verkäuferin, seinem Vorwissen und einer ganzheitlichen Anmutung der Packung.

Dieses Prinzip verwirklicht La prairie (vgl. Kapitel 3, Abb. 15) in einer extremen Form: Der Kunde kann kaum den Markennamen lesen, kaum die Produktbezeichnung, oft auch nicht Innovationen auf einen Blick erkennen: Er nimmt einen edlen silbernen Farbcode wahr und eine äußerste Zurückhaltung: Diese Packung springt ihn nicht an, sondern ihre inneren Qualitäten scheinen durch sie hindurch – das Grundprinzip des edlen Stils.

Auch die Müslipackung verletzt die Forderung nach Gestaltungsqualitäten, Prägnanz und dem Figur-Grund-Prinzip: Sie ist überfüllt, völlig unprägnant, weder der Markenname, noch zentrale Produktaussagen kommen zur Geltung und können erfasst werden, auch hier ist der Dekodierungsaufwand beträchtlich. Auch diese Packung ist Bestandteil eines anderen Raumes, nämlich dem des Reformhauses.

Wir haben in den vorigen Kapiteln besprochen, dass in diesem Raum und seinen Angeboten eine wichtige Konzeption des Wünschenswerten verwirklicht wird: Es ist eine Gegenwelt zu der Welt der Industrialisierung, der funktionalen Zweckrationalität, der Entpersönlichung. Hier, so wird signalisiert, geht es um *Arts and Crafts*, um das Ehrliche, Natur- und Erdverbundene, um das Zurückführen an einen personalen und räumlichen Ursprung, um vorindustrielle Produktionsweisen.

Man könnte auch sagen, dass hier eine der wesentlichen Denkfiguren der westlichen individualisierten Kulturen, das starke Individuum, das sich in einem Wettbewerb gegen alle anderen durchsetzt, nicht dargestellt wird. Entsprechend wird auch hier das für die Supermarktästhetik zentrale Gestaltungsprinzip aufgegeben. Auch diese Packungen springen nicht an, man muss sich ihnen aktiv zuwenden und versuchen, die zahlreichen Informationen, die sie bieten, zu entschlüsseln und zu verstehen – sie wollen nicht verführen und sich aufdrängen, sondern sie wollen, gleichgültig um ihre unmittelbare Wirkung, informieren – der zentrale Ansatz alternativer Konzepte.

Wir können also schließen, dass auch die Prinzipien der Wahrnehmungspsychologie im Dienste der Bedeutungsvermittlung, der Differenzierung und Positionierung stehen.

Manchmal wird das Prinzip aber verwendet, ohne dass man einen Grund erkennen kann. So führt die Überfülle an Detailelementen sehr oft zu einer deutlichen Minderung der Prägnanz von Packungen (vgl. Abb. 2 und 3 in diesem Kapitel).

**Der Einfluss des kulturspezifischen Weltbildes**

Noch weiter gehen neueste Forschungen zu kognitiven Stilen, die nahelegen, dass Wahrnehmung auch von dem kognitiven Stil einer Person abhängig ist und dass dieser Stil wiederum durch das Weltbild einer Person geprägt ist.[129]

So haben interkulturelle Forschungen ergeben, dass asiatische Kulturen zu einem holistischen Weltbild tendieren. Sie gehen davon aus, dass alles mit allem verbunden ist und nicht das einzelne Element dominiert, sondern das Beziehungsgeflecht, in dem es eingebettet ist. Westliche, vor allem die Kulturen des angloamerikanischen Raumes, die als dominante Weltsicht die des Individualismus vertreten, strukturieren Wahrnehmungs- und Erlebnisfelder primär durch Figur-Grund-Relationen, d. h. sie nehmen primär ein dominantes Element wahr, das unverbunden vor einem neutralen Raum steht. **Dies hat Verbindungen zu dem Konzept des unabhängigen und des interdependenten Individuums.**[130] Das typische Arrangement von Produkten internationaler Konzerne, die dominant einen Markennamen vor einen neutralen Grund stellen, zum Beispiel Riegel oder Getränke, spiegelt diese Weltsicht.

## 7.3 Die Ergebnisse der Psychophysik

Die Psychophysik ist eine alte psychologische Theorie, die in der Zeit um 1920 entwickelt wurde, als es der Psychologie in erster Linie darum ging, sich als Naturwissenschaft darzustellen. Man versuchte daher, psychische Vorgänge zu messen, durch Experimente zu kontrollieren und vor allem Verbindungen zwischen den Stimuli der Außenwelt und den durch sie bedingten inneren psychischen Reaktionen des Menschen systematisch zu beschreiben – daher der Name der Theorie: Psychophysik.

Die ursprüngliche Annahme der Theorie besagte, dass eine Zunahme der Reizstärke von einer Zunahme der inneren Reaktion begleitet wird: Je schwerer also zum Beispiel ein Gegenstand ist (was man durch eine vom Subjekt unabhängige Methode feststel-

129 Journal of Consumer Research. Vol. 40. Nr. 2. August 2013.
130 Journal of Consumer Research. Vol. 41. Supplement. Juni 2014.

len kann, nämlich durch Wiegen), desto schwerer wird er erlebt. Ebenso ist die objektiv gemessene Zunahme an Helligkeit, Größe (Zentimeter), Lautstärke (Dezibel) mit den subjektiven Empfindungen heller, größer, lauter verbunden.

Grundsätzlich ist dies natürlich richtig. Im Zuge der Experimente fand man jedoch heraus, dass nicht jeder Zunahme der objektiven Reizgröße eine entsprechende Zunahme der subjektiven Empfindung entsprach, sondern dass hier eine logarithmische Funktion vorliegt: Je höher das Niveau der Reizgröße ist, desto höher muss die Zunahme des Reizes sein, um einen erlebten Unterschied herbeizuführen.

Die Wahrnehmung verarbeitet also nicht Reiz nach Reiz, sondern auch die Verbindung zwischen ihnen. Dies hat auch für die Packungsgestaltung Konsequenzen. Wenn zum Beispiel ein Sortiment von Flaschengrößen nebeneinander gestellt wird, eine kleine, mittlere, große jeweils mit entsprechenden Preisen: Wie groß muss dann der Abstand zwischen der mittleren und der großen sein, damit man die großen wirklich als ergiebiger erlebt und dann einen entsprechenden Preis zahlt? Ganz offenbar muss dieser Abstand größer sein als der zwischen der kleinen und mittleren.

Diesem Problem sehen sich Marken immer dann gegenüber, wenn sie neue Größen einführen, die sich in ihre Range einfügen müssen oder die einen kleineren Inhalt aufweisen, der aber optisch nicht wirklich ins Auge fallen soll.

*You get what you see* gilt also auch hier.

## 7.4 Packungsgestaltung unter dem Aspekt der Informationsverarbeitung[131]

Die kognitive Psychologie behandelt die Verarbeitung von Information, Denken, Urteilen und Entscheiden, also von Vorgängen, die alle Personen leisten müssen, wenn sie Packungen wahrnehmen und sich zwischen ihnen bewertend entscheiden. Sie betrachtet dazu nicht nur bewusste Prozesse, die ablaufen, wenn man sich einem Gegenstand aktiv zuwendet, sondern den ganzen funktionalen Apparat, der unterhalb der Ebene des bewussten Erlebens liegt. Packungen können diese Gesetzmäßigkeiten subtil ausnutzen oder erschwerend dagegen verstoßen.

131 WENTURA, D./FRINGS, C.: Kognitive Psychologie. Springer. Wiesbaden: 2013. ESENK, M.W./KEANE, M.T.: Cognitive Psychology. Psychology Press. Hove: 2010. KAHNEMAN, Daniel: Schnelles Denken, langsames Denken. a. a. O.

ENGELKAMP, J./ZIMMER H.: Lehrbuch der kognitiven Psychologie. Hogrefe Verlag. Göttingen: 2006.

Aus diesem sehr umfassenden Gebiet wollen wir nur zwei Aspekte herausgreifen:

- Was erleichtert eine flüssige Informationsverarbeitung?
- Was erleichtert eine schnelle Entscheidung?

Dies ist deshalb wichtig, weil man weiß, dass Personen sich eher für die Alternative entscheiden, die sie mit wenig Dekodierungsenergie verstehen können und die für sie schnell eine sinnvolle Bedeutung ergibt. Dazu ist es wichtig, zunächst einige wichtige Prinzipien für das Verstehen von Äußerungen zu schildern.

### Prinzipien für das Verstehen von Äußerungen

Verstehen heißt, dass man die dargebotenen Elemente mit einem Bezugsrahmen verbindet, den man im Gedächtnis hat. Anders ist Informationsverarbeitung nicht möglich: Es wäre unmöglich, Information nach Information einzeln zu verarbeiten. Stattdessen müssen übergeordnete Schemata bestehen, in die sie eingeordnet und mit Bedeutung versehen werden.

Das eindrucksvollste Beispiel liefert hier die Verarbeitung gesprochener Sprache. Das Gehirn muss zunächst die eintreffenden Schallwellen als Sprachlaute einer Sprache, die es kennt, identifizieren. Ist dies der Fall, so werden sie einem Areal im Gehirn zugeleitet, das das semantische Gedächtnis enthält. Dieses vergleicht sie dann mit Schemata, die diesen Schallwellen entsprechen könnten und die mit einer Bedeutung versehen sind – wir haben verstanden und wir können unsererseits Schallwellen absondern. Wir speichern also nicht Einzelelement nach Einzelelement ab, sondern wir vernetzen sie mit dem, was wir schon wissen. Gut organisiertes Material hat eine viel höhere Chance auf Beachtung und Verarbeitung.

Im Folgenden einige wichtige Modelle, wie man sich diese Anknüpfung denken kann.

### Modell 1: Prototypen

An einem Gemüsestand scannen wir nicht Tomate um Tomate und entscheiden bei jeder Einzelnen: »Das ist eine Tomate«, sondern wir haben ein Konzept des Tomatenhaften im Kopf. Dieses Schema enthält alle Merkmale, die eine Tomate ausmacht, und zwar zentrale und periphere. Daher erlaubt es uns, auch grüne und gelbe Tomaten als Tomaten zu klassifizieren, aber nicht Gemüsesorten, die hart und länglich sind, auch wenn sie rot sind – das sind dann nämlich Karotten.

Kategorien, die durch viele Einzelelemente repräsentiert werden, kennen darüber hinaus das Prinzip der Prototypen. Ein Prototyp vertritt die Kategorie besonders gut, da es ihre zentralen Merkmale, die sogenannte *salient attributes* enthält. Das Konzept Vogel zum Beispiel ist durch Prototypen wie Spatz oder Lerche vertreten, weniger jedoch durch Pinguin. Die meisten Personen antworten daher auch auf die Aufforderung, einen Vogel zu nennen, mit Spatz oder Lerche oder Kanarienvogel, aber nicht mit Pinguin, obwohl sie wissen, dass dieser ein Vogel ist. Die Kategorie Vogel ist durch die zentralen Merkmale: kann fliegen, ist klein, kann singen, definiert und diese Merkmale sind zum Beispiel exemplarisch bei der Lerche vertreten.

Diese Schemata werden auch bei der Wahrnehmung von Packungen wirksam. Es bestehen Schemata im Bewusstsein, die angeben, wie die Packung einer bestimmten Kategorie auszusehen hat, damit sie als »richtige« Packung der Klasse x gilt: Waschmittel, Milch, Bier, Kosmetik usw. Eine Gesichtscreme etwa, die in einer Schachtel mit der Ästhetik von Waschmitteln verpackt ist, würde niemals Konsumenten überzeugen. Ebenso gibt es Prototypen einer jeweiligen Kategorie: sehr oft prägen Marktführer den Eindruck, wie eine typische Packung der Klasse x auszusehen habe. Dies macht es unter anderem auch so schwierig, eine Alleinstellung in einer bestimmten Produktkategorie zu erzielen. Weicht man zu stark von dem Code einer Produktgattung ab, ist man zwar auffällig, aber vermittelt nicht mehr den Eindruck, ein richtiges… zu sein. Eine Packung, die ein Waschmittel in der Optik eines Weichspülers anbietet, lässt Zweifel an seiner Waschleistung aufkommen.

Andererseits stellt dieses Phänomen der Prototypen auch eine interessante Möglichkeit dar, um Bedeutung zu erzeugen. Man benutzt das optische Schema einer anderen Produktgattung und überträgt damit ihre Merkmale auf das eigene Produkt. Eine Essigflasche benutzt das Schema von Weinflaschen und erzeugt damit automatisch den Eindruck von höherer Qualität, als wenn es das prototypische Essigflaschenschema verwendet hätte.

### Modell 2: *frames* bzw. Rahmen

Ein weiteres wichtiges Konzept dieser Theorien ist der Begriff des *frames*.

Unter *frame* wird eine Art von Rahmen im Bewusstsein verstanden, an den eine einzelne Information angeknüpft wird, der Bedeutungen, aber auch Bewertungen oder affektive Gestimmtheiten enthält oder aktiviert. Ein und dieselbe Information kann so durch das Anknüpfen an verschiedene *frames* eine unterschiedliche Bedeutung erhalten. Der Satz »heute arbeiten alle« erhält eine ganz unterschiedliche Bedeutung, wenn ihn ein Büroleiter ausspricht oder ein Obdachloser unter der Brücke.

Ein bekanntes Beispiel ist das sogenannte *asian disease problem*.[132] Die Information lautet: An einer neuen asiatischen Krankheit sterben 40 % der Einwohner eines Gebietes. Dies kann man berichten als: »Ärzten gelang es, 60 % der Bevölkerung zu retten« oder als »trotz aller Bemühungen von Ärzten starben 40 % an der Krankheit«.

132 SCHEUFELE, Bertram: frames, Framing, Framing Effekte. VS Verlag für Sozialwissenschaften. München: 2003.

Der erste *frame,* der *survival frame,* führt zu größerer Wertschätzung der ärztlichen Leistung und zu weniger Angst. Diese *frames* werden durch sogenannte *primes* oder *cues* aktiviert, also Einzelelemente optischer oder verbaler Natur, die einen bestimmten *frame* abrufen.

Die nachfolgende Abbildung, die als optische Figur in beiden Fällen gleich bleibt, wird als vier oder als Stuhl interpretiert, wenn man einmal vorgibt: »Sie sehen jetzt Zahlen« oder »Sie sehen jetzt Möbelstücke«:

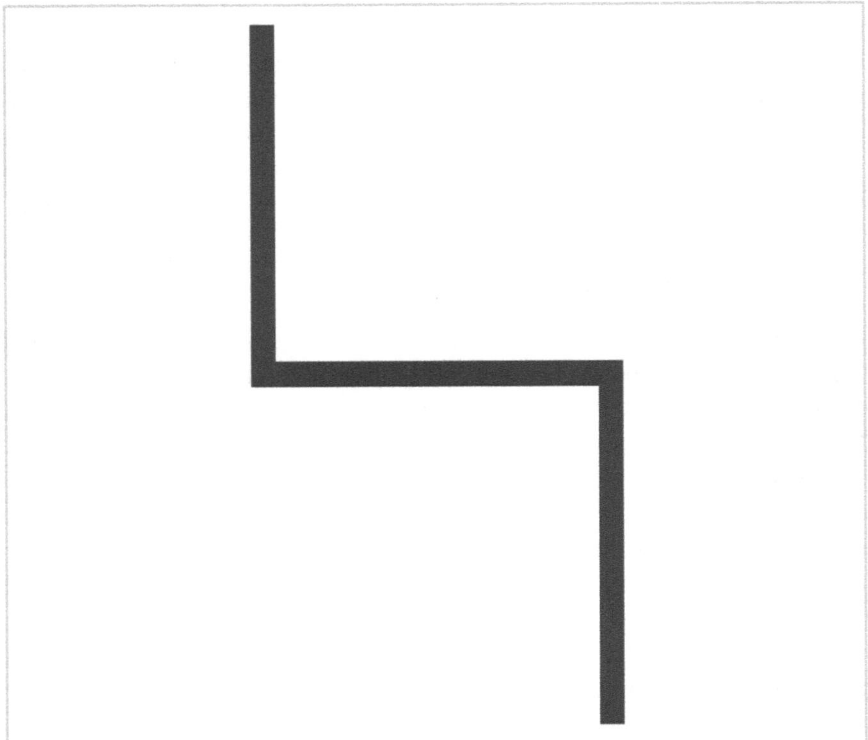

**Abb. 5:** Zahl oder Möbelstück?

Auch das Beispiel »Augen- oder Blumenbild über der Kaffeemaschine«, das wir in Kapitel 7.1 beschrieben haben, lässt sich als das Anknüpfen an unterschiedliche *frames* erklären. Dieses Beispiel macht auch klar, dass das Einbringen unterschiedlicher *cues*, die auf bestimmte Rahmungen führen, verhaltensbestimmende Konsequenzen hat, auch wenn dies Befragten keineswegs bewusst ist.

Dies hat für die Gestaltung von Packungen erhebliche Konsequenzen: Welche *cues* bringe ich ein, welches *priming* nehme ich vor, um bestimmte *frames* zu aktivieren?

Ein Hersteller packte seine kleinen Salamiwürste in eine Schachtel ein, die deutlich an eine Zigarrenkiste erinnerte. Diese Zigarrenkiste ruft als *cue* das Gebiet Zigarren/Zigarrenrauchen ab. Zigarren werden bekanntlich wie kostbare Einzelobjekte behandelt – sie können in diesen Schachteln auch als Geschenk überreicht werden – und sie aktivieren den *frame* »Zigarren rauchen« als Tätigkeit von »Herren« nach dem Essen, im Club, mit Kennerschaft, für Liebhaber einen besonderen Genuss versprechend. Salami wird so aus dem Feld von Wurst und volkstümlichem Genuss in eine Dimension des Edlen und Besonderen erhoben und kann auf diese Weise auch als Geschenk mitgebracht werden.

Letztlich wirken alle visuellen und verbalen Elemente einer Packung als *cues*, die einen bestimmten Rahmen abrufen. Wenn zum Beispiel Emmi seinen Caffè Latte mit einem Bild von New York verbindet, so wird das Getränk an einen urbanen, internationalen, aufregend chicen Rahmen geknüpft.

Die Abbildung der Mitarbeiter bei Rügenwalder aktiviert den *frame*: persönlich engagiert hergestellt. Soletti Bistrello zeigt eine toskanische Landschaft und aktiviert die ganze Welt der Toskana, ein Shampoo nennt sich Tahiti und zeigt eine Blume, wie sie von den Blumenketten von Hawaii bekannt ist – durch den Namen und die Darstellung der Blüte wird die Wertewelt der paradiesischen Südsee abgerufen.

Dieses Prinzip des *framing* kann auch verwendet werden, um eine spezifische Bedeutung aufzubauen, die durch den Inhalt der Packung eigentlich nicht nahegelegt wird, ihr sogar widerspricht. Dies geschieht heute weitgehend in dem Feld der Fleischersatzprodukte. Diese Packungen bieten Produkte aus pflanzlichem Eiweiß an, die dazu bestimmt sind, Fleisch oder Wurst zu ersetzen. Die Zielgruppe umfasst Personen, die versuchen, ihren Fleischkonsum zu reduzieren, die aber ihre Ernährung nicht komplett umstellen wollen: Sie möchten Fleisch wie bisher in ihre Speiseroutinen integrieren, nur ist dies eben ein »pflanzliches« Fleisch.

Es geht in diesem Fall also darum, etwas, das kein Fleisch ist, wie Fleisch wirken zu lassen, eine Art »Fleischfeeling« zu erzeugen. Dies geschieht durch die Form und Bezeichnung der Produkte, aber auch durch die Gestaltung der Packungen, die die Produkte an zahlreiche *frames* von Fleisch anknüpfen: männlich, kraftvoll, Reiz des Bratens, Sortenbezeichnungen usw.

## Modell 3: Bedeutungsorganisation durch Geschichten

**Abb. 6:** Appenzeller Braumeister-Schinken von Suttero

**Abb. 7:** Duschgel »Perlmutt« mit Salz aus dem Toten Meer

Hier bietet die Packung ihre Informationen so dar, dass sie schnell in eine Geschichte eingebunden werden können. Die Geschichte lässt sich leicht erschließen: In dieser Packung befindet sich ein Schinken, der nach traditionellen Rezepten mit persönlicher Sorgfalt hergestellt wurde (vgl. Abb. 6).

Anders bei der nachfolgenden Serie für Produkte aus dem Toten Meer:

Hier werden zwei Rahmen etabliert, die man schwer miteinander verbinden kann: Zum einen ist es der Rahmen Totes Meer, das Werte wie Herkunft aus einer archaischen alten Natur abruft, zum anderen ist es aber der Rahmen Gold und Goldrausch. Beides ist nicht mit dem Konzept Totes Meer verbunden. Dazu kommt die Bezeichnung DHB 100, die auf einen institutionellen oder medizinisch-technischen Code verweist. Geboten werden also drei distinkte *frames*, die nichts miteinander zu tun haben und die jeweils getrennte Informationsverarbeitungsprozesse bedingen – eine ziemliche Erschwerung für den überzeugenden Aufbau eines Produktbildes.

### Schnelles Denken – langsames Denken

Sehr bekannte Beiträge zum Thema der Entscheidungsprozesse stammen von dem Psychologen und Kognitionswissenschaftler Daniel Kahneman, der mit seinem Buch »Schnelles Denken, langsames Denken« berühmt wurde.[133] Er geht davon aus, dass Menschen über mindestens zwei Informationsverarbeitungssysteme verfügen: ein schnelles, automatisch ablaufendes und ein langsameres, gründlich analysierendes, das uns das Gefühl vermittelt, rational und bewusst vorzugehen. Kahneman beschreibt diese beiden Systeme differenziert und nennt sie System 1 und 2.

**System 1** arbeitet schnell, automatisiert, es ist in der Lage, große Datenmengen zu bewältigen und Entscheidungen zu fällen, ohne dass uns der Prozess der Entscheidungsfindung bewusst sein muss. System 1 ist hervorragend in der Lage, uns durch die automatisierten Entscheidungen des Alltags zu leiten, es unterliegt jedoch zahlreichen Irrtümern, die sich im Allgemeinen dadurch ergeben, dass es einfache Entscheidungsheuristiken, also Prinzipien, nach denen es seine Entscheidungen trifft, benutzt. Eines dieser Prinzipien ist die Maxime: *You get what you see.*

**System 2** wird dann eingesetzt, wenn es um schwierige und komplexe Entscheidungen geht, denen wir uns bewusst zuwenden wollen oder müssen. Wir haben dann das Gefühl, eine bewusste und rationale begründete Entscheidung getroffen zu haben. Dieses System benötigt jedoch viel Energie, es wird, wenn möglich, nicht von sich aus aktiv. In vielen Fällen verlassen sich Menschen auf System 1, auch wenn sie glauben, System 2 zu benutzen. System 1 bereitet auch die Entscheidungen von System 2 vor oder legitimiert sie.

Dies steht hinter der populären Annahme, dass wir glauben, rational zu handeln, wenn wir in Wirklichkeit eine emotionale Entscheidung fällen, die vor der bewussten Wahrnehmung erfolgt.

Es ist offensichtlich, dass sich Konsumenten am Regal in ihrer Entscheidung weitgehend auf System 1 verlassen. Die Entscheidungsheuristiken dieses Systems, also die Kriterien, nach denen es Entscheidungen fällt, sind gut erforscht. Summarisch sind dies:

- Es bevorzugt bei Wahrnehmung und Aufmerksamkeitszuwendung Felder, die es mit einem geringen Dekodierungsaufwand analysieren kann.
- Es bevorzugt Informationsvorgaben, die es leicht und flüssig verarbeiten kann.
- Es sucht eher nach Bestätigung seiner bestehenden Annahmen als nach Reflektion.
- Es hält, solange es geht, ein Gefühl von Normalität aufrecht.
- Es versucht, aus vorgegeben Reizen eine kohärente Geschichte zu konstruieren, Kausalketten einzuführen.
- Es wird durch eine Reihe von Konstrukten in seiner Aufmerksamkeitszuwendung und Verarbeitung angeleitet: *frames*, also die Anknüpfung an bestehende Rahmen im Bewusstsein, und *cues*, also Reize, die bevorzugt die Verarbeitung lenken.
- Dabei spielt die emotionale Besetzung von Reizen eine große Rolle

133 KAHNEMAN, Daniel: Schnelles Denken, langsames Denken. a. a. O.

Wir haben im vorigen Abschnitt Beispiele für die Wirksamkeit dieser Prinzipien kennengelernt.

## 7.5 Ergebnisse der Neuropsychologie

Erkenntnisse der Neuropsychologie werden heute sehr oft in Marketingüberlegungen und in Untersuchungsdesigns einbezogen – meist in Form von visuellen Darstellungen von Gehirnprozessen oder durch apparative Verfahren, die die emotionale Aktivierungsleistung der Marktkommunikation messen. Wir wollen hier einen anderen Ansatz schildern, der für die Analyse von Packungen nicht uninteressant ist. Er stammt von dem Neuropsychologen Ernst Pöppel.[134] Ernst Pöppel hat sich seit Jahren mit der Arbeitsweise des Gehirns beschäftigt und seine Hypothesen durch viele Experimente verifiziert. Wir geben im Folgenden einige seiner Resultate wieder, die für die Analyse von Packungen nützlich sind.

### Prinzip 1: Das Drei-Sekunden-Fenster der Gleichzeitigkeit

Zu seinen wichtigsten Entdeckungen zählt das **Drei-Sekunden-Fenster der Gleichzeitigkeit**. Alles, was in einem Zeitraum von drei Sekunden geschieht, wird als gleichzeitig wahrgenommen – diese Zeitspanne ist gewissermaßen der Augenblick, der die Zeit strukturiert. Nach drei bis vier Sekunden sucht das Gehirn die Umgebung wieder nach etwas Neuem ab – dieser Rhythmus ist uns angeboren. Wir finden ihn in den Rhythmen von Musik, in Sprachäußerungen, in visuellen Wahrnehmungssequenzen.

Dies bedeutet, dass wir beim Scannen am Regal jeweils im Dreisekundentakt neue Felder wahrnehmen. Es bedeutet aber auch, dass eine Packung, deren Bedeutung von uns nicht innerhalb von drei Sekunden erschlossen werden kann, geringere Chancen hat, verstanden zu werden.

### Prinzip 2: Unterscheidung zwischen wichtigen und unwichtigen Informationen

Seine zweite wichtige Erkenntnis besagt, dass das Gehirn darauf angelegt ist, schnell wichtige von unwichtigen und unnötigen Informationen zu trennen. Es verfügt also über einen **Scanmechanismus**, der noch vor der bewussten Wahrnehmung eine Bewertung der Informationen vornimmt. Dies ist ein von anderen Forschern immer wieder gut bestätigtes Resultat.

Die Bewertungsraster, die das Gehirn anregt, sind wieder vom Wahrnehmungsgegenstand selbst vorgegeben, ebenso aber auch von den Strukturen, die sich im Bewusst-

134 PÖPPEL, E./WAGNER, B.: Je älter, desto besser. Goldmann Verlag. München: 2012.

sein finden – das Gehirn arbeitet immer *bottom-up* und *top-down* gleichzeitig. **Werden also die Informationen einer Packung klar nach den Prinzipien der Gestaltpsychologie angeordnet, vor allem nach dem Figur-Grund-Prinzip, das sofort klar macht, was in diesem Feld zentral wichtig ist, so bestehen gute Chancen für eine schnelle Aufnahme.**

Pöppel ergänzt hier die Gestaltpsychologie durch einen weiteren Gedanken. Das Gehirn nimmt bevorzugt das wahr, was ästhetischen Prinzipien entspricht – Prinzipien, die er als einfach und klar strukturiert definiert. Diese Prinzipien gelten auch für Erinnern und Wiederaufrufen. Wissen wird nach Pöppel nur dann gut abgespeichert, wenn es ästhetischen Prinzipien gehorcht, also klar, eindeutig und gut strukturiert ist.

Die Gegenüberstellung von Tylenol macht dieses Prinzip ganz deutlich und akzentuiert nochmals die Problematik überfüllter Packungen. Gleiches gilt für den Topdown-Aspekt: Informationen, die man schnell einordnen und anknüpfen kann, werden bevorzugt beachtet und verarbeitet. Dies erfolgt im Übrigen schon in den ersten Stufen der Wahrnehmung, die noch vor der Schwelle der bewussten Wahrnehmung liegen (diese beginnt bei einer dreißigstel Sekunde). Dies ist die Funktion richtig gewählter *cues*, die auf bekannte Rahmen und semantische Schubladen führen.

Dies erläutert nochmals die Rolle von kulturellem Wissen, von Kollektivsymbolik, von allgemein geteilten Klassifikationen, von Wertewelten, die sich in den spezifischen Codes manifestieren, die wir beschrieben haben.

### Prinzip 3: kreative Verbindungen

Als drittes Prinzip führt er die Rolle von **kreativen Verbindungen** an. Wahrnehmung und Informationsverarbeitung braucht Attraktoren. Sie muss von etwas angezogen werden, das ihr einer näheren Inspektion wert scheint. Dies ist immer in irgendeiner Form das Prinzip des Neuen, nicht des verstörend Neuen, das an keinerlei Rahmen mehr angeknüpft werden kann, sondern des Neuen, das wohl überraschend ist, aber dennoch sinnvoll mit einer Rahmung verbunden werden kann. Es geht also darum, neue und sinnvolle Verbindungen zu schaffen. Dies wird durch Kreativität ermöglicht. Wir haben inzwischen viele Beispiele für diese kreativen Verbindungen kennengelernt.

# 8 Checkliste: Die Analyse des Packungscodes

Um den Code einer Packung systematisch zu erfassen und ihn gezielt zu gestalten, schlagen wir folgende Kriterien und Fragen vor:

**1. Die Wahl aus den Basiscodes**

- Material
- Größe
- Form
- Farbe
- Welche Bedeutungen werden durch die spezifische Wahl mitgeliefert?
- Entsprechen die Wahlen dem Code der Produktgattung?
- Weichen sie ab und wird dadurch eine positive Zusatzbedeutung aufgebaut oder nicht?

**2. Die Wahl aus den sozialen Codes**

- Folgen sie den Codes?
- Über welche Elemente?
- Setzen sie einen Code in einem anderen Gebiet ein?

**3. Stellung auf der Dimension »nackt und bekleidet«**

**4. Welche Ästhetik wird verwirklicht?**

**5. Die zentralen Werte des Produktfeldes: Was verkauft es eigentlich?**

Folgt die Packung diesen Werten, variiert sie sie, verstößt sie dagegen? Welche der möglichen Positionen wählt sie?

**6. Wie vermittelt die Packung ihre Informationen?**

- Text
- Bild
- Bild-Text-Relationen
- rhetorische Figuren

**7. Beachtet sie wahrnehmungspsychologische Kriterien?**

**8. Erleichtert sie eine flüssige Informationsentnahme? Begünstigt sie eine schnelle Entscheidung?**

**9. Die Packungen des Feldes und ihre ästhetischen Codes**

Folgt die Packung diesen Codes, variiert sie sie, verstößt sie dagegen, welche Position wählt sie?

**10. Welche Strategie wählt die Packung, um Differenz zu erzeugen:**
- Ästhetik
- Größe
- Material
- Farbe
- Hinwendung an eine bestimmte Gruppe
- Abweichung vom Mainstream

**11. Aufgrund ihrer Zeichenausstattung: Welcher Empfänger wird impliziert?**
- Welche soziale Gruppe?
- Welcher Habitus?
- Welcher Geschmack?
- Welches kulturelle Wissen?

**12. Welche Merkmale der Marke inszeniert sie und wie fügt sie sich in die Markenkommunikation ein?**

# Abbildungsverzeichnis

*Die Autorin hat sich bemüht, alle Inhaber von Bildrechten ausfindig zu machen. Sollten dennoch Bildrechte durch fehlende oder fehlerhafte Angaben verletzt worden sein, bitten wir um eine Rückmeldung an den Verlag, um dies zu korrigieren und mögliche Ansprüche von Rechteinhabern auszugleichen.*

## Einleitung



## 2 Die Sprache der Packungen

## 3 Konzeptionen des Wünschenswerten und Verpackungsgestaltung

## 6 Exkurs in die Semiotik: Wie kommunizieren wir?

## 7 Erkenntnisse der Psychologie für die Verpackungsgestaltung

# Literaturverzeichnis

ALLPORT, VERNON and LINDZEY: 1951, KOPELMAN/ROVENPOR and GUAN: 2003.

ARIES, Phillipe: Geschichte der Kindheit. Carl Hanser Verlag GmbH & Co. KG. München: 1975[4].

ASSMANN, Aleida: Ist die Zeit aus den Fugen? Carl Hanser Verlag. München: 2013.

ASSMANN, Jan.: Das kulturelle Gedächtnis. Schrift, Erinnerung und politische Identität in frühen Hochkulturen. C.H. Beck. München: 2007.

BELK, R. W.: Journal of Consumer Research. Possessions and the extended self. Vol. 15. 1988.

BELK, R. W./WALLENDORF, M./SHERRY, J.F.: Journal of Consumer Research. The scared and the profane in consumer behaviour. Vol. 16. Nr. 1. 1989.

BOURDIEU, Pierre: Die feinen Unterschiede. Suhrkamp. Frankfurt am Main: 1984.

BURKE, Edmund: A Philosophical Enquiry into the Origin of our ideas of the Sublime and the Beautiful. London 1757 – Deutsche Übersetzung: Vom Erhabenen und Schönen, Hamburg: 1989.

BREDEKAMP, Horst: Der schwimmende Souverän. Karl der Große und die Bildpolitik des Körpers. Verlag Klaus Wagenbach. Berlin: 2014.

CHABRIS, C./SIMON D.: The Invisible Gorilla. Harmony. Crown Publishing Group. New York: 2010.

CHANDLER, Daniel: Semiotics. The Basics. Routledge. London: 2007.

CRONIN, J./Mc CARTHY, M./COLLINS, A.: Consumption, Markets, Culture. Vol. 17. Nr. 1. Routledge. New York 2014.

DAXELMÜLLER, Christoph: Zauberpraktiken. Patmos. Düsseldorf: 2005.

DE SAUSSURE, Ferdinand: Grundfragen der allgemeinen Sprachwissenschaft. Gruyter. Berlin: 1967.

DOUGLAS, Mary: Objects and objections. Toronto Semiotic Circle. Toronto: 1992.

DOUGLAS, Mary: The idea of a home. A kind of space. Social Research. Vol. 58. März 1991.

DOUGLAS, M./ISHERWOOD, B.: The World of Goods. New York Basic Books: 1979. DUBOIS, Jacques: Allgemeine Rhetorik. UTB. München: 1991.

ECO, Umberto: Semiotik. Entwurf einer Theorie der Zeichen. Fink. München: 1972.

ELIAS, Norbert: Über den Prozess der Zivilisation. Suhrkamp Verlag. Frankfurt am Main. 1976.

ENGELKAMP, J./ZIMMER H.: Lehrbuch der kognitiven Psychologie. Hogrefe Verlag. Göttingen: 2006.

ESENK, M.W./KEANE, M.T.: Cognitive Psychology, Psychology Press. Hove: 2010.

GOLDSTEIN, Bruce, E.: Wahrnehmungspsychologie. Der Grundkurs. Spektrum akademischer Verlag. Berlin: 2002.

HARTMANN, O./HAUPT, S.: Touch! Der Haptik-Effekt im multisensorischen Marketing. Haufe Lexware. Freiburg: 2014.

HÄUSEL, Hans-Georg: Neuromarketing. Erkenntnisse der Hirnforschung für Marketing, Werbung und Verkauf. Haufe-Lexware München: 2014.

HAUSER, Dieter: Verpackungsrundschau. Nr. 3. 2013.

HENRA, A./HOLBRAAD, M./WASTELL, S.: Thinking through Things. Theorising artefacts ethnographically. Routledge. New York: 2007.

HOLT, Lucy: Consumption, Markets, Culture. Vol. 16. Routledge. New York: 2013. JAKOBSON, Roman: Linguistik und Poetik. Suhrkamp. Frankfurt am Main: 1979.

KAHNEMAN, Daniel: Schnelles Denken, langsames Denken. Pantheon Verlag. München: 2014.

KANDEL, Eric: Auf der Suche nach dem Gedächtnis. Pantheon Verlag. München: 2006.

KANT, Immanuel: Werkausgabe im Inselverlag: 1960.

KARMASIN, Helene: Die geheime Botschaft unserer Speisen. Bastei Lübbe. München: 2001.

KARMASIN, Helene: Produkte als Botschaften. mi-Fachverlag. Landsberg am Lech: 2007[4].

KARMASIN, Helene: Wahre Schönheit kommt von außen. Ecowin Verlag. Salzburg: 2011.

KARMASIN, Helene: Bildmagie Die Codes der visuellen Kommunikation: Bilderwelten und ihre Sprache entschlüsseln. Haufe-Lexware. 2022.

KARMASIN, H./KARMASIN M.: Cultural Theory. Anwendungsfelder in Kommunikation, Marketing und Management. Facultas. Wien: 2011[2].

KOPPERSCHMID, Josef: Allgemeine Rhetorik. Kohlhammer: 1976.

LANDWEHR, Achim: Geburt der Gegenwart. Eine Geschichte der Zeit im 17. Jahrhundert. S. Fischer Verlag. Frankfurt am Main: 2014.

LASH, S./LURY C.: Global Culture Industry. The Mediation of Things. Polity. Cambridge: 2004.

LOTMAN, Jurij: Die Struktur literarischer Texte. UTB. München: 1972.

LURY, Celia: Consumer Culture. Polity Press. Cambridge: 2011. MAFFESOLI, Michel: Die Zeit kehrt wieder. Matthes & Seiz. Berlin. 2014. MAFFESOLI, Michel: The Time of Tribes. London: 1996.

LUTZ, Wolfgang: Advanced Introduction to Demography. Edward Elgar Publishing. 2021.

MAUSS, Marcel: Die Gabe. Suhrkamp. Frankfurt: 1968.

Mc CRACKEN, Grant: Culture and Consumption. Indiana University Press. Bloomington: 1990.

MILLER, Daniel: Material Culture and Mass Consumption. Wiley-Blackwell. Oxford: 1987.

MILLER, Daniel: Consumption and its Consequences. John Wiley & Sons. Oxford: 2012.

MORETTI, Franco: Der Bourgeois. Eine Schlüsselfigur der Moderne. Suhrkamp. Berlin: 2014.

NÖTH, Winfried: Handbuch der Semiotik. Metzler. Stuttgart: 2000.

PANOFSKY, Erwin: Ikonographie und Ikonologie. Bildende Kunst als Zeichensystem. Dumont. Köln: 1985.

PIPALL, Martina: Kunst des Mittelalters – Eine Einführung. UTB. Wien: 2010.

POLANYI, Karl: The Great Transformation. Farrar & Rinehart. New York: 1944.

PÖPPEL, E./WAGNER, B.: Je älter, desto besser. Goldmann Verlag. München: 2012.

POSNER, R./ROBERING, K./SEBEOK, T.: Semiotik. Gruyter. Berlin, New York: 2003.

PRINZ, S./MOEBIUS, St.: Das Design der Gesellschaft. Transcript. Bielefeld: 2012.

POLANYI, Michael: Tacit knowing. Review of modern physics: 1962. WOLLHEIM, Richard: Minimal Art: 1965.

RAGHUBIR, P./GREENLEAF, E.: Journal of Marketing: Ratios in Proportions: What should the shape of the package be? 2006.

RECKWITZ, Andreas: Die Erfindung der Kreativität. Suhrkamp. Berlin: 2012. RIFKIN, Jeremy: Die dritte industrielle Revolution. Campus Verlag. Frankfurt 2011. RILINGER, Barbara: Des Kaisers alte Kleider. C.H. Beck. München: 2013.

RUBLACK, Ulinka: Dressing up. Cultural Identity in Renaissance Europe, Oxford 2010.

RUBLACK, Ulinka.: Die Geburt der Mode, Stuttgart 2022.

SAUSSURE, Ferdinand de: Grundfragen der allgemeinen Sprachwissenschaft, Berlin 1967.

SCHEUFELE, Bertram: Frames, Framing, Framing Effekte. VS Verlag für Sozialwissenschaften. München: 2003.

SCHIVELBUSCH, WOLFGANG: Das verzehrende Leben der Dinge. Carl Hanser Verlag. München: 2015.

SCHÖNHAMMER, R.: Einführung in die Wahrnehmungspsychologie. UTB Uni Taschenbücher GmbH. Wien: 2009.

SHOVE, E./WATSON, M./HAND, M./INGRAM, J.: The Design of Everyday Life. Berg. Oxford: 2007.

SOOD, C.: Journal of consumer research. Vol. 40. Madison, Wisconsin: 2013.

SCHULZE, Gerhard: Die beste aller Welten. Carl Hanser Verlag. München: 2003.

SCHULZE, Gerhard: Die Erlebnisgesellschaft-Kultursoziologie der Gegenwart. Campus. Frankfurt am Main: 1992.

TITZMANN, Michael: Strukturale Textanalyse. UTB. München: 1977.

TITZMANN, Michael: Propositionale Analysen – kulturelles Wissen – Interpretation. Strutz. Passau: 2006.

TITZMANN, Michael: Narrative Strukturen in semiotischen Äußerungen in Titzmann/Krah 2010.

TITZMANN, M./KRAH, H.: Medien und Kommunikation. Eine interdisziplinäre Einführung. Stutz. Passau: 2010.

UEDING, G./STEINBRINK, B.: Grundriss der Rhetorik. Metzler. Stuttgart/Weimar: 1994. ULLRICH, Wolfgang: Alles nur Konsum. Verlag Klaus Wagenbach. Berlin: 2013.

WENTURA, D./FRINGS, C.: Kognitive Psychologie. Springer. Wiesbaden: 2013. WILLIS, Paul: The Ethnographic Imagination. Polity. Cambridge 2007.

WILLIAMSON, Judith: Consuming Passions. Marion Boyars. London: 1995. LEACH, E.: Social Anthropology. Oxford: 1992.

ZAMWEL E., Sasson-Levy O., Ben Porat G.: Voluntary simplifiers as political consumers: Individuals practicing politics through reduced consumption. Journal of Consumer Culture14:199-217

MEDIEN UND WANDEL, Herausgeber von Institut für interdisziplinäre Medienforschung. Passauer Schriften zur interdisziplinären Medienforschung. Band 1. Logos Verlag Berlin: 2011.

## Zeitschriften

Consumption, Markets and Culture

Creativ verpacken

Journal of Consumer Culture

Journal of Consumer Research

Magazin für nachhaltige Lebenskultur

Magazin Verlags GmbH

Original-Magazin

Theory Culture & Society

Verpackungsrundschau

Verpackungsrundschau. Spezial. Verpackung und Marketing

# Stichwortverzeichnis

# Die Autorin

**Dr. Helene Karmasin** zählt zu den führenden Marktforschern in Österreich. Sie ist Gründerin des Instituts für Motivforschung und des Österreichischen Gallup-Institutes. Derzeit leitet sie das Institut *Helene Karmasin. Behavioural Insights*, das auf qualitative Marktforschung und semiotische Analysen spezialisiert ist. Helene Karmasin berät seit Jahren internationale Markenartikel- und Dienstleistungsunternehmen in Fragen von Strategie, Umsetzung und empirischen Tests. Ihr besonderes Interesse gilt der Einbettung von Produkten und Marken in die Kultur zeitgenössischer Gesellschaften. Über das Konzept der *cultural semiotics* hat sie auch wissenschaftlich publiziert.

Helene Karmasin ist eine gefragte Vortragende zu den Themen Produkt- und Markenkonzepte, Konsumentenmotivation, Entwicklung von kulturellen Strömungen. Darüber hinaus hat sie zahlreiche Bücher publiziert.

PI13752430
9807575